理工学講座

精密工学

中沢 弘 著

東京電機大学出版局

まえがき

　製造業の第一線で活躍されている技術者・研究者の方々の中には，高精度な機械を作るには，どのように設計し，どのように加工すればよいのかわからずに困惑された経験をお持ちの方が多いのではないだろうか．ある程度経験があり，それなりのノウハウをもっている方々でも，いま自分がもっているノウハウや知識だけで十分なのだろうかという不安を感じている方々も多いのではないだろうか．

　わが国には精密工学会という大きな学会があるが，そこでも精密工学とはどういう学問であるかということはいまだに不明確であり，また学問としてもまだ体系立てられていないと理解している．私は大学で精密工学を教える立場の者として，何をどのように教えるべきかいままで悩んできたし，熱力学とか制御工学とかいうほかの体系立てられた理路整然とした学問をうらやましく思っていた．精密に関係する断片的な知識や事例を教えることにある種のうしろめたさも感じていた．なぜならこのような断片的な知識を与えても，社会に出て数年も経つとそれらは古くて使いものにならなくなってしまうからである．

　そのような背景のもとに，私は1985年頃から精密工学もほかの学問のように体系立て，学生が社会に出て仕事をするときにいつまでも役立つ原理的なものを教えることができるのではないかと考え始めて，浅学非才を顧みず学問らしくまとめようと思い立った．その結果が本書である．

　精密工学とは「高精度な機械を実現するための知識や諸原則を体系化したもの」として私は理解している．そこには設計，加工，計測がからんでくるが，本書では主として設計論と加工論を扱っている．

　できるだけむずかしい数式を使わないで，図と文章でわかりやすくまとめたつもりである．むずかしく書くことはそれほど嫌いではないし，格好良いもの

だが，敢えてやさしく書いて，誰にでもどこででも（たとえば電車の中ででも）読んでいただけることを考えた．普段忙しくて落着いて本なんか読んでいる暇などないという方々でも，本書の原理や系をさっと目を通していただくだけで，もしくは図を見ていただくだけでも大変役に立つと考える．

本書はもちろん，ほとんどの大学にある精密工学系の講義科目の教科書や参考書として使える．学部では本書をベースに理論的，数式的な解説を補足してもらうのがよいと考える．大学院では本書の該当個所をあらかじめ学生に読ませておいて，それに関係した内外の研究論文や講演論文を用いてさらに深く議論し理解させるという方法も採用できると考える．

本書が精密工学の体系化の端緒になれば著者としてこれほど嬉しいことはない．今後，本書改訂の機会があればさらに原理を充実していきたいと考えるが，もし読者諸兄がお気付きの新しい原理があれば，是非ご教示いただきたい．次回に引用させていただく．

本書をまとめるに際しては，大変多くの方々のご協力をいただいた．特に㈱ツガミ，松下電器産業㈱中央研究所，三菱電機㈱生産技術研究所の方々にお世話になった．また製造現場で詳しくご教示いただいた安田工業㈱の德毛滋明氏，原稿をお読みいただき貴重なご意見をいただいた東芝機械㈱の田中克敏氏，本書の出版を実現して下さった㈱工業調査会の新谷滋記氏に感謝する．

さらに原稿を整理し何度も修正してくれた三吉史子さんと沼上悦子さん，私の仕事や家庭を陰で支えてくれている妻美智子にも感謝したい．

1991年1月　　　　　　　　　　　　　　　　　　　　　　　　中沢　弘

追　記

本書は1991年の初版発行以来，㈱工業調査会から刊行され，幸いにも長きにわたって多くの読者から愛用されてきました．このたび東京電機大学出版局から新たに刊行されることとなりました．本書が今後とも，読者の役に立つことを願っています．

2011年4月　　　　　　　　　　　　　　　　　　　　　　　　中沢　弘

目　次

まえがき ……………………………… 1

第Ⅰ部　序　論

第1章　精密工学序説 ……………………………… 12
  1.1　高精度な機械を実現するには ……………………………… 12
  1.2　精密さ，正確さ，微細 ……………………………… 14
  1.3　どうして高精度か ……………………………… 16
  1.4　現在の技術レベル ……………………………… 18
  1.5　加工精度の進歩してきた歴史 ……………………………… 21

第2章　高精度化の基本的評価項目 ……………………………… 24
  2.1　基本的評価項目 ……………………………… 24
  2.2　4つの測定原理 ……………………………… 25
  2.3　評価項目の測定 ……………………………… 29
    2.3.1　寸法精度 ……………………………… 29
    2.3.2　角度精度 ……………………………… 31
    2.3.3　形状精度 ……………………………… 32
    2.3.4　表面粗さ ……………………………… 36
    2.3.5　運動精度 ……………………………… 37
    2.3.6　加工変質層 ……………………………… 39
  2.4　評価項目間の関係 ……………………………… 42

第 II 部　　設計論

第 3 章　情報量最小の公理 …… 46
- 3.1　概念化 …… 46
- 3.2　実体化 …… 48
- 3.3　評　価 …… 48
- 3.4　従来の評価法 …… 50
  - 3.4.1　直　感 …… 50
  - 3.4.2　費用・便益分析 …… 50
  - 3.4.3　点数評価法 …… 51
  - 3.4.4　消去法 …… 53
- 3.5　情報積算法 …… 53
- 3.6　システムレンジの幅がゼロの場合 …… 57
- 3.7　応用例 …… 59

第 4 章　機能の独立性の原理 …… 62
- 4.1　理　論 …… 62
- 4.2　応用例 …… 65
  - 4.2.1　冷蔵庫の設計 …… 65
  - 4.2.2　力測定システム …… 66
  - 4.2.3　高速送りテーブル制御 …… 67
  - 4.2.4　複合軸受による高速・高剛性化 …… 70

第 5 章　トータル設計の原理 …… 75
- 5.1　理　論 …… 75
- 5.2　応用例 …… 77
  - 5.2.1　森精機の NC 旋盤 …… 77
  - 5.2.2　SCARA ロボット …… 80

5.2.3　切削・研削両用マシニングセンタ ………………………… 84

第6章　遊びゼロの原理 …………………………………………………… 88
　6.1　原　理 …………………………………………………………………… 88
　6.2　遊びゼロの案内機構（弾性支持法） ………………………………… 88
　6.3　拘　束 …………………………………………………………………… 89
　　　6.3.1　調整機構による拘束 ………………………………………… 90
　　　6.3.2　干渉による拘束 ……………………………………………… 93

第7章　アッベの原理 ……………………………………………………… 97
　7.1　原　理 …………………………………………………………………… 97
　7.2　アッベの原理の適用例 ………………………………………………… 99
　7.3　レーザ干渉計の利用 ………………………………………………… 102

第8章　コンプライアンスの原理 ……………………………………… 106
　8.1　原　理 ………………………………………………………………… 106
　8.2　コンプライアンスと断面利用率 …………………………………… 107
　8.3　力線の最短化 ………………………………………………………… 110
　8.4　予圧によるコンプライアンス最小化 ……………………………… 112
　8.5　静圧案内におけるコンプライアンス最小化 ……………………… 114
　　　8.5.1　定吐出量方式 ………………………………………………… 115
　　　8.5.2　固定絞り方式 ………………………………………………… 117
　　　8.5.3　自動可変絞り方式 …………………………………………… 120

第9章　熱変形最小化の原理 …………………………………………… 123
　9.1　原　理 ………………………………………………………………… 123
　9.2　熱源分離 ……………………………………………………………… 124
　9.3　熱の機外排出 ………………………………………………………… 125
　9.4　ゼロ膨張材料 ………………………………………………………… 129
　9.5　熱対称性 ……………………………………………………………… 132

第10章　運動円滑化の原理 …… 134
- 10.1　原　理 …… 134
- 10.2　案内の種類 …… 135
  - 10.2.1　すべり案内 …… 135
  - 10.2.2　静圧案内 …… 137
  - 10.2.3　転がり案内 …… 138
  - 10.2.4　磁気案内 …… 139
- 10.3　ロングスライダ …… 140
  - 10.3.1　案内の幅の内側を駆動する場合 …… 140
  - 10.3.2　案内の幅の外側を駆動する場合 …… 142
- 10.4　抵抗力重心 …… 144
- 10.5　バランスウェート …… 145
- 10.6　付着すべり（スティックスリップ） …… 146

第11章　補正の原理 …… 149
- 11.1　原　理 …… 149
- 11.2　補正法の分類 …… 151
- 11.3　理論計算法 …… 152
- 11.4　静的モデル法 …… 153
- 11.5　動的モデル法 …… 158
- 11.6　フィードバック制御法 …… 160
  - 11.6.1　フィードバック信号の検出位置 …… 160
  - 11.6.2　制御誤差 …… 161
  - 11.6.3　輪郭精度 …… 164
  - 11.6.4　検出装置の特性 …… 167

第12章　フィルタ効果の原理 …… 169
- 12.1　原　理 …… 169
- 12.2　フィルタ要素の例 …… 171

  12.2.1　液体フィルタの例 …………………………………… 171
  12.2.2　固体弾性体フィルタの例 ……………………………… 172
  12.2.3　慣性質量フィルタの例 ………………………………… 178

第13章　縮小原理 …………………………………………… 181
 13.1　原　理 ……………………………………………………… 181
 13.2　縮小機構の例 ……………………………………………… 182
 13.3　拡大原理 …………………………………………………… 185

第III部　加工論

第14章　加工精度の上界原理 …………………………… 188
 14.1　原　理 ……………………………………………………… 188
 14.2　寸法精度の上界値 ………………………………………… 189
 14.3　形状精度の上界値 ………………………………………… 190
  14.3.1　真円度 …………………………………………………… 190
  14.3.2　段差精度 ………………………………………………… 190
 14.4　仕上面粗さの上界値 ……………………………………… 191
 14.5　加工変質層の上界値 ……………………………………… 191

第15章　要素技術の原理 ………………………………… 193
 15.1　原　理 ……………………………………………………… 193
 15.2　高精度な平面を実現する技術 …………………………… 194
 15.3　高精度な長さを実現する技術 …………………………… 196
 15.4　高精度な円筒を実現する技術 …………………………… 198
 15.5　高精度な円周分割（角度）を実現する技術 …………… 199
 15.6　高精度な球・球面を実現する技術 ……………………… 200

第16章　加工単位の原理 ………………………………… 203

- 16.1 原　理 ……………………………………… 203
- 16.2 加工単位と加工精度 ……………………… 204
- 16.3 小さな加工単位の加工法の例 …………… 205
- 16.4 強制加工と加工単位の原理 ……………… 208

第17章　母性原理 …………………………………… 210
- 17.1 強制加工と母性原理 ……………………… 210
- 17.2 創成法と成形工具法 ……………………… 211
- 17.3 強制加工法の高精度化 …………………… 212

第18章　進化の原理 ………………………………… 217
- 18.1 選択的圧力加工と進化の原理 …………… 217
- 18.2 ラッピング ………………………………… 219
- 18.3 ホーニングと超仕上げ …………………… 223
- 18.4 乾式メカノケミカルポリシング ………… 225

第19章　異方性原理 ………………………………… 228
- 19.1 エネルギ加工と異方性原理 ……………… 228
- 19.2 物理的エネルギ加工 ……………………… 229
  - 19.2.1 EEM (Elastic Emmision Machining) …… 229
  - 19.2.2 動圧ポリシング ……………………… 231
  - 19.2.3 イオンビーム加工 …………………… 232
- 19.3 物理化学的エネルギ加工 ………………… 234
  - 19.3.1 リアクティブイオンエッチング …… 234
  - 19.3.2 リアクティブイオンビームエッチング … 235
- 19.4 電気化学的エネルギ加工 ………………… 235
- 19.5 化学的エネルギ加工 ……………………… 235
  - 19.5.1 フォトファブリケーション ………… 235
  - 19.5.2 ケミカルミーリング ………………… 237
  - 19.5.3 異法性エッチング …………………… 237

19.5.4 ハイドロケミカルポリシング …………………… 240
19.6 熱的エネルギ加工 ……………………………………… 241
  19.6.1 放電加工 ……………………………………… 241
  19.6.2 レーザ加工 …………………………………… 241
  19.6.3 電子ビーム加工 ……………………………… 242
19.7 加工精度 ………………………………………………… 242

第20章 アッベの原理 …………………………………… 244
20.1 原理 …………………………………………………… 244
20.2 実際例 ………………………………………………… 244

第21章 被削材原理 ……………………………………… 249
21.1 原理 …………………………………………………… 249
21.2 被削材の均質性 ……………………………………… 249
21.3 被削材の安定性 ……………………………………… 253
21.4 ブロックゲージの加工例 …………………………… 253

第22章 無歪支持の原理 ………………………………… 256
22.1 原理 …………………………………………………… 256
22.2 無歪支持例 …………………………………………… 258

第23章 多段階加工の原理 ……………………………… 263
23.1 原理 …………………………………………………… 263
23.2 加工法の違いによる前歴誤差 ……………………… 264
23.3 砥粒加工と前歴誤差 ………………………………… 266
23.4 加工変質層 …………………………………………… 268

第24章 組込加工の原理 ………………………………… 271
24.1 原理 …………………………………………………… 271
24.2 セルフカット ………………………………………… 272

24.3　部品ペア法 ……………………………………………………… 275

　　　さくいん ……………………………… 279

第 I 部
序 論

第 1 章
精密工学序説

1.1 高精度な機械を実現するには

　精密工学は高精度な機械を実現させる学問であるが、これを支える学問分野は広い．しかし本書では主に、従来の分類によるところの設計と加工をその対象とする．

　高精度な機械を実現するには、つぎの4つの基本的な機能的要求項目が満足されなければならない．

① 完全な運動基準が内蔵されていること．
② その基準に従って完全な運動を実現するために必要な、完全な対偶（互いに接触もしくは一定の間隔を維持して動く一対の機械要素）が備わっていること．
③ そのようなシステムを運転するとき、機械内外に存在するノイズ（内：運動基準や対偶にある製作誤差、熱など、外：外力、振動、熱など）により正しい運動が乱されない構造になっていること．
④ 機械の運動を正確に検出できる機能をもっていること．

　①，②に関しては、完全な運動基準や対偶を作れと指示するだけであるから設計上はやさしい問題である．したがって、①と②の機能的要求項目は、製作技術のほうが創意と工夫によって何とかしてより完全なものにする努力が求められている領域である．

しかし加工技術の観点からすると，使用する材料も含めて完全な運動基準や対偶を作ることは不可能であるし，さらにいろいろなノイズが存在するから，設計上の工夫によってこれらの障害を乗り越え正確に運動できるように機械を構成しなければならない．この意味で，③は設計が受持たなければならない機能的要求項目となる．

　さらに，機械の機構上ないしは機械の使用上，機械の運動を正しく検出する機能も不可欠である．これが④である．

　以上のことから，より完全な運動基準や対偶を作る加工上の原理を扱うのが加工論であり，ノイズに影響されずに正しい運動が実現できるようにする原理を扱うのが設計論であるということもできる．

　設計は，その高精度な機械の本来的・本質的な性能の限界を決めてしまうものである．最初の設計が悪いと，あとの加工でいくら手を加えてもどうにもならないものがある．また仕事の流れとしてもまず最初に設計という仕事がくる．この意味で，本書ではまず高精度な機械を実現するための設計論を取上げる．

　設計されたものを，図面・仕様書の意図するように加工することがつぎに求められる．精密機械部品の加工は，一般の機械部品の加工にはない高い精度が要求される．

　この要件は，従来にはなかった原理・技術などが加工に要求されることを意味する．したがって，設計論のつぎには高い精度を実現させるための加工論を取上げる．

　高精度な加工を行なうには，その結果を評価するために計測が必要となる．また前述の④にも述べた通り，高精度な機械自身も計測という機能をもたなければならない．しかし，本書では頁数の都合で計測だけを特別に論ずることはしない．

　上記の高精度な機械に関する設計論，加工論の場合と異なり，計測は本来が高精度を扱うものであり，設計・加工よりはよく研究されまとめられている．したがって，これに関する良い成書が現在多く存在することも，本書から計測を省く理由となっている．ただし，計測の基本的なことは本書の構成に欠かせないので，次章で述べる．

1.2 精密さ、正確さ、微細

"精密さ"，"精密度"（ともに precision）に似た言葉として"正確さ"，"正確度"（ともに accuracy）と"微細"（fine，連結形としては micro-）という言葉があるが，これらがよく意味を混同して使われているので，これらの用語間の区別をここで述べておく．

たとえば，部品の寸法を L に加工したいと考える．十分精度が高い測定器である数の部品の寸法を測ったところ，図1.1のような結果を得たと仮定する．一般に部品を加工すると，この図のように平均値を中心にした正規分布に近い分布（一般にこれを t 分布と呼び，標本の数，すなわち測定数が30以上になると正規分布で近似できる）を示す．この場合，平均値 $\bar{x}$ の指定寸法からのずれ δ_m を"かたより"と呼び，このかたよりの小さい程度を"正確さ"と呼ぶ．また平均値からの"ばらつき" ε の小さい程度を"精密さ"と呼ぶ．厳密には以下のように定義する．

加工でも測定でもこのかたよりが生じた場合には条件を変更して δ_m を補正し，$\bar{x}$ を L に一致させるようにする．このような補正法は，これらのデータの母集団の母平均 μ で補正したものではないので当然誤差が生じる．つまり，この補正を行なった以降に得られるサンプルの平均値はまた L からずれてしまう可能性

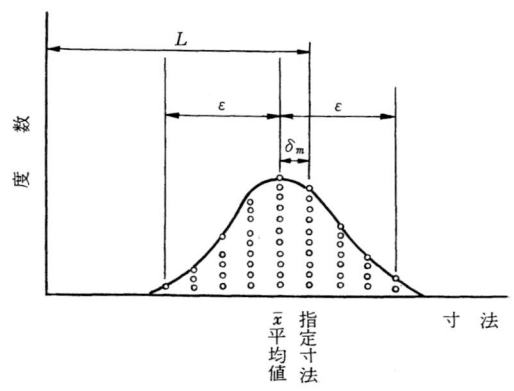

図1.1 長さ L に加工した部品の測定値の度数分布

がある.確率的にこの差 $\mu - \bar{x}$ のばらつく範囲が正確さを定量的に評価する"正確度"であり,

$$\delta = t\left(\phi, \frac{\alpha}{2}\right) \times \sqrt{\frac{v}{n}} \quad \cdots\cdots\cdots\cdots\cdots\cdots\cdots\cdots\cdots\cdots\cdots\cdots (1.1)$$

で求められる[1].ここで,$t(\phi, \alpha/2)$ というのは自由度 $\phi = n-1$ で,確率 $(1-\alpha)$ のときの t 分布の値(数表より求める)であり,n は標本の数(実際採取したデータ数),v は次式で定義される不偏分散である.

$$v = \frac{1}{n-1} \sum_{i=1}^{n} (x_i - \bar{x})^2 \quad \cdots\cdots\cdots\cdots\cdots\cdots\cdots\cdots\cdots\cdots\cdots\cdots (1.2)$$

例を示すと,確率 $(1-\alpha)$ は一般に 0.95 が用いられ,"95%の信頼率"と呼ばれる.この場合,$\alpha = 0.05$ となる.n を 21(t 分布表を読みやすくするため,このような中途半端な数とした)として,v が $4\,\mu\text{m}^2$ であったとすると,ハンドブックなどの表から $t(20, 0.05/2)$ の値は 2.09 と求まり,したがって (1.1) 式を用いて,

$$\delta = 2.09 \times \sqrt{\frac{4}{21}} = 0.912\,\mu\text{m}$$

となる.すなわち,この加工法の正確度は,0.95 の確率(信頼率 95%)で,$0.912\,\mu\text{m}$ と評価される.つまり,$\mu - \bar{x}$ は $\pm 0.912\,\mu\text{m}$ の間にある.表示は一般に「$0.912\,\mu\text{m}$ (95%)」とする.

一方,精密さの定量的な評価としての"精密度"は以下の定義による.すなわち,上述の不偏分散 v を用いて,

$$\varepsilon = t\left(\phi, \frac{\alpha}{2}\right) \sqrt{v} \quad \cdots\cdots\cdots\cdots\cdots\cdots\cdots\cdots\cdots\cdots\cdots\cdots (1.3)$$

として求まる[1].したがって,上の例では 95%の信頼率($\alpha = 0.05$)で自由度 20 の t 分布の値はやはり 2.09 であるから,

$$\varepsilon = 2.09\sqrt{4} = 4.18\,\mu\text{m}$$

となる.すなわち,この加工法によると,精密度は 0.95 の確率(信頼率 95%)で $4.18\,\mu\text{m}$ であると結論される.表示は「$4.18\,\mu\text{m}$ (95%)」となる.すなわち,0.95 の確率で平均値 $\bar{x}$ を中心にして $\pm 4.18\,\mu\text{m}$ の間に仕上がり寸法がばらつくということになる.

この正確度と精密度を合わせたものを"精度"と呼ぶ．正確度 δ と精密度 ε が与えられていると，誤差の限界値に相当する精度 τ は，

$$\tau = \delta + \varepsilon \quad\cdots\cdots\cdots\cdots\cdots\cdots\cdots\cdots\cdots\cdots\cdots\cdots\cdots\cdots\cdots\cdots\cdots (1.4)$$

として求まる．すなわち，精度とは正確度と精密度とを合わせた概念である．

正確度と精密度が十分な信頼度で推定されている場合は，精度はそれぞれが独立に変動する成分のばらつきの分散に基づいて求められると考えることができ，

$$\tau = \sqrt{\delta^2 + \varepsilon^2} \quad\cdots\cdots\cdots\cdots\cdots\cdots\cdots\cdots\cdots\cdots\cdots\cdots\cdots\cdots (1.5)$$

として求めることができる[1]．

つぎに"微細"の意味であるが，これは上述の正確さや精密さには無関係に，とにかく細かいことをいう．たとえば，溝の幅が $0.1\,\mu\mathrm{m}$ とか $10\,\mathrm{nm}$ とかいう微少な値をいい，この絶対値がどのようにばらつこうが，かたよろうが，それは問題にしないのである．とにかく，一般的な概念に比較して小さいことを意味する概念である．

以上の用語の理解からすると，本書のタイトルの精密工学という用語は上述よりはもう少し広義の意味で用いており，正確さと精密さの両方と，場合によっては微細の概念も含めるものとする．すなわち，この正確度と精密度の高い機械を実現するための工学が精密工学である．

上述の説明からすると，精密工学というよりも，精度工学というほうがより合理的であるが，精密工学という言葉は上述の意味ですでに一般に用いられているので，ここでもあえて精密工学と呼ぶことにした．本文中，特に精密という言葉が，本来の精密さだけを意味するときは"狭義の精密"と断ることにする．また，精密度・正確度の高いことを"高精度"という言葉で代表させる．

1.3　どうして高精度か

要求精度が高くなると，コストが指数関数的に高くなると一般には信じられている．しかし，このような考え方は必ずしも正しくない[2]．高精度に加工できれば種々の調節機構が不要になり，組立も簡単になりかえって安くできる場合が多い．加工法の選択によっても事情は大幅に変わる．高精度の出しやすい

加工法を採用すれば，加工費用も下げられる．
　部品にどうして高精度を与えるのか，その理由をまとめてみると以下の通りである[2],[3],[4]．
① 高精度な運動を実現するため．
② 製品あるいは部品の機能のばらつきを少なくするため．
③ 部品の互換性を確保するため．他の事業所・メーカーの部品でも使えるようにできる．
④ 調整機構を不要にし，後工程の組立や調整を容易にするため．特に自動組立を実現させるため．
⑤ 機能の独立性を実現するため（機能の独立性については第4章参照のこと）．
⑥ 部品の小型化に伴う，相対精度を維持するため．
⑦ 部品点数を減らし累積誤差を小さくし，確率的信頼性を向上させるため．
⑧ 機械の効率を良くするため．
⑨ イニシャルコストを安くするため．
⑩ ランニングコストを安くするため．
⑪ 寿命を長くするため．
⑫ 部品の小型化により携帯性を良くするため．
⑬ 新設計の可能性を証明するため初めは高精度に作り，後に性能を見ながら精度を落として生産性を確保する．
⑭ 設計上の安全係数を下げられる．

　一般に"高精度な加工をすると高価になる"ということがいわれているが，これは誤った考え方である．前にも述べたが，たとえば，ある模型飛行機のガソリンエンジンを作るときに，高精度な加工によりピストンとシリンダのすき間を非常に小さく抑えることができるとピストンリングが不要となり，25％コストが下がる．さらにピストンリングが無いために抵抗が下がり，より大きな出力が得られ，摩耗が少なくなり，組立・分解が容易になるという素晴しい効果が得られる[2]．
　もう1つ工作機械の例で示そう．加工品の要求精度は**図1.2**[5]に示すように年々高くなっていく．ところが，高精度な工作機械の精度は年とともに図中の

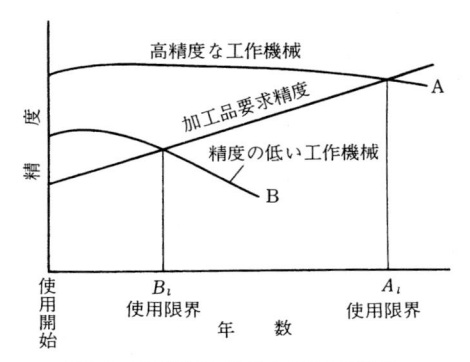

図1.2 機械精度と機械の寿命の関係[5]

Aのように変化する．一方，悪い精度の工作機械はBのような精度変化をするので，両者と加工品要求精度曲線との交点（これが機械の寿命である）はB_lとA_lのように大きく差が出る．すなわち，高精度な工作機械のほうの寿命は悪い工作機械よりも何倍も長くなるのである．高精度ということは，この点においても大きな付加価値をもたらすことがわかる．

したがって，部品精度は下げるほどよいというような単純な先入観に支配されてはならない．また，このような高精度の機器には高付加価値が伴なう．これが，その企業を他企業や他国の製品と差別化する道なのである．

しかし，できるだけ容易に要求精度が実現できるように設計・加工することは大切であり，また，そのようなことを実現させるための原理を学ぶことは必要である．

1.4 現在の技術レベル

精密工学は，高精度な機械を実現させる重要な基礎学問である．高精度な機械とは従来，精密機械と呼ばれていた時計やカメラはもちろんのこと，コンピュータおよびその周辺機器（これにはレーザプリンタも含む），ビデオ機器，航空宇宙機器，測定機器（天体望遠鏡なども含む），高精度加工機械，通信機器などすべて含まれる．これらの機器は，現在，人々が便利で快適な生活を営

1.4 現在の技術レベル 19

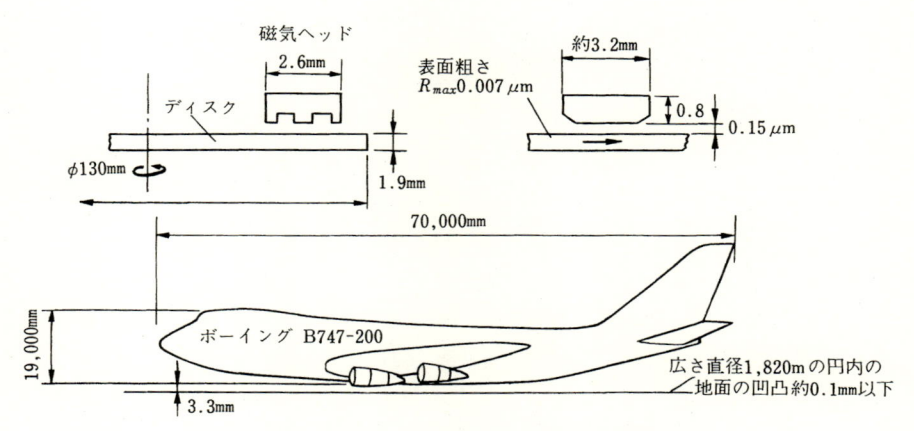

図1.3 磁気ヘッドとジャンボジェット機の比較[7]

む上ではすべて欠かせないものでもあり，現代文明を支える基盤である．

別の見方をすると，これらのほとんどの分野で日本の技術は最先端を極めるレベルに達しており，日本は世界で指導的役割を果たしている．当然，これらの技術に支えられて現在の日本の経済的繁栄がもたらされているのである．われわれが現在の繁栄した世界一の文明を維持していくには，精密工学という学問が体系立てられ，より広く人々に浸透し，理解され，利用されなければならない．精密工学という学問はどちらかというと現場の技術に引っぱられ，現場の技術の寄せ集めたものが精密工学であるというような見方をされていた部分が多い．しかし，これからは，そうではなく精密工学それ自身も学問として体系化され，科学として独自に発達・発展していかなければならない．

ここでは，まず上述の高精度な機械を実現するために，産業技術レベルが現在（1990年時点で）どの程度の精密さ，正確さを要求されているかを以下にみてみる．

コンピュータに用いられている磁気記憶装置[6]を，みてみよう．その中には一般に直径130 mm，厚さ1.9 mmのアルミニウム合金製の磁気ディスクが3,600 rpmで回転しており，その上を $0.15\,\mu m$ 以下の間隔で磁気ヘッドが保持されている．これを図1.3の上部に示す．これをこのままではああそうかで

終わってしまっては感激がないが，これをもっとわれわれの感覚に近いモデルに置換えてみよう．磁気ヘッドの長さは約 3.2 mm であるが，ジャンボジェット機（最新の形式のボーイング B 747-200）の長さ 70 m までに拡大してみると，0.15 μm という間隔は，実に高さ 3.3 mm の地上すれすれのところをジャンボジェット機が飛んでいることと同じになる[7]．ちなみに，この程度の磁気ヘッドが日本で月産 800～1,000 万個生産されている．

　また，その磁気ディスクの表面粗さは R_{max} で 0.007 μm 以下に加工されるが，ディスクをやはり上述の浮動ヘッドとジャンボ機の割合に拡大してみると，実に直径 1,820 m の広さの円内の地表を最大の凹凸が 0.1 mm 以下になるよう仕上げなければならないという大変な仕事になる．このような技術を確立しなければ，現在のコンピュータ社会は実現しなかったわけである．このような技術を可能にする学問が精密工学である．

　もう 1 つの例を示そう．光工学はこれからますます重要となる分野であるが，この研究に欠かせないものが光のスペクトルを調べる分光器である．この分光器に用いられる最も重要な部品が，回折格子というものである．平面回折格子の例を図 1.4 に示す．プリズムも光をスペクトルに分ける働きをもっているが，この回折格子のほうが高分散，高分解能でかつ明るい分光器を作ることができる．さらに，この方式だと材料に対する制約が少なく，レプリカ技術により量産できるという長所をもっている．

　しかし，回折格子の格子溝に要求される刻線精度は非常に高く，最近の半導体製造装置よりも高い精度が要求される．これを機械的に刻線する機械がルーリングエンジン（図 1.5 参照）[8] と呼ばれるもので，高精度な工作機械の中で

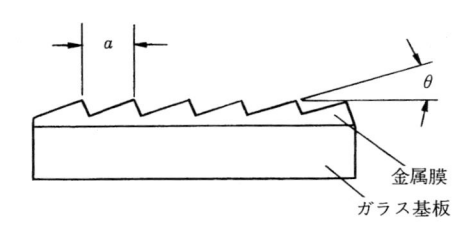

図1.4　平面反射型回折格子

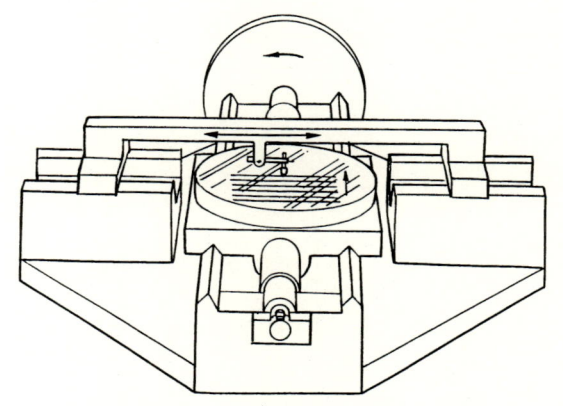

図1.5 シェーパ型ルーリングエンジン[8]

も最も高度なものと考えられている．
　この機械は，図1.4のような形状の溝を1mm当り600本とか，1,200本も刻線しなければならない．髪の太さが約100μmとすると，髪の太さのところに実に図1.4に示すような正しい形状の溝を83本も作らなければならない．この場合，格子溝の累積的ピッチ誤差は，格子溝1,200本/mmの場合で0.2μm以下でなければならない．
　同じく割出し（1本刻線する毎に加工物を1ピッチ，図1.4でaだけずらすこと）のために送りねじを使用しているので，その影響で周期的なピッチ誤差が生ずる．この値は1,200本/mmの場合で0.008μm以下でなければならない[9]．これは，銅の原子間隔の22倍（80Å）でしかない．実際には機械は運動中に熱や振動などの外乱を受けるので，機械の運動精度はこの何倍も高くなければならない．以上2つの例しか挙げなかったが，このような例は実際には数えきれないほどある．このような機械を実現させるには，どうしたらよいかを教えてくれるのがこの精密工学である．

1.5　加工精度の進歩してきた歴史

　総合加工精度の進歩してきた過程を図1.6に示す[10]．この図に示すように，

22　第1章　精密工学序説

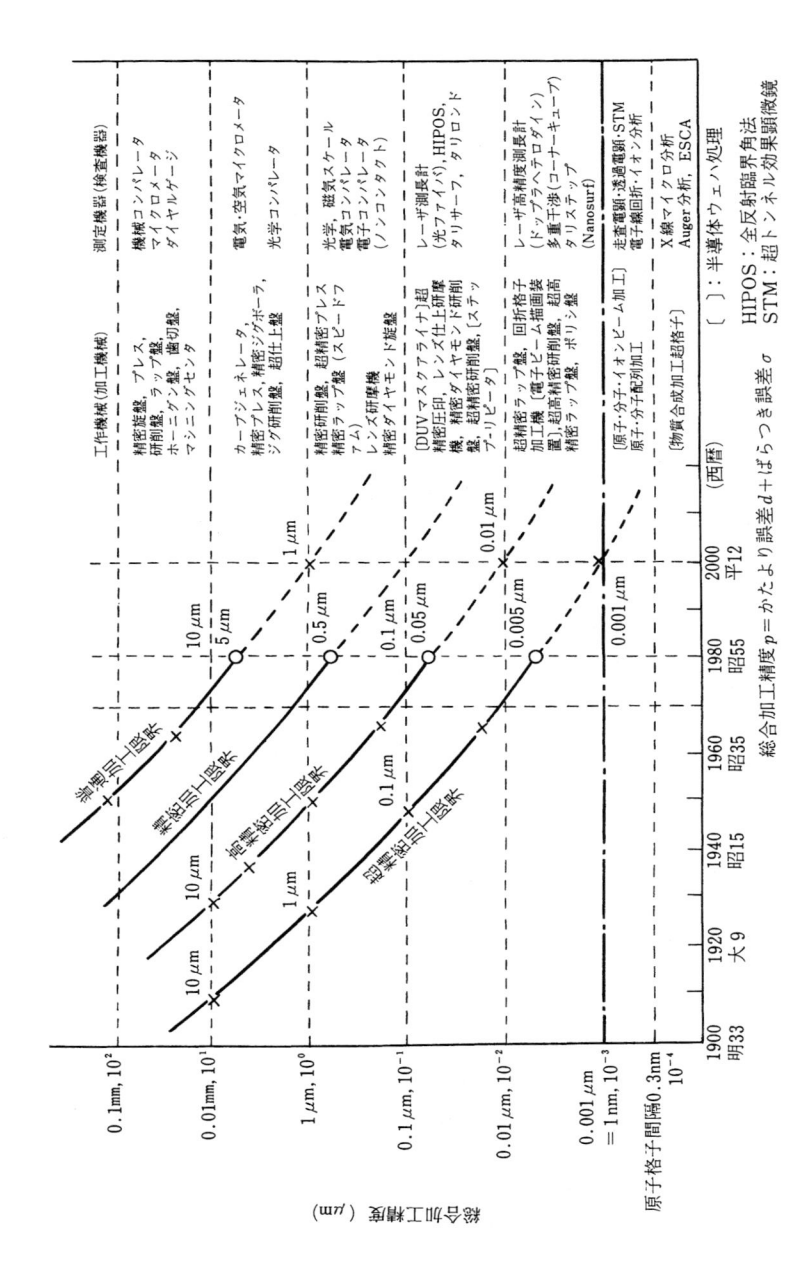

図1.6　総合加工精度と年代．かたより誤差 $p=$ かたより誤差 d とばらつき誤差 σ 総合加工精度をかたより精度と称し，ばらつき誤差をばらつき精度と称する（谷口紀男）[10]

[ ] : 半導体ウェハ処理　　HIPOS : 全反射臨界角度法
STM : 超トンネル効果顕微鏡

加工精度，測定精度は年を追う毎に向上し，2000年にはナノメーター（nm）の精度が実現することになりそうである．技術進歩の速さは目を見張るものがある．

産業革命は表向きジェームス・ワットの蒸気機関が発明されて初めて可能になったとされているが，実用的サイズの蒸気機関は1774年にウイルキンソンがより高精度に加工できる中ぐり盤を発明し，それで高精度なシリンダの加工に成功したから初めて産業革命が実現したわけである．この中ぐり盤の加工精度は，1,270 mm の内周を加工して1 mm 程度の誤差であったといわれている．この時代から考えると，現在の加工精度のレベルは驚異的なものである．

現在はより高精度の製品を安く，早く作る努力がなされている．図1.6に示す加工精度向上の歴史は，高付加価値を作り出す歴史と見ることもできる．たとえば，前述した高性能・高付加価値コンピュータ（磁気ディスク装置で説明した）が実現したのは，加工技術が進歩したお陰である．このようにみてくると，精密工学は現代の高度文明社会の中の多くの分野で，直接・間接に高付加価値を生み出すための学問とみることができる．このような大切な学問でありながら，未だに体系化されていない．したがって，大学や企業で教えることもままならないというのが現状である．精密工学は，1日も早く学問としての体裁を整えなければならない．

参 考 文 献

(1) 日本機械学会編：機械工学便覧 B3 (1986)
(2) J. B. Bryan：Closer Tolerance-Economic Sense, Annals of CIRP Vol. XVIV, 115 (1971)
(3) 守友貞雄：機械の研究，Vol. 33, No.1, 164 (1981)
(4) 津和秀夫：精密工学序説，コロナ社 (1978)
(5) 安田工業㈱のカタログ中の図を垣野義昭氏（京大）の意見を入れて一部修正した．
(6) 田中克敏氏（東芝機械）よりのデータによる．
(7) 豊田工機㈱のカタログを参照した
(8) John Strong：Journal of the Optical Society of America, Vol. 41, No.1, 3 (1951)
(9) 原田達男：機械の研究，Vol. 33, No.1, 175 (1981)
(10) 谷口紀男：ナノテクノロジの基礎と応用，工業調査会，1988

第2章

高精度化の基本的評価項目

2.1 基本的評価項目

　製品でもシステムでもそれを作ろうとするときには，まずどのような機能を与えようとしているのかが明確にされなければならない．これを機能的要求と呼ぶ．この機能的要求は，個々の部品や機械やシステムによって異なる．

　機能的要求を評価する場合，設計上の評価と加工したものの評価と二通りある．設計上の評価は第3章に譲り，加工したものを評価する場合まず何を測って評価するかを決めなければならない．何を測るかを決めることは，簡単なようでむずかしい問題である．JISなどで各種の機器の測定法などがよく規定されているが，それらの測定結果と目的とする機能とがどのように関連するかが不明確な場合が多い．このような問題は，今後研究が進められなければならない1つの分野であろう．

　しかし精密工学の立場からすると，それらを評価する場合の評価項目には共通したものがあることに気付く．たとえば，工作機械のテーブルの直線運動精度が機能的要求としてあったとすると，テーブルとか案内などの寸法精度，形状精度，表面粗さなどがすべて大切な評価項目となる．さらに，摩耗を含めた耐久性を考えると上記の項目のほかに，さらに加工変質層が重要となり，長期間精度が維持されなければならないから経年変化も欠かせない評価項目である．また，非常に遅い運動速度でも振動は発生するし，これが近年の機械の高速化

の要求の高まりからすると，高速での運動精度が評価項目として重要になる．

このように考えてくると，精密工学の観点から，精密機械や部品やシステムに共通して適用できる評価項目のあることが明らかとなる．そこで，本書では精密工学の基本的評価項目として，つぎの6つを考えることにする．

① 寸法精度
② 角度精度
③ 形状精度
④ 表面粗さ
⑤ 運動精度
⑥ 加工変質層

以上のほかにも，たとえば経年変化などが考えられるが省略する．

2.2 4つの測定原理

本書は測定法を述べることが目的ではない．しかし，上述の評価項目を最終的に評価するためには，測定をしなければならない．そこで，ここでは高精度な測定を行なう場合に守らなければならない測定上の共通の原理と，それぞれの評価項目を測定する場合の注意事項について述べる．具体的な機械やその使用法については，それぞれの成書を参照されたい．

まず上記，①，②，③の測定に関して，つぎの測定原理が重要となる．

【測定原理1】 寸法に関連する測定をする場合，測定物の温度を知らなければならない．

実際すべての物体は温度の変化によりその長さを変化させる．その変化の割合は，その材料の線膨張係数によって変わる．主な材料の線膨張係数を**表2.1**

表2.1 各種材料の線膨張係数

材　　料	線膨張係数(20℃)
鋼	13×10^{-6}
ガラス	9×10^{-6}
アンバー(Ni 36％ニッケル鋼)	0.9×10^{-6}
超アンバー	-0.01×10^{-6}

に示す．表に見る通り，温度変化に対して長さを変化させない材料は現在まだ開発されていない（さらに詳しい議論は第9章にある）．また，もう1つ注意しなければならないことは，これらの線膨張係数は温度によって値が変わるということである．したがって大切なことは，測定物の温度を常に一定にして（基準温度で）計測しなければならない．一般に測定器は恒温室に常設されているから，測定温度 $20\pm\alpha$℃になっている場合が多いが，加工物のほうは異なる温度になっていることが多い．また，手で持っただけでも温度が変化する．いい例が，何らかの測定物に分解能の高いダイアルゲージを当てておき，測定物を手で握ってみるとよい（図2.1参照）．すると，ダイアルゲージの目盛がみるみる変化していくのがわかるはずである．手の温度で測定物の長さが変化したのである．したがって，常に測定物の温度を確認し，基準温度からはずれ

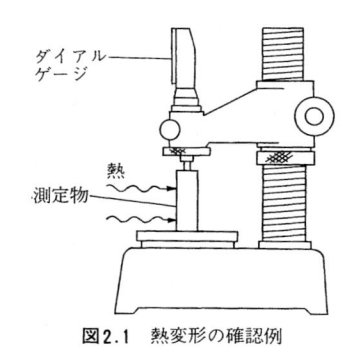

図2.1 熱変形の確認例

図2.2 ある測定原器を20.0℃の環境に置いた場合の原器の温度変化[1]

ている場合には計算で測定値を補正しなければならない．

したがって，温度管理は大切である．温度の異なるものを一定の温度の部屋に入れて，そこの室温と同じにするにはかなりの時間が必要である．ある測定原器を20℃の室内に置いておいた場合の温度変化を測定した例を図**2.2**に示すが[1]，一般にこのように指数関数的過程で温度が下がる．この例でもわかる通り，測定物が周囲温度と同じになるまでは何十時間もかかることがわかる．

この時間を短縮するには，20℃で保たれている大きな物体（たとえば定盤など）の上にできるだけ広い面積で接触するように置くとよい．この定盤のように，熱を吸い取る入れ物みたいな作用をするものを，ヒートシンク(heat sink) と呼ぶ．

物体に熱が伝わる伝わり方には，熱伝導（物体内の熱移動，壁面とそれに接触している流体の間の熱伝導を特に熱伝達というが，これも熱伝導に含めて考える）および熱放射（離れた物体間での電磁波による熱移動）がある．前者は一般によく注意が行き届くが，熱放射の影響は見過されがちであるので注意しなければならない．照明，太陽光，人間，電気設備などは輻射エネルギを放出するので注意を要する．照明などの光が当たっても，0.1℃位は容易に温度が上昇するし，輻射暖房では測定物の温度が数度上昇するのは容易である．

【測定原理2】　力を加えないこと．（非侵襲の原理）

すべての物体は力が加えられると，その力がどんなに小さくても必ず変形することを知っていなければならない．この変形は補正されない限り測定誤差となる．

測定法は大別すると，接触式と非接触式の2種類がある．光などを用いる非接触式の測定器を用いるときには，当然このような変形誤差が生じないから理想的な測定法であるが，光（輻射熱）による温度上昇がないように注意する必要がある．測定するときには対象に外乱を与えない非侵襲の原理を守ることが大切である．

接触式の場合には，たとえ小さな力であっても必ず変形が生じる．たとえば図**2.3**のような場合，接触子と平面の変形量の合計，すなわち両者が接近する量 y は，両者のヤング率が $E=E_1=E_2$，ポアソン比が $\nu_1=\nu_2=0.3$ とすると次式（Hertzの公式）で表わされる．

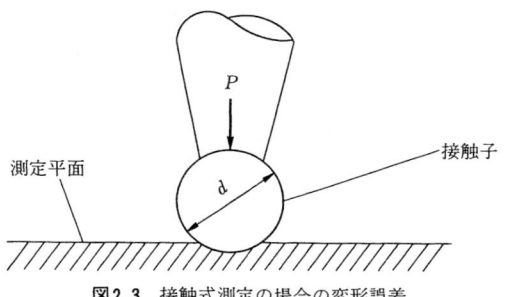

図2.3 接触式測定の場合の変形誤差

$$y = 1.55 \sqrt[3]{\frac{P^2}{E^2 d}} \quad \cdots\cdots\cdots\cdots\cdots\cdots\cdots\cdots\cdots\cdots\cdots\cdots\cdots\cdots\cdots\cdots\cdots (2.1)$$

ただし，P は力，d は接触子の直径，E はヤング率である．すなわち，変形量は力の2/3乗で増える．たとえば，$P=10\,\mathrm{gf}$，$d=2\,\mathrm{mm}$，$E=2.1\times10^4$ kgf／mm²（鋼）とすると $0.075\,\mu\mathrm{m}$ も変形してしまう．10 gf という小さい力で鋼同士を接触させてもこれだけ変形してしまう．この場合，正確な測定値を得るためには，変形量を補正しなければならない．したがって理想的な測定は，レーザを用いた干渉計などで非接触で行なうのがよい．

【測定原理3】 測定器の精度は測定対象の精度の5〜10倍の高い精度がなければならない．

いま，製品の公差が $\pm\tau_w$ となるように加工したとする．そこで第1章で論じたような精度を用いて，測定器の精度を τ_m とすると，製品の測定精度 τ と，製品の公差および測定器の精度の間にはつぎの関係がある[2]．

$$\tau^2 = \tau_w^2 + \tau_m^2 \quad \cdots\cdots\cdots\cdots\cdots\cdots\cdots\cdots\cdots\cdots\cdots\cdots\cdots\cdots\cdots\cdots\cdots (2.2)$$

いま，$\tau_w=1$ に対して $\tau_m=1/5$（すなわち5倍の精度）とすれば，$\tau \fallingdotseq 1.020$ となり測定器の精度は製品公差に2％影響する．もし，$\tau_m=1/10$ とすると 0.5％の影響しか与えない．したがって，測定器の精度は測定対象の5〜10倍の精度をもたなければならないことがわかる．

【測定原理4】 測定機器のくせをよく理解しなければならない．

測定機器のみならず機械は，いろいろな"くせ"をもっている．たとえば，ある測定機器にはバックラッシュがあり，常に一方から近付けなければならな

いとか，ドリフトがあるので短時間に測定を終了しなければならないとかいうくせが測定機器にはたくさんある．このようなことを知らないで，ただ指示された数値を読めばことたりると考えてはいけない．くせは一般に第1章で述べたかたより，すなわち平均値の真値からのずれ（正確度）と考えられる．補正できるかたよりは，補正した上で使用しなければならない．

このくせの問題は加工でも問題になるが，その隠された性能を最大に引き出して使うようにする場合にはくせを十分配慮しなければならない．機械でも人間でも必ずくせがあるということを認識しておくことは無駄ではない．

2.3 評価項目の測定

2.3.1 寸法精度

測定物の寸法を測るということは，その測定物と長さの絶対的な基準とを比較することである．長さの絶対的な基準は以前はメートル原器であったが，1960年10月の国際会議で，以後クリプトン（Kr）86の光波を用いることに決まった．これにより，実現精度が従来の10^{-6}から10^{-8}に向上した．器物によるよりも自然界の無形の安定した標準によるほうが優れている．

これがさらに1983年には，つぎのように定義が改められた．

「1メートルは，1秒の299792458分の1の時間に光が真空中を伝わる行程の長さである」

これのメリットは，基礎物理定数の1つである光速度の値を永久不変のものとした点である．実用的には，上述のようなコヒーレント光源の波長を用いる方法がとられている．企業や研究所の現場では，これらを基に作られたブロックゲージや，測長器を用いて長さが計測される．

実際に使用される長さの基準は大別すると，精密スケール（precision scale）と端度器（end standard）に分けられる．

(1) 精密スケール

これは，一般に図2.4に示すようなH断面かトレスカ断面の中立面上に刻線されている．刻線には特別に組立てられたルーリングエンジンなどが用いられる．線幅は普通2μm位である．これと顕微鏡と組合せて測定物の長さを読取

H断面　　　　　　　　トレスカ断面

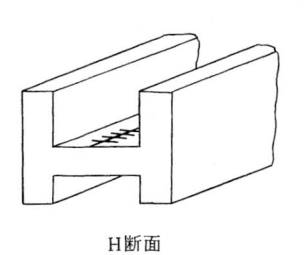

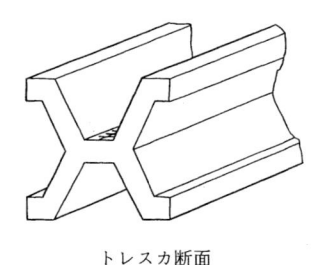

図2.4　精密スケール

る．

(2) 端度器

端度器は規定の長さの矩形または円形断面の棒状のゲージでブロックゲージとも呼ばれる．両端面が測定面となるが，ラッピングにより規定寸法に仕上げられている．両端面の平面度,平行度,面粗さは超高精度に仕上げられている．102個の異なった長さのブロックゲージの組合せで,約20,000種類の寸法が作り出せる．組合せるにはろ過された灯油を薄く塗り，2面を合わせてこすり合わせると密着し（これをリンギングという），垂直に離そうとしても容易に離せないようにくっつく．このようにして，組合わされた，または単体のブロックゲージと測定物をレベルコンパレータや電気マイクロメータなどを用いて比較して長さを計測する．

精密スケールと端度器の特徴を比べると，精密スケールは寸法を細分化できるという特長がある．これはアナログ的な基準である．一方，端度器はディジタル的であるが，端面が測定面となるので，端面は無限に細い線と考えられる．したがって，精密スケールでは刻線が $2\,\mu m$ 位の幅をもつので，拡大するとどこが本来の位置かわからなくなり100倍位が拡大の限度である．しかし，端度器のほうは 100,000 から 200,000 倍の拡大が可能である[1]．しかも，精密スケールの刻線は一度目盛りが付けられると修正がきかないが，端度器のほうは徐々に真の寸法に追い込んでいけるので，高い精度の基準を作れるのが特長である．

以上の基準を用いなくてももちろん測定はできる．たとえば，各種マイクロ

メータがそれであり，またレーザ干渉計を用いれば，かなり高精度でしかも非接触で測長が可能である．

2.3.2 角度精度

角度を精度良く測る場合に用いられる器具としては，サインバー，サインテーブル，角度ゲージ，多面鏡（ポリゴン鏡），ロータリーテーブル，セレーション式円周分割器，ロータリーエンコーダなどがある．角度は，現在のところセレーション式円周分割器を用いて，±0.1秒の精度で測れるのが限度である．

サインバー（**図2.5**参照），サインテーブルなどは小さな角度（たとえば，15°）以下ではかなり信頼性のあるものであるが，角度が大きくなるにつれて精度が悪くなる．なぜなら，$\sin\theta$は角度が大きくなるほど割算の桁数を多くとらなければ角度を細かく決められない．しかし，有効桁数を越えてやたら桁数を増やしても無意味であるから，結局，粗い角度しか決められないからである．

ロータリーテーブルは，現場ではよく用いられる角度測定器具（もちろん加工の場合には角度を設定するためにも用いられる）である．これには，①光学的ロータリーテーブル，②カムで補正されるロータリーテーブル，③正確なウォーム歯車によるロータリーテーブルの3種類がある．

光学的ロータリーテーブルというのは，テーブルに固定された正確な円周目

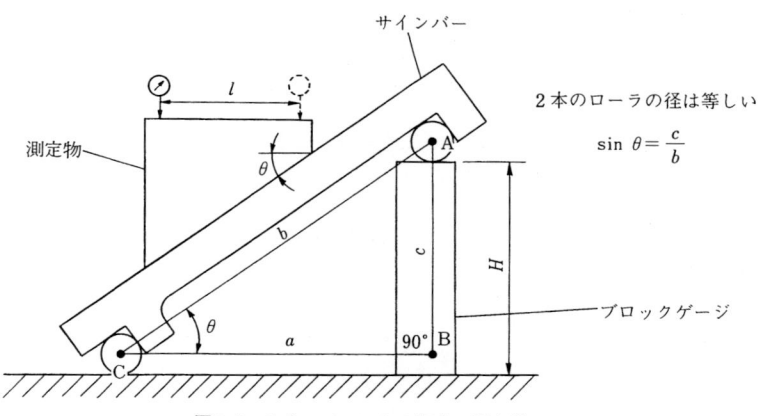

図2.5 サインバーによる角度の測定例

2本のローラの径は等しい
$$\sin\theta = \frac{c}{b}$$

盛を光学的顕微鏡で読取ることからつけられた名称である．光学的副尺を用いて，1秒位まで読取れるものがある．これは精度に影響を与える摩耗部分がないので，精度的に安定している．しかし，長く使用すると目が疲れるという欠点がある[1]．

　カムで補正されるロータリーテーブルは，ウォームギヤの誤差に対応した形状の円形カムを回転部分に備えている．このカムに接するフォロワー（ローラの付いたレバー）は読取り部の副尺につながっており，ギアの誤差に対応してゼロ点を進ませたり遅らせたりして補正するものである．このように，機械部品の精度が上げられないときに，ほかの手段で補正して最終精度を達成させる原理を"補正の原理（第11章）"と呼ぶ．上述のロータリーテーブルでは安く製作できるが，ハンドル1回転内の周期的誤差が除去できず高精度は出せない．

　これに対してウォームやウォームギヤを最初から高精度に作るやり方がある．この場合，高精度のものができるが，バックラッシュが除去できないため常に一方向から近付けるという操作上の注意が必要である．

　以上よりも高精度な角度測定器具は，セレーション式円周分割器（これはディジタル方式になる）であろう．現在実用化されている分割数の最も多いものは，円周を1,440に分割（1分割0.25度）したものである[1]．これは，後に述べる"フィルタ効果の原理（第12章）"が取り込まれており，しかも"進化の原理（第18章，ラッピング加工）"により加工されているので精度が高い．±0.1秒の精度は実現されている．しかも，これにはバックラッシュがないのでそれに伴なう欠点もない．

2.3.3　形状精度

　ここでは，形状精度の中でも特に基本的な真円度についてのみ述べる．真円度の測定法は，つぎの6つがある．

① 直径法
② 限界プラグゲージ，限界リングゲージ
③ センター支持法
④ Vブロック
⑤ 3点測定子
⑥ 精密スピンドル

2.3 評価項目の測定

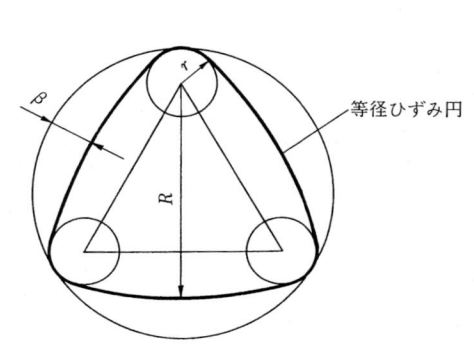

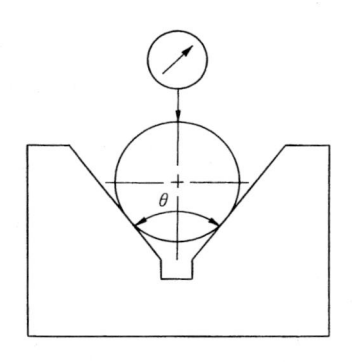

図2.6 等径ひずみ円

図2.7 Vブロックを用いた真円度測定法（3点法）

　直径法とは，マイクロメータのような平行な2面で挟んで直径を測る方法である．直径法は奇数山の等径ひずみ円（**図2.6**参照）（すなわち形状誤差）がチェックできない．なぜなら奇数山の等径ひずみ円は，どこで直径を測っても同じ値が得られるので，実際の形状が図のように β ひずんでいることがわからないからである．偶数山のひずみ円は直径法でも発見できる．

　限界ゲージによる方法は本来は寸法の計測に用いられるが，悪い形状精度もチェックすることができる．これは，各直径のしかも各公差用のものを作らなければならないので，どのような場合にも使えるというわけにはいかない．量産品の検査で合否を判定するのには能率が良く優れた方法である．

　センター支持法はセンターやセンター穴の角度，アライメント，真円度および面粗さなどの多くの要素に支配され精度の高い測定がしにくい．

　Vブロック（3点法）を用いる方法（**図2.7**参照）も，等径ひずみ円の山の数と角度 θ の関係によって誤差が出なかったり，出すぎたりして真円度を定量的に測ることがむずかしい．特に山の数がいくつあるかあらかじめわからないときは測定がむずかしい．3点測定子も同じことがいえる．

　高精度に真円度を測るには，精密スピンドルを用いるのが最良の方法である．この場合には接触子（インジケータ）のほうを回わす方式と（**図2.8**(a)参照)，テーブル（測定物）のほう（同図(b)）を回わす方式がある．

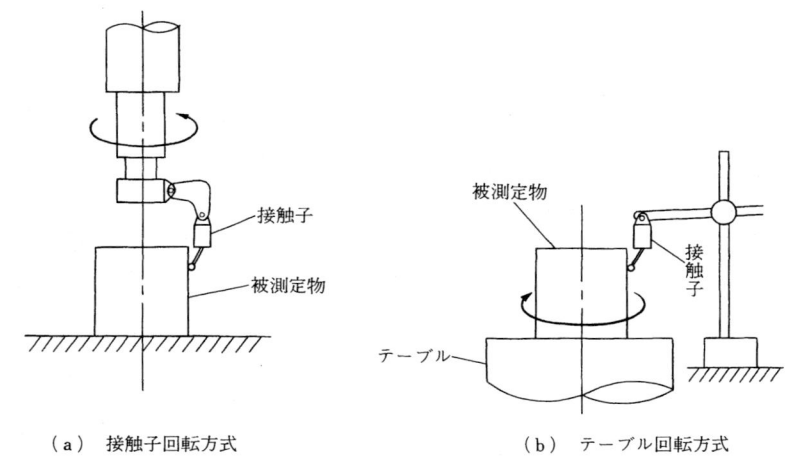

34　第2章　高精度化の基本的評価項目

（a）接触子回転方式　　　　　　　　（b）テーブル回転方式

図2.8　精密スピンドルによる真円度測定

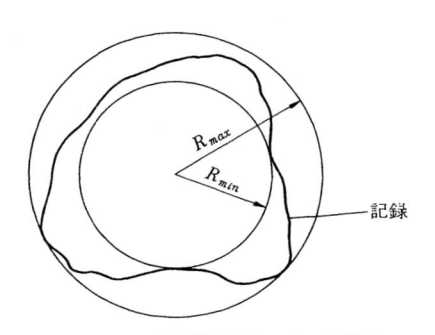

図2.9　最小領域中心法による真円度

　重要な形状精度の1つである真円度の表示の仕方が，規格ではっきり決められていないのは不思議なことである．現在，基本的につぎの3つの方法がある．
(1) 最小領域中心法：同心円テンプレートを極座標表示の記録に重ね，内・外接円の可能な最小半径差 $(R_{max} - R_{min})$ で表示する．これが現在では最も一般的な方法である（図2.9参照）．
(2) 内・外接中心法：穴の場合には内接円を求めて，その中心を基準に外接円を求めその差を用いる．軸の場合には，逆に外接円を基準に求める

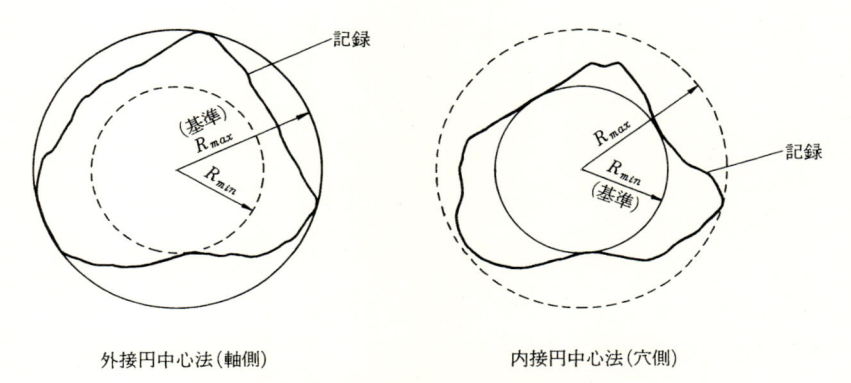

外接円中心法(軸側)　　　　　　　内接円中心法(穴側)

図2.10　内・外接中心法による真円度

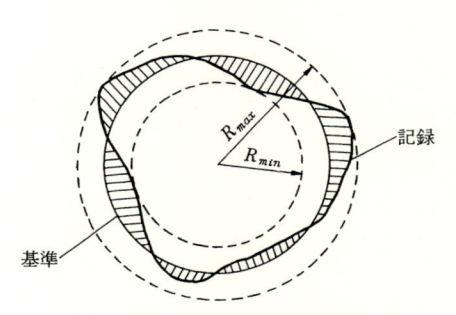

図2.11　最小二乗中心法による真円度

(図 2.10 参照)．
(3) 最小二乗中心法：記録を代表する平均的な円を求めて，その基準からのずれで表現する．平均的な円は最小二乗中心法で求めるやり方と，仮定した円の内外の面積差が最小になるように決めるやり方とがある（図2.11 参照)．これは穴の中心位置を求めるようなときに有効であるが，この円が実用上はあまり意味をもたない．

以上の真円度のほかに形状精度の項目としては，真直度，平面度，円筒度，カミング（ある半径での平面度)，同軸度，平行度，直角度，傾斜度など多くのものが考えられる．これらについては個々に詳しく論じないが，これらを測定するにはたとえば，ジグボーラ形の万能測定機が有効である．形状精度を測

定するのに，よく現場で3次元座標測定器が用いられる．これは複雑な形状部品の座標値を早く測るということにおいては優れているが，後述するアッベの原理（第7章）を満足していないので，非常に高精度な測定には不十分であるといわれている．万能測定機はこの逆で，測定には時間がかかる高精度の測定が可能であるとともに，上記測定項目の互いに関連した幾何学的特徴の測定も可能になるとされている[1]．

2.3.4 表面粗さ

表面粗さ測定器も，接触式と非接触式に分けられる．

接触式は，触針式で先端半径が $10\,\mu\mathrm{m}$ 以下の針で測定物の表面をなぞってその凹凸を測る方法である．先端半径により測定分解能が制限を受け，せいぜい $0.1\,\mu\mathrm{m}$ 位までの凹凸しか測れない．また接触式は，測定物があまり軟らかいものでは傷がつくので適さない．

非接触式は，分解能が $0.3\,\mathrm{nm}$ までのものがあり，測定記録時間が短かく，また被測定物の材質に無関係に適用できる．最近は，3次元的な表面粗さの測定もできる．非接触式で高性能のものは光波干渉式のものが多い．

表面粗さは，表面うねりや真直度とも関係する．加工面上で比較的広い範囲で出てくる凹凸がうねりで，加工面全体の形の狂いを対象とするのが真直度となる．

表面粗さの表現法には，基準長さ l における，①最大高さ（$\mu\mathrm{m}\ R_{max}$）で表

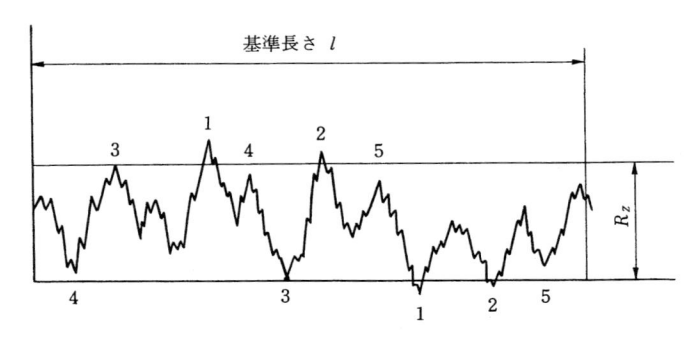

図2.12 10点平均粗さの求め方

わす場合，②3番目に大きい山と谷を通る2本の直線間の間隔を断面曲線の縦倍率の方向に測定して（μm R_z）で表わす場合の10点平均粗さ（**図2.12**参照）と，③記録を長さlだけ抜き取り，この部分の中心線をx軸，縦軸をy軸とし，粗さ曲線を$y=f(x)$で表わし，

$$R_a = \frac{1}{l}\int_0^l \left| f(x) \right| dx \cdots\cdots\cdots\cdots\cdots\cdots\cdots\cdots\cdots\cdots\cdots\cdots\cdots (2.3)$$

として求める中心線平均粗さ（μm R_a）の三通りがある．

これらの表現と，表面の物理的性質，使用時の特性との関係を体系的に調べた研究はなく，どの方法で評価するのがよいかを決めることは現状ではできない．これは今後の課題である．

2.3.5 運動精度

運動精度という場合，どの範囲までを含むか定義ははっきりしていない．ここでは，"使用運転速度で動かしたり停止させたりする場合の位置，速度，加速度に関する精度を運動精度"としてとりあえず定義する．

位置に関する精度には，真直度，回転精度，位置決め精度（直線・割出し），輪郭精度などがある．速度・加速度精度とは，その機械が設計で決められた速度・加速度で動くかどうかということを評価する項目である．加速度は，どちらかというとある絶対的な値をとるかどうかということよりも，限界値を超えないことのほうが重要となる場合が多い．これは，機械に振動や衝撃を発生させないためである．

真直度，位置決め精度（直線・割出し）などを測定するには，レーザ干渉計を用いるのが前述の測定原理2にも合っているので良い．真直度も測定点の運動は真直でも，移動体全体ではローリング，ヨーイング，ピッチングなどの動きをするので，これらも併せて測定する必要がある．

輪郭精度では特に代表的な円弧の輪郭精度が問題となることが多い．工作機械ではこれが1つの重要な測定項目であるが，これに関してはJ. Bryanが提案し，垣野が発展させたDBB（Double Ball Bar）法[3],[4]が有効である．測定装置は**図2.13**のような構造をしており，被測定機械に半径Rの円弧補間運動をさせると，その誤差が内蔵されたモアレスケールで読取られ，パソコンへ渡されて処理される．精度は最小読取り単位が$0.1\,\mu\mathrm{m}$，測定精度が$0.5\,\mu\mathrm{m}$程

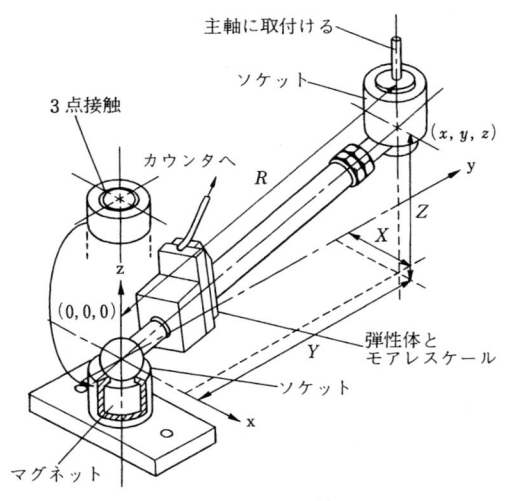

図2.13 DBB装置の構造(垣野)[3]

度であるとされている．この方式を用いれば，運動誤差が高精度・高能率に測定でき，運動誤差を生じさせている原因を診断することができる．ただし，これは円弧の輪郭精度だけが対象であるので，任意形状の運動精度を測定するにはレーザ干渉計を用いなければならない．

　一般の任意形状軌跡を移動する場合の測定法は，現在のやり方としては時々刻々の位置をレーザ干渉計などを用いて同時に運動する2ないし3軸に対して測定し，それらのデータを合成して調べる方法がとられている．

　回転精度は，基準となる球とか真円に近い軸を回転させて，非接触でその変位を測定して求めることも行なわれる（**図2.14** 参照)[5]．球を用いれば，ラジアル方向と同時にアキシャル方向の精度も測定できる．これらの基準（球）は，当然，測定するシステムの精度の5～10倍以上（誤差は1/10）の精度をもっていることが要求される（測定原理3）．しかし現実には，高精度の球を得ることはむずかしいようである．

　速度に関しては，レーザドップラメータやレーザドップラ振動計などが非接触で測定できる機器であろう．加速度は，一般に加速度計を用いる．これは圧電素子を用いた加速度ピックアップを移動体に取付けて測るのが一般的であり，

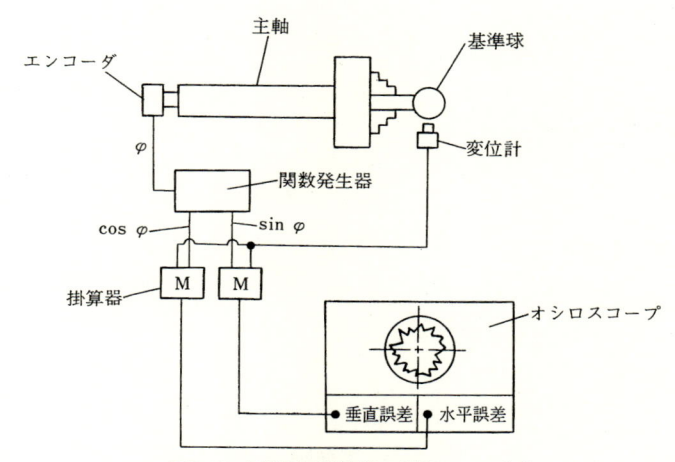

図2.14　回転精度測定法の例(Vanherck)[5]

このデータを積分すれば速度も求まる．

　上記のレーザドップラメータの出力を微分して，加速度を得ることもできる．ただし微分をとる場合には，あまり短かい時間の微分値はノイズが存在するとノイズが拡大されてS／N比が悪くなり，実際の速度とはかけ離れた値となってしまうので注意する必要がある．

2.3.6　加工変質層

　精密工学で評価項目として加工変質層を含めることを不思議に思うかもしれないが，これは精密工学にとって表面の性能を決定する上で重要な項目である．

　表面の性能としてはいろいろなものがあるが，1つは母材と同じ性質が表面に出ているかどうかということである．設計時に材料が選ばれ，その表面が使用されるということは，表面も本来の性質をもっていなければならないからである．このことは，最終製品としての機能に影響する．具体的には，形状寸法の経年変化を引き起こす残留応力，表面処理性，反射率，導電性，耐食性，耐摩耗性などに影響を与える．

　特に最近の精密工学では，表面処理性が問題にされる．たとえば，磁気ディスクでは磁性膜，ポリゴンミラーでは保護膜，アモルファスシリコン感光ドラムでは半導体感光膜といったように，塗布・メッキ・スパッタ・蒸着などによ

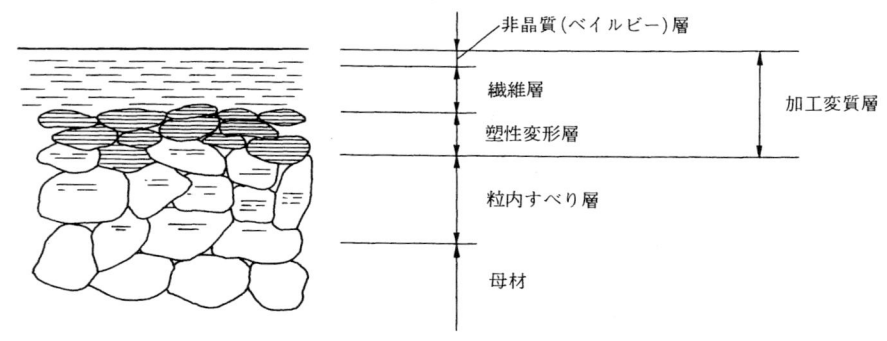

図2.15 加工変質層モデルの一例(加工条件によって形態は変わる)

り，加工表面に種々の表面処理を施すのが普通だからである．すなわち，表面処理性は製品の最終性能に影響を及ぼす重要な項目で，このようなことに加工変質層も関係してくるからである．

前述した経年変化は，いままで述べてきた特に寸法・形状精度にも大きな影響を及ぼすことは明らかである．たとえば，ブロックゲージなどは26年間で$0.8\mu m$の変形が出たことも問題にするくらいである．この経年変化も加工変質層にかなり影響される．

加工変質層は，加工方法によってさまざまな値や形態をとるので一概には論じられないが，一般に切削の場合の一例を図2.15に示す．いちばん表層は非晶質に近い層で，ベイルビー層と呼ばれる．厚さは$1\mu m$以下である．つぎの層は繊維層で，強度の塑性変形を受けており，圧延材の組織に似ている．厚さは$10\mu m$位のものである．その下は塑性変形層で，塑性変形を受けてつぶれた形状となる．その下が粒内すべり層で，結晶粒は大きくつぶれてはいないが，内部にわずかのすべりを発生している．

加工変質層は，図2.15でどこまでとするかということに関しては定説はない．しかし常識的には非晶質層，繊維層，塑性変形層くらいまでと考えるのがよいのではないだろうか．なぜなら，ここまでは表面の性質が母材とかなり異なるからである．

加工変質層の測定法は，主なものとしてつぎの6つがある．

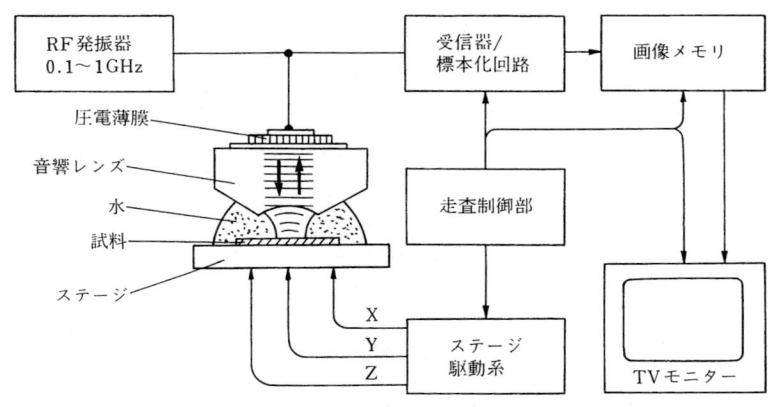

図2.16 超音波顕微鏡法による加工変質層の測定(石川)[6]

① 超音波顕微鏡法
② 腐食法
③ 顕微鏡組織法
④ X線回折法
⑤ 硬度法
⑥ 再結晶法

　超音波顕微鏡法は，**図2.16**に示すような反射型超音波顕微鏡を用いて試料からの超音波反射波を解析して加工変質層を調べる方法である[6]．かなり高精度（ミクロンオーダー）な測定ができるが，まだ普及はしていない．

　腐食法は，試料を適当な大きさに切出す．そうして加工変質層の存在する面だけを露出して，ほかの面をパラフィンなどで被覆する．それを腐食液に浸し，一定の時間毎に取出して高感度・高精度の重量計で重さを測定し，腐食量（腐食速度）が一定となるところまでの深さを測る方法である．腐食液は一般に1％の硝酸溶液を用い，液の温度によっても腐食速度は変わるので，1つの測定試験では，その間温度を一定に保つことが必要である．

　顕微鏡組織法とは試料側面を磨いて顕微鏡で観察し，加工変質層の深さを目視で測定する方法である．

　X線回折法は，試料を硝酸によってその表面を順次一定の深さ（たとえば，

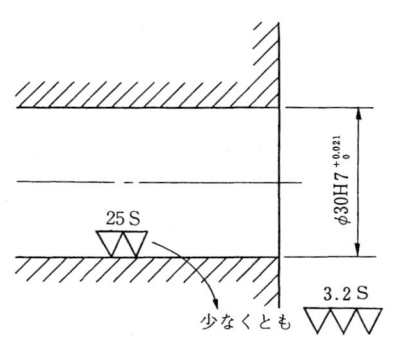

図2.17 寸法精度と表面粗さの関係

10μmずつ）に腐食し，そのつどX線回折像を撮影する．加工変質層ではDebye-Scherrer環は不鮮明になるが，加工変質層がなくなると鮮明な回折像となることからわかる．

硬度法は断面において表層より内部に向かって順次マイクロビッカースで硬さを調べ，それから加工変質層の深さを推定する方法である．あまり浅い加工変質層の測定には向かない．

2.4 評価項目間の関係

上記評価項目は互いに独立している面もあるが，互いに関係することも多い．従来，この相互関係に気付かずに設計などで誤りを犯すことが多かったので，ここではそのことについて述べる．

その一例として，寸法精度と表面粗さの関係がある．たとえば図2.17の場合，図の指示はおかしい．なぜなら，寸法公差のほうは$30^{+0.021}_{0}$であるが表面粗さは25Sとなり，寸法公差より大きな凹凸でよいということになるからである．寸法公差より粗い面粗さでは，測る場所によって寸法が公差内に入ったり入らなかったりする．すなわち，測定基準がはっきりしないのである．また測定時には寸法が公差内に納っていても，使用開始直後に粗さの突起部がすぐ摩耗して，寸法が公差からはずれてしまうということもある．

このような場合には，たとえば，寸法が$L \pm e$と指定されると，表面粗さh

($\mu \mathrm{m} R_{max}$) との関係は次式を満足することが望ましい．

$$h < \frac{e}{10} \qquad (2.4)$$

加工変質層とか経年変化は，互いに関係が深い評価項目であるが，これを図面や仕様書中に評価項目として明記することはまだ一般的ではない．また，この表記法も確立されていないので，前述のような表記と関連して論じることはできない．ただ，加工変質層の存在を無制限に許容して，しかも経年変化は厳しく抑えるというのは矛盾がある．なぜなら，加工変質層は経年変化の1つの原因になっているからである．

参 考 文 献

(1) W・ムーア：超精密機械の基礎，国際工機㈱
(2) 桜井好正編：精密測定機器の選び方・使い方，日本規格協会，1985
(3) 垣野義昭，他：NC工作機械の運動精度に関する研究（第1報），精密工学会誌，Vol. 52, No. 7 (1986)
(4) 垣野義昭，他：同上（第2報），同上，Vol. 52, No. 10 (1986)
(5) J. Peters, P. Vanherck；Proc. MTDR (1973), Pergamon Press, Oxford (1973)
(6) 石川　潔：超音波顕微鏡によるセラミックスの加工変質層の評価，機械と工具，1989年，8月号

第Ⅱ部
設計論

第3章

情報量最小の公理[1]

3.1 概念化

　本章では，工学の1つの基礎となるべき公理について説明する．この公理から設計や加工の場合の評価が行なえるし，良い設計を進める上での重要な原理を導くことができる．

　われわれの日常の仕事の進め方を分析してみると，1つの類型に気付く．それはある要求があると，それをまず概念化する．つぎに，それを実体化するというプロセスがある．最後にこの実体を評価して，最良の実体を選択し新たな行動に移るという一連の行為である．

　これらの行為の流れを図3.1に示す．

　この流れにおける第一のプロセスが概念化である．要求が概念化されたものとしては，たとえば，仕様とか要求項目とか呼ばれるものであるが，本書では以後機能的要求（functional requirement, FR）という言葉を用いることにす

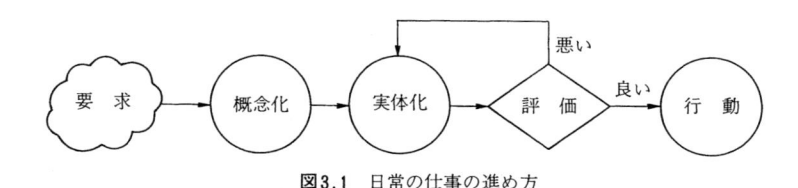

図3.1　日常の仕事の進め方

る．この機能的という言葉はいわゆる性能だけではなく，コストとか，納期とか，安全性等々を含む幅広い意味をもつことに注意されたい．高精度な機械を実現するのに要求される機能的要求項目は特別なものがあるが，それらについてはすでに第 2 章で述べてある．

　概念化（conceptualize）は，「何となくはっきりしない要求（needs）をはっきりした文章や数値で表現すること」である．しかし初期の段階では，要求そのものがあいまいで，具体的なものではないから概念化はむずかしい．概念化するには正しく要求の本質をつかみ，表現できなければならない．その場合，一般に階層的（hierarchy）に機能的要求を構成していくのが効率的な方法である．

　たとえば，乗り物などを実体化（たとえば，設計）しようとするとき，それに関する全体的な基本的な機能をまず設定する．たとえば，自動車のようなものを頭に描いているのであれば，その全体的な機能とは，つぎのようなものである．

　　FR_1：前進または後退ができること
　　FR_2：進行方向を変更できること
　　FR_3：停止できること

である．

　しかし，このような段階の機能的要求ではとても乗り物を実体化できない．そこでもう少し具体的な機能的要求が必要になる．たとえば，上記の FR_1 に関してもっと詳しく記述すると以下のようになる．

　　FR_{11}：動力源はガソリンエンジンである
　　FR_{12}：総重量 1,500 kgf のとき 8,000±300 km／h² で加速できなければならない
　　FR_{13}：最高速度は 120～130 km/h である

　ここで大切なことは，機能的要求は具体的な数値で示されなければならないということである．しかも，その値は範囲で与えられなければならない．現実のものは，1つの値では決められない場合が多い．たとえば，前例の加速度でも 8,000 km/h² にどんぴしゃり，加速度を出せるように乗り物を作ることは不可能であるし無意味でもある．走行環境条件や運転者の技能の違いや，製造過

程の微妙な条件変化で性能が出なかったり，出過ぎたりするからである．

この機能的要求は，後に評価の段階で重要な働きをするデザインレンジを決める役割をもっている．この機能的要求を，いかに合理的に決めるかが成功の鍵である．

3.2 実体化

つぎのプロセス，すなわち概念を実体化（substantialize）するプロセスは，設計，創作，製作，製造，企画などと呼ばれる．本書の精密工学では設計（design）と加工（manufacturing）という，2つの言葉を具体的に用いることにする．

この実体化という行為から作り出され，創造される実体は限りなくある．たとえば，企業活動に関係するものだけに限定しても案，提案，設計（前の意味とは異なり，工学的設計行為でできた図面などの結果のほうを表わす），設計案，試案，製品，商品，物，組織，システム等々である．そこで，本書ではこれらを仮にシステム（system）と呼ぶことにする．

3.3 評 価

つぎのプロセスは，この実体であるシステムが「どれだけ機能的要求を満足しているか」を評価（evaluate）するプロセスである．本章で述べる中心テーマは，この評価に関する新しい手法についてである．前述の機能的要求があるときに，当然そのひとつひとつについて評価するわけであるが，この機能的要求に対応して評価する項目を評価項目（evaluation item），または機能的項目と呼ぶ．

いままで，この評価という行為がかなりあいまいにされていた感じがする．故障が重大な事故につながったり，人命にかかわるような場合，たとえば，自動車，航空機，医薬品などのように許認可行為が伴なう場合にはかなり厳密に評価が行なわれてきた．しかし，世の中（日常生活も含めて）のほとんどの実体化の行為，およびその結果として作り出されたシステムの不都合がたいした

損害をもたらさないか，もしくは良い評価法がない場合には，評価をいいかげんに行ない，直感的な決定がなされてきた．その結果，多くの資源，エネルギ，時間のむだが陰に陽に発生していた．もし，設計にかけた時間の1割も使って正しい評価が行なわれていたら，もっともっと素晴しいシステムが数多く世の中に出ていたであろう．

　ただし誤解してはこまるが，本手法は独創的なアイデアを出す方法ではない．あくまでも，出てきたシステムの合理的な評価を行なう方法である．しかし，本手法によればどのアイデアが良く，どのアイデアが悪いかを容易に教えてくれるので，悪いアイデアに時間を浪費することはない．その分良い設計をするための時間が作れ，結果として良いアイデアを出す助けとなる．

　たとえば，いまリッターカーをどれか買いたいという"要求"が生じたとしよう．そこで，どのような"評価項目"で選ぶかをつぎに考える．たとえば燃費，加速性能，室内騒音，トランクルームの大きさ，購入価格等々を考えたとする．

　この問題の場合，実体化という行為（これは各自動車メーカーが行なっている）はないが，設計された実体である"システム"，すなわち各社のリッターカーそのものはたくさんの種類が売られて実在している．したがって，本手法によれば，われわれは上記評価項目を総合的に評価して，自分に合ったシステム，すなわち最適のリッターカーを選べるのである．自動車は高い買物であるから，間違った買物をしてしまったら後々非常に後悔しなければならない．そのようなことを防ぐことのできる手法である．

　この例ではユーザー側から説明したが，自動車メーカー側ももちろん利用できる．すなわち，自社のデザインと他社のデザインをこの手法で比較検討し，自社のデザインが劣っているときには，どの評価項目を再検討すればよいかが容易にわかるのである．

　この手法を厳密に用いれば，設計でも選択でも確実に目的を達成することができる．

　従来の科学は公理論的な構築をされている．しかし，評価に関しては，いままでのような構築のされ方はなかったようである．ここに紹介する公理論的評価法は，その意味で評価という対象を科学的な土俵に引上げることができたと

いうことができる．

3.4　従来の評価法

ここでは，従来用いられてきた代表的な評価法を概観し，その問題点を明らかにする．

3.4.1　直　感（直観）[*]

直感は，人間のもっている優れた評価手段である．直感の優れている人は，古今東西優れた決断をなし，かつ後の人々が感動するような行動を起こしている．この直感の能力を磨くことは，人間にとって最も大切な訓練の1つである．

現代の科学は直感が人間の内部でどのように働き，何が直感の発達を支配しているかというようなことを解明する研究がはなはだ不十分である．むしろ，現代の科学はまったく別の手法を用いるのである．すなわち，科学の基本は"分析"にあるとしているのである．

したがって，分析にはめっぽう強いが，その細かく分析した結果を総合することには非常に弱い．直感は，むしろこの逆で瞬間に多くの情報を統合し，評価し，対象を把握させる能力がある．

残念ながら，優れた直感能力は誰にでも与えられるものではない．また，いつも直感が正しい解答を出せるとは限らない．現実の問題は複雑なものが多く，直感では正しく扱いきれない場合が多い．特にたくさんの評価項目があり，しかも項目によって要求の度合いが異なる場合には，正しい結論を直感で導き出すことはまず不可能である．

3.4.2　費用・便益分析

ある目的を実現させるために，いくつもの代替案があるとする．そのうちのどれがよいかを判断するのに，費用（cost）と便益（benefit）という2つの観点から評価を行なうのが，この費用・便益分析（cost benefit analysis）である．費用は，その案を実現するために必要となるすべての資源を金額で評価したものをいう．便益は，その案が実現したときにもたらされる効果を金額で表わしたものである．

たとえば，「G市からH市まで高速道路を建設したい」というプロジェクト

注（*）より感覚を重視するという意味で「直感」の方を用いた．

があった場合，ルートとしてA，B，Cがあったとする．そこで，各案について走行費の節約，移動時間の短縮，交通事故の減少などの直接便益と，地価の上昇，地域産業の促進などの間接便益の2つの金額を見積り，それを便益とする．騒音や大気汚染などは，マイナスの便益として見積らなければならない．

一方，土地買収費などを含む道路建設費を費用として見積る．便益を横軸に，費用を縦軸にとってグラフにすると，図3.2のようになる．これらのデータを基に案を評価，選択するわけであるが，これにはいろいろな選び方がある．たとえば，①費用 a_2 一定で便益を最大にする案（図ではC案が最良），②便益を b_1 一定として費用を最小にする案（図ではB案が最良）を選ぶ方法などである．

この方法は便益と費用の2つだけを評価すればよいので簡単明瞭のようであるが，たとえば，これに建設期間に対する要求がさらに追加されたときには，もうどれを選んでよいかわからなくなってしまう．しかも，実際にはもっと多くのお金に換算しにくい項目を評価しなければならないことが多く，そのような場合にはますますこのような方法は適当ではない．

3.4.3 点数評価法

これも複数の代替案があるときに，各案に点数を割当てて評価，選択する方法である．この場合，どのような評価項目で評価するかをまず決める．

たとえば，あるシステムを企業から買う場合，システムの性能，コスト，企業のアフターサービス体制などが問題となる（これを，大項目と呼ぶことにする）．システムの性能だけを考えてみると，これもまたいろいろあることがわ

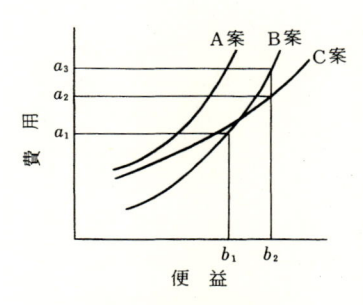

図3.2 費用・便益分析

かる．そこで，この項目を細分して（これを小項目と呼ぶことにする），それぞれについて種々の情報を基に点数をつける．

一般に，1，2，3点の3段階とか，1，2，3，4，5点の5段階（いずれも点数の高いほうが良いとする）などのように，1桁の点数を用いる．たとえば，コストのように項目を細分できないものは，その項目そのものについて採点する．ここで，各大項目間で重要度に差がない場合には，そのまま全部の点数を合計して一番得点の高いものを選べばよい．もし，大項目間で重要度に差をつけたいときには，各大項目の得点に重みに比例した係数（これを重みをつけるという）を掛けて集計する．一例を表3.1に示す．この例では，A案が一番良いということになる．

この方法の欠点は，まず"重み"を主観でつけなければならないということである．ここにあいまいさが入ってくる．もう1つは，1つの数値（点）で評価することがむずかしく，またはずれやすい場合が多いことである．2点から3点の間だろうというように範囲で評価できればよいのであるが，そうもいかず，2点とか3点とか一義的な点数で評価しなければならないということがこの方法の問題点である．

さらにもっと大きな欠点は，いずれかの評価項目に異常に低い点があっても，合計点が高ければその案が選ばれてしまうということである．このようにして，選ばれた案はその異常に低い点の項目で将来問題を起こす可能性がある．以上のことを考えると，この方法は一見合理的なようでかなり不合理な方法である

表 3.1 点数評価法

項　　目	重み w_i	A 案		B 案		C 案	
		評価 e_i	$w_i e_i$	評価 e_i	$w_i e_i$	評価 e_i	$w_i e_i$
価　　格	3	4	12	3	9	4	12
性　能　1	3	4	12	4	12	2	6
性　能　2	3	3	9	4	12	2	6
性　能　3	4	4	16	4	16	3	12
安　全　性	2	4	8	3	6	3	6
企業体制	1	4	4	3	3	3	3
合　　計			61		58		45

（注）評価は5段階点数法による

ことがわかる．

3.4.4 消去法

これは，評価法というより意思決定法（選択法）ということがいえるかもしれない．しかし，日常ではよく用いられる簡単明瞭な方法である．一般には，多くの候補（案）の中からいろいろな条件を満たすか満たさないかを判断して，1つの条件でも満たさない候補を順次消去して，最終的に残った案を選ぶ方法である．

このような選択をするときは，ある評価項目に対して与えられた条件（後にこれをデザインレンジと呼んでいる）に入るか外れるかという，オンオフ的な評価をする．本書で扱う情報積算法も，消去法に近い評価をすることがあるが，これは後で詳しく述べる．

世の中の問題はいつもこのようにオンオフ的に割り切れないことが多く，そこがこの方法の欠点である．

3.5 情報積算法[1]

以上の従来からの不十分な評価法に代わって，新しい総合的・合理的な1つの公理に基づいた評価法，これを情報積算法（information integration method）という．これについて説明しよう．

一般に，システムにはそれを評価したい項目，すなわち評価項目が複数個ある．評価項目が決まると，それを定量的に表現する変数が必要になる．

【定義1】 システムの評価項目を代表する変数をシステムパラメータ（system parameter）と呼ぶ．

ここで，あるシステムパラメータを選び，そのシステムが実際に取り得るシステムパラメータの値の確率密度分布(*)を求めたところ，図3.3のようになったと仮定する．さてこの場合，図のl_1の範囲においては，システムパラメータは特別な制御をしなくても，必ずこの範囲の値を取り得ることになる．

【定義2】 システムパラメータが必ず取り得る値の範囲をシステムレンジ（system range）と呼ぶ．

【定義3】 システムパラメータが設計上要求されている範囲をデザインレン

注（*）確率密度とは，あるシステムパラメータの範囲の面積を積分した値が，その範囲の事象が起る確率を表わす．従って全面積の積分値は1となる．

ジ (design range) と呼ぶ.

【定義4】 システムレンジとデザインレンジの重なる部分をコモンレンジ (common range) と呼ぶ.

以上の準備のもとに，情報量 (information, measure of information) をつぎのように定義する．

【定義5】 情報量 I とは次式で求まる量である.

$$I = \ln P_1 - \ln P_2 = \ln \frac{P_1}{P_2} \quad \cdots\cdots\cdots\cdots\cdots\cdots\cdots\cdots\cdots\cdots (3.1)$$

ただし，P_1 はそのシステムの当該システムパラメータがシステムレンジ内の値をとる確率（図の分布曲線内の確率密度を積分した値）で，けっきょくは1となる．P_2 はある制御を行ない，そのシステムパラメータがコモンレンジ内の値をとる確率（同様にコモンレンジ内の確率密度を積分した値）である．

このことは，システムパラメータが所要の範囲（コモンレンジ）の値をとるためには，すなわち，システムを状態1から状態2にもっていくためには，上式で計算される I に相当する情報量（これは情報，物質，エネルギの必要量に相当すると考えられる）が，そのシステムに加えられなければならないことを意味している．

システムパラメータの実際の確率密度分布は，たとえば図3.3のように複雑であり，厳密に本理論を用いる場合には，確率分布曲線を積分して，(3.1)式の中の P_2 の数値（確率）を求めなければならない．しかし実用上は，このような厳密な確率密度分布曲線を用いなくても，たとえば，**図3.4**のような均一

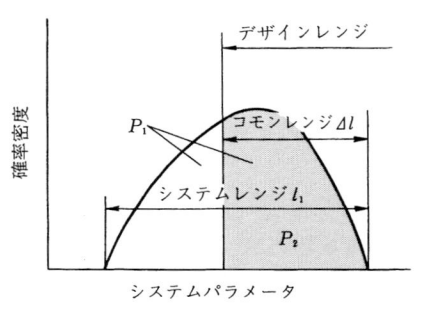

図3.3 あるシステムパラメータの確率密度分布 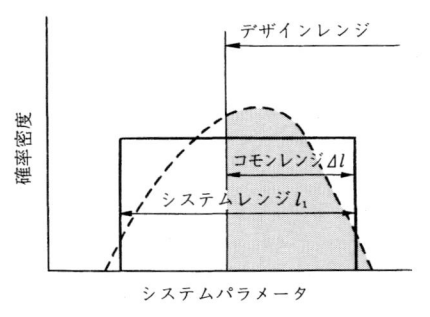　　**図3.4** 均一確率密度分布を仮定した場合

確率密度分布で近似しても問題ない場合が多い．もし，このような近似計算をして有意差がはっきりしないときは，必要ならば正確な確率密度分布で情報量を求めればよい．

上式を図3.4に示す均一な確率密度分布の記号を用いて書き変えると，

$$I = \ln\frac{l_1}{\Delta l} = \ln\frac{システムレンジ}{コモンレンジ} \quad\cdots\cdots (3.2)$$

となる．これは設計されたシステムの状態を要求されている範囲（Δl）に維持するためには，I という情報量を与えなければならないことを意味する．コモンレンジの幅が狭くなるほど(3.2)式で分母が小さくなるから，I は大きくなり，多量の情報量を与えなければならないことを意味している．逆に，デザインレンジがシステムレンジを完全に覆ってしまうと $l_1 = \Delta l$ となり，$I = 0$ となるから，システムは特別に情報量を与えられなくても，目的を達することができることを意味している．

さて，ここに情報量 I_1, I_2 があるとする．この2つの情報量の和 $I_1 + I_2$ は情報量かどうかが問題となる．実際にこれを求めてみると，

$$I_1 = \ln\frac{P_{11}}{P_{12}}, \quad I_2 = \ln\frac{P_{21}}{P_{22}} \quad\cdots\cdots (3.3)$$

とすると，

$$I_1 + I_2 = \ln\frac{P_{11}P_{21}}{P_{12}P_{22}} \quad\cdots\cdots (3.4)$$

となり，$P_{11}P_{21}$, $P_{12}P_{22}$ は事象1と2が複合で生起する場合の確率となる．しかも，$P_{11}P_{21}$ は，2つのシステムパラメータ1と2がそれぞれのシステムレンジ内の値をとる複合の確率であり，$P_{12}P_{22}$ はある情報量を与えることにより，各パラメータが同時に各コモンレンジ内の値をとる複合の確率であるから，$I_1 + I_2$ は2つのシステムパラメータが複合で生起する場合の情報量となる．これからつぎの定理が得られる．

【定理1】 各システムパラメータに関する情報量の和は，それらのシステムパラメータが複合で生起する場合の情報量となる．（情報量の加法性）

ここで重要なことは，もし各情報量に重みをつけて加えると，それはもはや

情報量ではなくなってしまうということである．たとえば，I_1にα，I_2にβというような重みづけをする場合を考えると，$\alpha I_1 + \beta I_2$は，

$$\alpha I_1 + \beta I_2 = \ln \frac{P^{\alpha}{}_{11} P^{\beta}{}_{21}}{P^{\alpha}{}_{12} P^{\beta}{}_{22}} \quad \cdots\cdots\cdots\cdots\cdots\cdots\cdots\cdots\cdots\cdots\cdots\cdots\cdots\cdots\cdots (3.5)$$

となり，$P^{\alpha}_{11} P^{\beta}_{21}$，$P^{\alpha}_{12} P^{\beta}_{22}$は，もはや複合事象の確率とはならないので，(3.5)式の右辺は情報量の定義には当てはまらなくなってしまうからである．

以上からシステムの情報量をつぎのように定義する．

【定義6】 システムの評価に必要な全評価項目それぞれに対する情報量を合計したものが，システムの情報量である．

ここで重要なことは，各評価項目に関する情報量の和はやはり情報量であり，さらに，各情報量の合計を求める際に重みをつけてはならないということである．

現実には各評価項目間に重要度の違いがあるから，重みをつけられないということは，現実問題を合理的に表現していないのではないかという疑問が生ずる．しかし，実は重みに相当することが，この情報量の中にすでに含まれているのである．その重要度の違いは，デザインレンジの取り方にかかわってくるのである．重要であればあるほど，デザインレンジが厳しく規定され，結果的に情報量が大きくなって，そのシステムパラメータの影響度も大きくなるのである．

もう1つ起こる素朴な疑問は，コストとか納期とか性能とか，まったく性格の異なるもの同士をなぜ同等に比較できるのかということであろう．これは各評価項目の特性値が，情報量という無次元の量に変化されて，同じ土俵の上に登ってくるからそれが可能になるのである．すなわち，各評価項目の情報量はどの程度システムのとる値と要求する範囲が確率的に一致するか，ということを表わしているとも理解できる．

出身は違っても，情報量という量に変身させれば，同じ仲間として扱えるのである．

ここで，評価に対してつぎの公理を提案する．

【公理1】 最良のシステムとは，システムの情報量が最小なものである．

この公理は一見簡単であるが，評価ということに関してはたいへん重要な意

味をもち，各種の重要な概念，手法を生み出す源泉となっていることは次章以下で明らかになる．この公理を基にして評価する方法を，情報積算法と呼ぶ．

3.6　システムレンジの幅がゼロの場合

　評価項目の性質によっては，システムレンジが範囲でなく，1つの数値でしかデータが与えられない場合がある．つまりシステムレンジの幅がゼロの場合である．たとえば，自動車のトランクルームの大きさなどという評価項目では，システムレンジに相当するものは1つの数値でしか与えられず，確率分布からシステムレンジを求める操作ができない．

　また，場合によっては範囲で与えられるが，その幅が狭く，実質的に1つの数値で与えられるのと同じような状態になることがある．このようなときには，一般に情報量を計算すると0か∞か二つに一つの場合しか得られない．情報量が∞ということは，そのシステムは失格（用をなさない）ということで棄却されてしまう．このようなときは比較ができず，一種の消去法になってしまう．

　しかし情報量が∞となっても，そのシステム（案）を捨ててしまうには抵抗があるという場合はよくあることである．

　このように感じる1つの原因は，デザインレンジにあいまいさが残っている場合である．デザインレンジが絶対的でない場合には，もう一度デザインレンジを見直して，たとえば，もう少し低い要求に落として計算し直してみることが必要である．

　デザインレンジが絶対的でなく，しかも対象としているシステムの情報量をある有限値に抑えて，比較できる候補の中に残しておきたい場合には次に示すような重なり係数を用いる方法がある．

　図 3.5 を用いて重なり係数を定義する．デザインレンジを外れたところにある，対象とするシステムのシステムレンジを図のように考える．そのシステムレンジはどんなに幅が狭くても，拡大するとある幅 w（仮想的な幅でもよい）をもっているとする．その幅の中にコモンレンジがあるとすると，そのコモンレンジの幅は，システムレンジの k 倍（$0 \leq k \leq 1$）であると定義する．この k を重なり係数という．

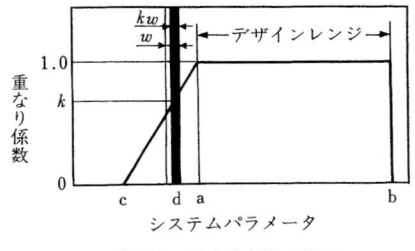

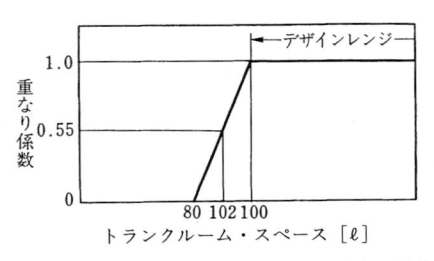

図 3.5 重なり係数の説明　　**図 3.6** トランクルーム・スペースの重なり係数

　この重なり係数は次のように決められる．これは理論的にも決められるが，一般的には主観的に決める．ある評価項目に関して，デザインレンジがシステムパラメータ a と b の間に決められたとする．まず重なり係数の両端点を決める．問題のデザインレンジの一端 a（問題とする幅のないまたは非常に幅の狭いシステムレンジが存在する側）では 1，またこのパラメータ値では絶対満足できないところ，たとえば c 点では 0 とする．重なり係数が 1 ということはシステムレンジとコモンレンジの長さが同じということで，情報量は 0 となるから完全に満足できる状態である．一方重なり係数が 0 ということは，コモンレンジが 0 となり完全に満足できない状態である．

　そこであるシステムのシステムレンジが図のように外れたところ d 点にきた場合，そのシステムレンジの線と重なり係数の直線と交差する位置が重なり係数 k の値を与える．この場合の情報量は次のようになる．

$$I = \ln \frac{w}{kw} = \ln \frac{1}{k}$$

　たとえば自動車のトランクルーム・スペースに対する重なり係数を**図 3.6** のように決めたとする．つまりデザインレンジは 120 ℓ 以上で 80 ℓ では完全に不満足とする．いまある車のトランクルーム・スペースが 102 ℓ だとすると k が 0.55 と求まるから，その場合の情報量は次のように求まる．

$$I = \ln \frac{1}{0.55} = 0.598$$

　もしトランクルーム・スペースの大きさが 120 ℓ 以上であれば情報量は 0 となる．

要するに，一つの数値でしか与えられない評価項目に関しては，一度主観的な量ではあるが，重なり係数という考え方をとおしてコモンレンジを求め，システムレンジを外れていても有限な値の情報量を持たせ，候補の一つとして最終評価まで残すことができる．

以上述べた評価法は，当然のことながら精密工学だけでなくあらゆる分野で利用できる．例えば，著者が応用した例でいうと，最適研削条件を決定するシステム[2]，糖尿病診断システム[3]，技能者の満足度の定量的評価[4],[5]，ある企業で新しい工作機械を開発する過程で複数のデザイン案を選別決定するときに用いた例など沢山ある．さらに発展的に学習されたい方はこれらの文献を参照されたい．

3.7 応用例

本節では，一つの例を用いて情報積算法の使用法の説明をする．上述した通り，これはいろいろな場合に使用できる．例えば本書のテーマに関係することとしては，高精度な工作機械の設計案が2つあったとすると，その機械の満たすべき評価項目として寸法精度，角度精度，形状精度，運動精度などを考えるとする．これらの予想されるシステムレンジと与えられたデザインレンジ（設計仕様）から情報量が求まり，その合計値の小さい方の設計案がこれらの評価項目を総合的に満足している良い設計ということがいえるのである．

しかしここではもっと具体的で面白い例を用いて説明しよう．**表 3.2** に 1985 年頃の 7 種類の 1000 cc の車の燃費 [km/ℓ]，加速性能 [40 km/h → 80 km/h に加速する時間 s]，室内騒音 [phon]，トランクルームの大きさ [ℓ]，価格 [k¥] のデータを示す．そこでデザインレンジを**表 3.3** のように決めたとき，この 7 車種の車のうちどれが最も自分に合った車であるかを情報積算法で調べてみよう．このデザインレンジの値は著者が欲しい車の性能として決めてある．例えば，室内騒音では，「私は静かな車が好きであるから普通の声量で会話が成り立つ騒音レベルとして 55 phon 以下と決めた……」という具合である．

この場合の情報量は次のように求まる．例えば A 車の燃費の情報量 I_{an} は次式で求まる．

表 3.2 リッターカーのシステムレンジ

評価項目	A車	B車	C車	D車	B車ディーゼル	C車オートマ
燃費[km/ℓ]	12.4〜24.6	11.1〜21.9	11.0〜21.8	11.4〜22.1	8.7〜16.7	15.7〜25.6
加速性能[s]	4.7〜15.9	4.3〜14.4	4.8〜16.6	5.0〜16.9	5.0〜15.2	6.1〜23.1
室内騒音[phon]	45〜68	49〜71	45〜68	48〜69	45〜68	58〜74
トランクルーム容量[ℓ]	102	148	178	169	178	148
価格[k¥]	828	844	824	770	860	919

注1:加速性能は40から810[km/h]までの加速時間。

表 3.3 リッターカーのデザインレンジ

評価項目	燃費[km/ℓ]	加速性能[s]	室内騒音[phon]	トランクルーム容量[ℓ]	価格[k¥]
デザインルーム	18.0 以上	10.0 以下	55 以下	k=0:80 k=1:120	k=0:1000 k=1:800

$$I_{an} = \ln\frac{24.6-12.4}{24.6-18.0} = 0.614$$

同じ車のトランクルームの大きさの情報量については上述した通りである.
さらにB車ディーゼルの室内騒音の情報量 I_{bdp} は次のようになる.

$$I_{bdp} = \ln\frac{74-58}{0} = \infty$$

以上のように全項目の情報量を計算して各車の情報量の合計値,つまりシステムの情報量を求めると**表3.4**のようになる.
この結果から総合的に判断して一番良い車は,システムの情報量の一番小さいC車である.したがって買うとすればC車を買うべきであろう.ただしその場合,以下の注意が必要となる.

まずここでは5つの評価項目しか評価していない.例えばこの場合実際に運転した感じの評価項目はない.しかし,実際に乗ってみるということはそれが可能であれば大変重要な評価項目であろう.また車のスタイルなども,特に若い人達には重要かもしれない.つまり必要十分な評価項目が網羅されているか

3.7 評価例　61

表3.4　リッターカーのシステムの情報量

評価項目	A車	B車	C車	D車	B車ディーゼル	C車オートマ
燃費[km/l]	0.614	1.019	1.045	0.959	∞	0.264
加速性能[s]	0.748	0.572	0.819	0.867	0.713	1.427
室内騒音[phon]	0.833	1.299	0.833	1.099	0.833	∞
トランクルーム容量[l]	0.598	0	0	0	0	0
価格[k¥]	0.151	0.248	0.128	0	0.357	0.904
システムの情報量	2.944	3.138	2.825	2.925	∞	∞

どうかということがまず大切なことである．

　次に候補間の情報量の差が十分に有意差があるかどうかということである．システムレンジには当然ながら誤差を含むであろう．ただ幸いなことにシステムレンジの幅の多少の違いは，対数計算というフィルターを通すので情報量の値の違いにはあまり出てこないということはあるが，余り差が小さいときは慎重に決断するべきである．

参考文献

(1) 中沢　弘：情報積算法，コロナ社（1982）
(2) 中沢　弘，大坪鉄郎：情報積算法を応用した最適研削条件決定システムの研究，精密工学会誌，Vol.57, No.5.
(3) 中沢　弘，根本英樹，周昌隆：情報積算法を応用した糖尿病診断システム，日本総合健診医学会誌，Vol.20, No.1.
(4) 中沢　弘，根本　英樹：人間中心生産システムの研究（第1報，作業者の満足度評価の研究），日本機械論文集，C, Vol.60, No.547 (1994).
(5) 中沢　弘：技能者の満足度を定量評価，簡便な評価法の情報積算法，日経メカニカル1993.10.18.

第4章

機能の独立性の原理

4.1 理論

　ここでは，設計により実体化されるシステムは，機能の独立性が満足されていなければならないということについて述べる．これは N. P. Suh[1] らによって提案された設計原理であるが，情報積算法の体系の中に組込めるのでその体系の中で説明する．ここでいう機能とは，システムを制御，操作する機能を意味している．

　一般に，機能に対応する**システムパラメータ**を所要の範囲内に独立に（他のパラメータの干渉を受けずに）維持，制御できるようになっているシステムは良いシステムであると予想される．このようにできるということは，その機能の制御範囲（すなわち，システムレンジ）がデザインレンジに包含されていて情報量が0となり，理想的な設計が実現できていることを示している．

　あるシステムを実体化するとき，その機能的要求は2種類に大別される．1つはシステムを操作や運用することによって実現される機能的要求で，たとえば，自動車の加速性能とか燃費とかいうものである．これらは運転中に，運転のやり方によって実現される機能的要求である．

　もう1つは実体化する過程（物を設計・製作する過程）で決まってしまう機能的要求で，後から制御できないものである．たとえば，自動車のトランクルームの大きさとか原価とかいう種類のもので，これらは自動車が完成してしま

うとも動かすことのできない機能的要求である．ここでは前者を制御機能的要求，後者を非制御機能的要求と呼ぶことにする．

この制御機能的要求を達成させるために何かを操作しなければならないが，ここではこれを**操作パラメータ**と呼ぶことにする．

そこで機能の独立性について次のように定義する．

【定義8】　任意の制御機能的要求に対して，それに対応する1つの操作パラメータだけで対応するシステムパラメータの制御が可能なとき，このシステムは機能が独立しているという．

つまり，図 4.1(a)において，操作パラメータの組み OP_i ($i=1\sim n$) があり，それに対応するシステムパラメータ（これが制御機能的要求に対応する）の組み SP_i ($i=1\sim n$) があり，それぞれ1対1の対応がついていて，しかもいずれのシステムパラメータもそれに対応する操作パラメータだけによって制御可能なとき，そのシステムは機能が独立しているという．

機能の独立性の必要条件の一つは OP_i の数と SP_i の数が一致することである．図の(b)のような場合は数が合わないから当然機能の独立性を満足していない．システムを作ったときに機能が独立していないといろいろな問題が発生する．その場合機能の独立性の満たされていないことが問題の原因かどうか確認する

(a)機能が独立している場合　　(b)機能が独立していない場合　　(c)機能が独立していない場合

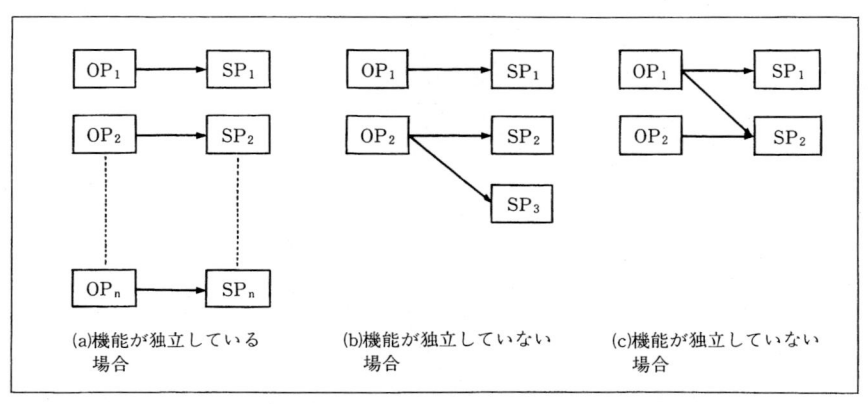

図 4.1　操作パラメータ(OP)とシステムパラメータ(SP)の関係

一つの方法は，OP_i と SP_i 数が一致するかどうかを確認してみればよい．これは機能の独立性の必要条件の確認になる．

　数が一致していても図(c)のような場合，OP_1 の操作によって SP_1 だけでなく SP_2 も影響を受けてしまうのでやはり機能は独立していない．つまりどの操作パラメータを操作してもそれに対応する唯一のシステムパラメータだけが影響を受けることが十分条件である．

　さて，あるシステムパラメータが最良の位置にセットされたとする．もしそのシステムの機能の独立性が満たされていないと仮定すると，次にそのシステムパラメータに影響を与える他の操作パラメータを操作したときに，そのシステムパラメータはその最良の位置からずれてしまう．つまり，デザインレンジから離れる方向に動いてしまう．なぜなら，そのシステムパラメータは最良の位置にセットされていたから，他の操作パラメータの干渉を受けたときにそれより良い方向に動くことは有り得ないからである．他の操作パラメータの影響で動くとしたら必ずそこより悪い方向に動くはずである．つまり機能が独立していないシステムは機能的要求を満足させるようには制御できないことになるので，それは悪い設計となる．

　そこで，以上のことからつぎの設計原理を得る．

【設計原理1】　**制御機能的要求がある場合，機能の独立性の実現されているシステムは，実現されていないシステムよりも良いシステムである．（機能の独立性の原理）**

　ここで注意しなければならないのは，機能の独立性だけが満足されたシステムは，必ずしも常に最良であるとは断言できない．機能の独立性の議論は，あくまでも制御機能的要求項目に対してだけのものであり，残りの非制御機能的要求項目については，やはりシステムの情報量の大小が検討されなければならない．けっきょく，全評価項目に関してシステムの情報量の小さいトータルにバランスのとれた設計を心掛けなければならない．しかし，最良の設計をするときには機能の独立性を実現させることは必要条件であるから，これを守ることにより，設計作業は格段に効率良く行なえるようになる．

4.2 応用例

機能の独立性の原理を守って設計が成功した例，失敗した例を以下にみてみよう．

4.2.1 冷蔵庫の設計

冷蔵庫の基本的な機能的要求は次の2つである．
① 外部から冷蔵庫内部への熱の移動が最少であり，最少のエネルギーで-5 ± 3℃に内容物の温度を保持できること．
② 内容物を容易に出し入れできること．

①に対する操作パラメータは一般にサーモスタットのつまみの回す角度であり，システムパラメータは庫内温度になる．②についてはいろいろな考え方ができるが，一例としては，操作パラメータは扉を開閉することであり，システムパラメータは内容物を取り出すときの難易度と考えることができる．

図4.2(a)の冷蔵庫はどこの家庭でもよく見られるもっとも一般的なタイプのものである．この設計は機能の独立性の原理からいうと良い設計か悪い設計かを検討してみよう．結論は悪い設計である．なぜなら②の操作パラメータによって（つまり物を出し入れするために扉を開閉するという操作によって）①のシステムパラメータ（庫内温度）が影響を受けてしまうからである．つまり物を取り出そうとして扉を開くと，庫内の冷気が流れ出して庫内の温度が上がってしまい，①と②の機能が干渉してしまい，独立するように設計されていないから悪い設計となるのである．

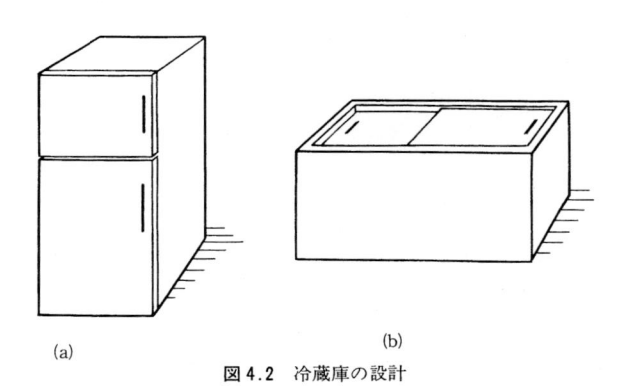

図4.2 冷蔵庫の設計

ではどのようにすれば良い設計になるのであろうか．それは理想的には同図(b)のように設計すれば機能の独立性は維持されるので良い設計となる．しかし，この形ではスーパーの店内ならまだしも，狭い一般家庭には持ち込めない．そこでできるだけ(a)の形で機能の独立性を満足させるには扉の数をできるだけ増やして，扉を開けたときに庫内温度が上がらないようにするわけである．

このように簡単な場合は，わざわざ操作パラメータやシステムパラメータを持ち出さなくても，機能的要求が独立に満足されているかどうかだけで考えてもいい．この場合では，②の機能を実現しようとすると①の機能が干渉を受けることが明らかに分かるであろう．

4.2.2 力測定システム

力を測定する方法はいろいろあるが，代表的なものはひずみゲージによってひずみ量から力を求める方法や，圧電素子を用いて圧力から力を求める方法などがある．

ひずみゲージによる方法は**図4.3**のように力を受ける物体のひずみ量を図のように貼ったひずみゲージの変形に変え，この変形によってひずみゲージの抵抗値が変わるのを，ホイーストンブリッジ回路によって増幅して測る方法である．

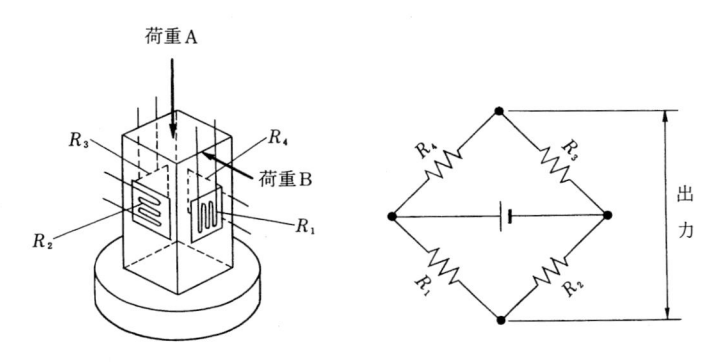

図4.3 ひずみゲージ式力測定法

これは荷重Bの影響を受けずに，機能の独立性を実現して荷重Aを測る方法である．どうしてそうなるかというと，荷重Aが作用するとR_1，R_3抵抗が小さくなり，出力が得られる．ここに荷重Bが作用すると，R_1の抵抗は増えるが，R_3の抵抗は減るのでホイーストンブリッジ回路内ではこれらの変化が互いに打ち消し合い，この分の出力変化は出てこないからである．この場合荷重Aを操作パラメータ，ホイーストンブリッジ回路の出力をシステムパラメータと考えればよい．

実際には歪みゲージが正しい位置に貼られないと若干ではあるが干渉が出てしまうことに注意しなければならない．さらに，このような歪みを測る方式だとたわみが出ないことには力が測れないわけであるから，感度を良くしようと思うと，この測定系のコンプライアンス（第8章参照）はどうしても大きくなって振動が起きやすくなるという問題が生じて好ましくないという結果になることがある．これは機能の独立性の原理が満たされないだけでなく，測定原理2（第2章）にも反することになる．

一方，圧電素子を用いるほうは，水晶などに圧力を加えると電荷が発生し，それを増幅して力を求める方式で，コンプライアンスが小さい．感度を上げるために，ひずみやすくするなどということが不要である．しかも，干渉がほとんど出ないという特長がある．このような検出器を用いれば，ある方向の力だけを測るという機能の独立性の原理が容易に実現できる．機能の独立性を守るということは，特に高精度な機械を設計する上で重要な原理であることが以上でわかる．

4.2.3　高速送りテーブル制御[2],[3]

ここでは，著者の研究室が三井精機と共同で開発した工作機械用の高速送りテーブル機構の設計を通して，機能の独立性について論じてみたい．そのために，まず高速送りテーブルの目標値ともいうべき設計の基礎となる機能的要求を以下に示す．

① 　切削送り速度：$0.1\,\text{mm/min} \sim 20\,\text{m/min}$
② 　X軸・Y軸ストローク：$700 \times 450\,\text{mm}$
③ 　ワーク重量：$50\,\text{kg}$（被削材は軽合金を想定）
④ 　X軸移動部品重量：$570\,\text{kg}$

⑤ Y軸キャリッジ重量：1,115 kg
⑥ 半径150 mm，送り速度20 m/min時の円弧補間精度：8 μm
⑦ 速度静定時間：25 ms

以上の仕様で明らかな通り，この研究では大型のテーブルを高速・高精度で動かすことを目標としている．

上述の機能的要求を従来と同じような構造で実現しようとすると，どのような問題点が生じるかを検討してみる．

まず，0から20 m/minまでの立上りに要する時間であるが，従来の一般的送りテーブルの最大切削送り速度vを2 m/minと考える．この速度に到達するまでに，ある距離を移動しなければならないが，この距離（これを立上り距離と呼ぶことにする）が形状精度などに影響を与える応答性の指標の1つとみることができる．すなわち，この立上り距離が従来の送りテーブルと同じ程度に抑えられれば，形状精度も従来のものと同じ程度に実現できると考えられる．したがって，この値をもとに高速化の場合の加速度を計算してみる．

一般に立上り時間（こちらは，自動制御理論で用いられている用語で応答がその最終値の10％から立上って90％まで達する時間で，上述の立上り距離とは少し異なる）T_rとバンド幅f_bにはつぎの関係がある[4]．

$$f_b T_r = 0.3 \sim 0.45$$

そこで，この値を0.45と仮定する．一方，従来の工作機械の送り駆動系のf_bは1〜2Hzであるので，ここでは$f_b=1$Hzとする．以上の値から立上り時間T_rは，

$$T_r = 0.45/1 = 0.45 (\text{s})$$

と求まる．この間の移動距離xは加速度一定として求めると，

$$x = \frac{v T_r}{2} = \frac{2 \times 10^3 \times 0.45}{2 \times 60} = 7.5 (\text{mm})$$

となる．すなわち，高速送りテーブルの場合は7.5 mm移動する間に，送り速度は0から20 m/minに加速されなければならない．また，加速度一定と仮定すると，この場合の加速度αは，

$$\alpha = \frac{v^2}{2x} = \frac{\left(\frac{20}{60}\right)^2}{2 \times 0.0075} = 7.41 (\text{m/s}^2)$$

となる．これは，0.76 G の加速度となる．

こうしてみると，高速送りテーブル駆動の際の負荷は，切削抵抗や摺動抵抗のほかに過大な慣性力のかかることがわかる．そうすると，テーブルの高速化にあたっては切削抵抗や摺動抵抗だけを制御する従来の駆動方式では，その性能が十分得られないことが予想される．

そこで，先の高速送りテーブル機構の運動特性に関する機能的要求項目を考えてみると，つぎの 2 つがあることが明らかとなる．
① 位置と速度の制御（従来の機能的要求）
② 慣性力の制御（新しい機能的要求）

従来の工作機械では慣性力があまり大きくなかったので，1 つの駆動系でこと足りた．しかし，急加減速が必要となると，この 2 つの機能的要求を 1 つの機構（操作パラメータ）で同時に満足させることにはむりがある．これは，従来の電気サーボモータとボールねじによる 1 つの送り機構では機能の独立性の原理が実現されないからである．機能の独立性を完全に満足させることはむりかもしれないが，近似的に満足させる方式をつぎに考えてみる．

そこで送り制御を上述の 2 つの機能的要求に対応するように分けて，機能の独立性を満足するような方式を考えてみる．このように機能を分けると，それぞれに独立した駆動系（操作パラメータ）が必要になる．第一の位置と速度の制御に対しては，従来と同じ形式の電動機とボールねじの組合せの駆動機構を用いることにする．ただし容量は慣性力の負担が極端に小さくなるので従来より小さいもので可能となる．

一方，慣性力の制御のほうに対しては，種々のサーボ系が考えられる．一般的なものは，油圧サーボ系である．油圧サーボ系は応答性に若干の難点はあるが，力の点では十分な能力をもっている．

もちろん，位置，速度，加速度は物理的に切り離せない関係をもっているので，それぞれを独立に勝手な値に制御することはできない．しかし，もし急加減速時の慣性力が別のサーボ系により除去できれば，もう一方の電気サーボ系で慣性力からは独立に自由に高精度にテーブルの位置と速度を制御することが期待できる．そのモデルの概略構造を図 4.4 に示す．

この構造に対するシミュレーションなどの結果は省略するが，実際に作った

70 第4章 機能の独立性の原理

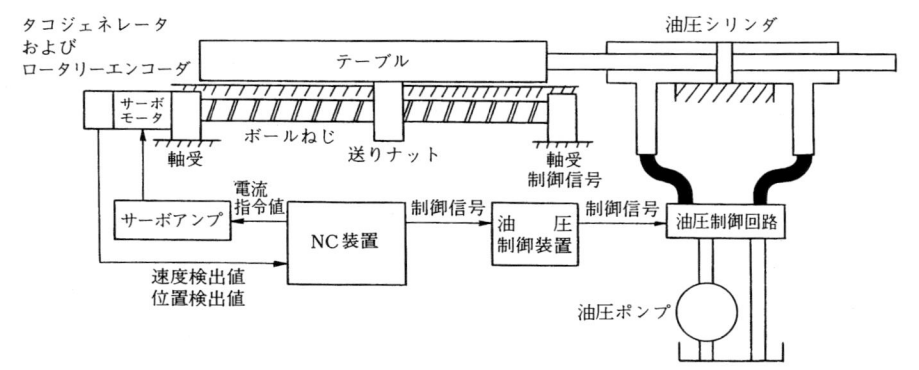

図4.4 機能の独立性を実現した高速送りテーブル機構[2],[3]

モデルによる実験結果のみを以下に示す．ランプ応答では，速度 20 m/min に対する 5％静定時間は目標値 25 ms に対して X 軸 49 ms，Y 軸 47 ms であった．また接線速度 20 m/min，半径 150 mm の円弧補間における半径減少量は，目標値 8 μm に対して 230 μm となり十分な精度を出せなかったが，接線速度 5 m/min に落とせば 6.9 μm となり，十分高精度な運動が可能となる．従来の機構では 5 m/min でも 50 μm 位の誤差が出てしまうことを考えると，かなりの高性能が達成できたことがわかる．

目標値をクリアできなかった理由はいろいろあるが，一番大きな理由は，油圧系の圧力制御弁の応答性が目標値を大幅に下回っていたことである．それにしても機能の独立性を満足した設計を実現すれば，それを満足していない設計のものより格段にすばらしいものが実現できることはこれで十分証明できた．

4.2.4 複合軸受による高速・高剛性化

工作機械などの主軸の速度（回転数）や負荷は使用条件によって幅広く変わるので，最適な軸受の選択が設計上大きな問題となる．軸受を転がり軸受，油静圧軸受，空気軸受，磁気軸受の 4 つの種類について考えた場合，万能な軸受はない．その特性は，**表 4.1** に示す通りである[5]．

工作機械を使用するときに，その主軸の操作パラメータとしては，

① 速度
② 負荷容量

表 4.1　各種軸受の特性概要（古川勇二）[6]

	転がり	油	空気	磁気
速度特性 　最高速度 　速度範囲 　DN 値	35 万	30 万	200 万	200～300 万
負荷特性 　最大負荷容量 　静・動剛性	大 大	大 or 中 大 or 中	小 中 or 小	中 or 小 中 or 小
運動特性 　回転精度 　軸方向精度	中 or 小 0.2～1.0 μm	高 or 中 0.05 μm～	高 0.05 μm	中 0.5 μm～
熱特性 　発熱量 　熱発散 　平均温度	大 ＋10～20℃	大 ＋10～20℃	小 ＋2～5℃	中 or 小 ＋5～＋20℃
	低速・高出力主軸		高速・軽負荷 高精度主軸	高速主軸

の 2 つがある．またシステムパラメータとしては

① 加工精度
② 加工力

の 2 つがある．

　ところが，幅広い機能（システムパラメータの範囲，つまりデザインレンジ）を 1 つの構造の軸受では独立に満足させることができない．すなわち，速度が決まると負荷容量がある狭い範囲に決まってしまう．すなわち，低速から高速まで幅広い範囲を 1 種類の軸受ではカバーできず，2 つの機能は干渉してしまう．機能の独立性の原理を満足させるには別の発想が必要である．すなわち，それぞれの機能的要求に独立に自動的に対応できるような構造が必要である．

　このような発想で，何種類かの軸受を複合化して機能の独立性を果たした例を古川の研究にみてみよう[5]．軸受を複合化する場合，直列型と並列型がある．**図 4.5** は古川が試作した例で，原理は転がり-空気静圧複合軸受で直列型である．原理図を**図 4.6**に示す．この場合の支持状態は，**図 4.7** に示す通りである．

すなわち，工作機械の主軸が回転速度によらず，ほぼ一定の出力で駆動されていると仮定すると，主軸の出力トルクは図4.7のように速度とともに低下する．主軸に大トルク，したがって，大きな切削力が加わるのは低速時である．低速重切削を可能にするには，転がり軸受で支持するのが好ましい．ところが

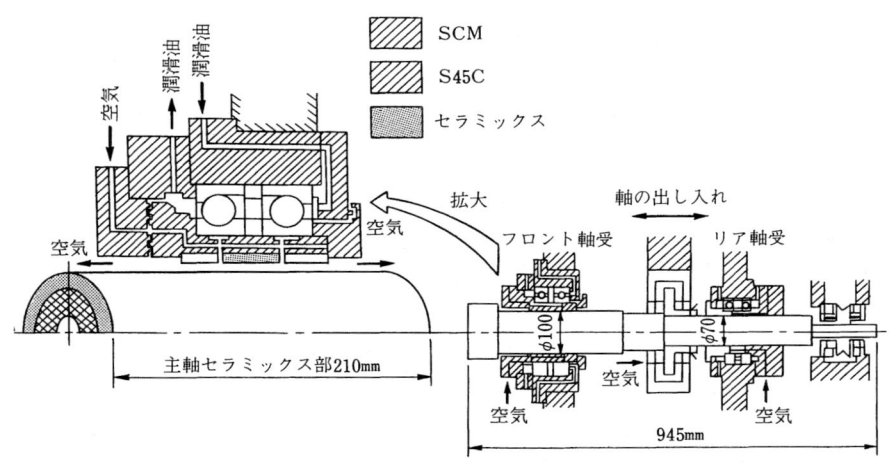

図4.5 試作モデル概要（古川勇二）[6]

空気軸受支持

すべり軸受支持

転がり軸受支持

空気軸受支持条件
$F_c < W_{air}$
（荷重）（空気軸受負荷容量）
駆動トルク T_{air}（空気の粘性抵抗によるトルク）

すべり軸受支持条件
$F_c \geqq W_{air}$
$T_{ball} > T_{slide}$
$= \mu \left(\dfrac{D}{2}\right)(F_c - W_{air})$
駆動トルク T_{slide}（すべり摩擦力によるトルク）

転がり軸受支持条件
$F_c > W_{air}$
$T_{ball} \leqq T_{slide}$
駆動トルク T_{ball}（転がり軸受駆動トルク）

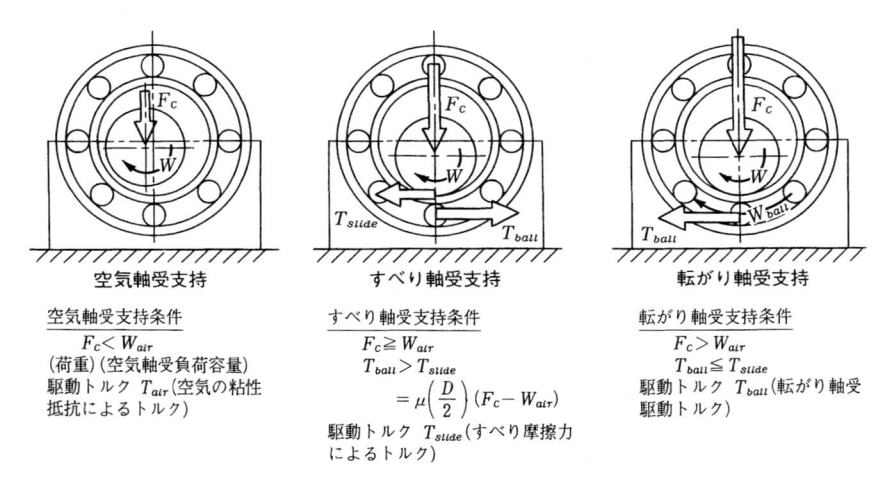

図4.6 転がり-空気静圧複合軸受の原理（古川勇二）[6]

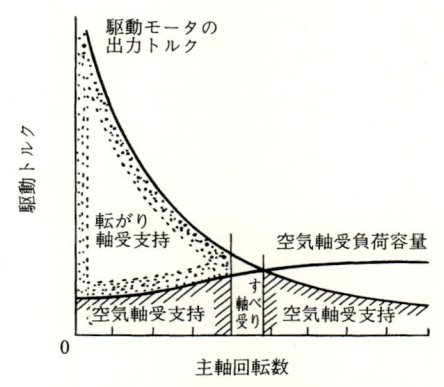

図4.7 試作軸受の支持状態（古川勇二）[6]

　超高速域ではトルクが低下するから，主軸に加わる切削力は小さい．したがって，負荷容量が小さくても熱発生の少ない仕上加工に適した高精度な空気軸受支持とするのが好ましい．

　したがって，仕上げ切削時は，低速でも高速でも空気軸受の高い回転精度を利用したい．軸は転がり軸受の内輪と軸の間で，空気静圧支持されている．空気静圧軸受の軸受負荷容量は普通小さいので，軽負荷の間は空気静圧軸受として働くが，中ないし重切削荷重には耐えられない．このとき軸と内輪は接触してすべり軸受として働く．負荷がさらに増して，すべり軸受における摩擦トルクが転がり軸受の摩擦駆動トルクを超えると，軸・内輪は転がり軸受支持される．このように外部負荷の大きさによって，軸受支持状態が自律的に段階的に変化する特徴をもっている．

　試作した複合軸受を用いて，エンドミルおよび中ぐり作業で切削試験を行なったところ，主軸速度が 600 rpm 程度の場合には十分なトルクで切削が行なえた．また切削負荷の増加に伴なって，軸受支持状態は空気静圧，セラミックすべり，および転がり軸受へと順次遷移していくのがみられた．また，ごく低速から約 10,000 rpm の高速まで切削することが可能であった．

　フライス加工された表面の平面度は $1\sim2\,\mu m$ であり，中ぐりによって得られた真円度は $2\,\mu m$ 以下であったと報告されている．これは機能の独立性の原理を実現した設計が，すばらしい効果を生むことの1つの実証例である．

参　考　文　献

(1) Suh, N. P., Bell, A. C., Gossard, D. : On an Axiomatic Approach to Manufacturing Systems, J. Egg. Indus. ASME, 100, (1978)
(2) 中沢　弘：工作機械の最先端技術，日本機械学会編，工業調査会（1988）
(3) 中沢　弘，富田恭司：精密工学会誌，57巻3号
(4) 河合素直：自動制御，昭晃堂（1987）
(5) 古川勇二：工作機械の最先端技術，日本機械学会編，工業調査会（1988）

第5章

トータル設計の原理

5.1 理　論[1]

　設計法は一般にトータル設計，付加設計，組合せ設計の3つに分けられる．それぞれの意味は，以下に述べる通りである．
　【定義 9】　トータル設計とは，すべての機能的要求を同時に総合的に最適化を図る設計をいう．
　【定義10】　付加設計とは，既存のシステム（製品）に新たに与えられた機能的要求を満足させるように，既存のシステムの部分を変更したり，それに新しい部分を追加する設計をいう．
　【定義11】　組合せ設計とは，既存の複数システム（製品）を組合せることにより，与えられた複数の機能的要求を満足させるシステム（製品）を構築する設計をいう．
　ところで設計はすべての機能的要求に対してシステムレンジがデザインレンジに一致，ないしは包含されるように実体化する作業であるが，どうしてもそのようにできない場合がある．すなわち，システムレンジをもっとデザインレンジに寄せたいが，いろいろな拘束条件によりなかなか一致させられない場合がある．そこで，システム拘束条件という概念をつぎのように定義する．
　【定義12】　システムレンジを拘束する条件をシステム拘束条件と呼ぶ．
　設計は機能的要求を実体化する作業であるが，別の見方をすれば，システ

レンジをできるだけデザインレンジに近付ける行為である．しかし，現実にはいろいろな拘束によりなかなか一致させることができず，限界がある．このシステムレンジの限界を決める条件を，ここではシステム拘束条件と定義している．この概念を用いれば，つぎの定理が導ける．

【定理2】 システム拘束条件をはずすと，それに関係した評価項目の情報量を小さくすることができる．

【証明】 ある評価項目のシステムレンジが，システム拘束条件のためにデザインレンジにそれ以上近付けられないとすると（これがシステム拘束条件の定義であるから），そのシステム拘束条件をはずせば明らかにもっとデザインレンジに近付き，したがって情報量は小さくできる可能性がある．［証明終わり］

この定理2から，上記3つの設計に対して新しい原理が導かれる．

【設計原理2】 トータル設計は，拘束条件に対応する評価項目に関して付加設計や組合せ設計より優れている．（トータル設計の原理）

【証明】 付加設計の場合は，既存のシステムが（すでに存在するというだけで）新たに付加する部分の設計のシステム拘束条件になっており，トータル設計にはこの拘束条件がないから，定理2によりトータル設計の情報量のほうが付加設計の情報量より小さくできる．したがって，公理1によりトータル設計のほうが付加設計より良い設計となるのである．

また，同様に組合せ設計の場合は，構成要素である既存のシステムは，それぞれが互いにシステム拘束条件になっているからトータル設計よりも情報量が大きくなってしまう．したがって，そのような拘束条件なしに設計できるトータル設計のほうが，組合せ設計より良い設計となる．［証明終わり］

既存のシステムに新たな機能を追加する要求が出てきたときに，従来のシステムをそのままにして，新たな機能を追加するだけの設計は，その機能を含めて新たに初めから"全機能的要求"について総合的に最適化を図ったトータル設計よりも劣るということである．

また，組合せ設計についても同じで，満足させたい機能があると，それらを部分的に満足させる既存のシステムを集めてきて，すべての機能的要求を満足させるようなシステムの構築をする設計は，その機能を含めて新たに初めから"全機能的要求"について総合的に最適化を図ったトータル設計よりも劣ると

いうことである．

　付加設計や組合せ設計によって当座をしのぐということは，日常あまりにも多く見られる行為である．ひどい場合には，付加設計されたシステムをさらに付加設計するというようなことがある．これでは付加設計の塊である．これは悪い設計法である．あくまでももう一度原点に戻って，"全機能的要求"について新たに設計をし直すべきである．付加設計や組合せ設計は，往々にして同時に機能的要求の独立性を犯していることが多く，機能の独立性の原理にも反していることが多い．

　以上，機能の独立性の原理とトータル設計の原理が導かれたが，ここで誤解があるといけないので，これらについてもう少し説明を加えておく．

　絶対的に最良なシステムなどというものは，世の中に存在しない．なぜなら，最良の設計とは無限に存在する設計案の中の最良のものであるはずで，その場合，設計案を無限に考えるということは不可能である．したがって，その意味で絶対的に最良なシステムというのはない．そこで，ここでは相対的な意味で最良という言葉を用いると，以上の原理は最良の設計をするための必要条件であることに注意しなければならない．

　これらの原理を満足するように設計していれば，少なくとも悪いシステムにならないことは確かであるが，必ずしも最良のシステムになるという保証はない．最良のシステムとは，これらを満足しているシステムのうちで，システムの情報量の最小のものである．したがって，最良のシステムを作るためには，これらの原理を満足している可能な限り多くの設計案を創り出し，改良を加えて，情報量が最小のものを探し出さなければならない．この改良を加える設計を「改良設計」と呼ぶことにすると，改良設計はその元の設計が上述の原理を守っている限り良い設計法であるということがいえる．

5.2　応用例

　何か新たな機能的要求項目の追加が出たときに，既存のものに付加して解決する付加設計よりも，新たに，従来の要求項目と新しく追加された要求項目とを合わせて，トータルに設計をやり直すトータル設計のほうが良い設計である．

また既存の複数のシステムを組合せることにより，与えられた複数の機能的要求を満足させるシステムを構築する組合せ設計よりも，トータル設計のほうが良い設計である．このトータル設計の原理は，仕事をする上でたいへん重要な原理である．要するに，"新しいぶどう酒は新しい革袋に入れなければならない"ということである．

本節では，よく行なわれる付加設計や組合せ設計と対比して，トータル設計の重要性を示す．

5.2.1 森精機のNC旋盤[2]

1952年にアメリカのマサチューセッツ工科大学でNC（数値制御）フライス盤が完成して以来，NC工作機械がたいへんな勢いで普及し，新しいNC工作機械がつぎつぎと生み出されてきた．

アメリカで1号機ができた翌年には，もう日本でも1号機が完成している．しかし，NC工作機械がわが国で本格的に普及し始めたのは，1970年代に入ってからである．そのような時期にNC旋盤の例をとると，初期の設計は，すべて**写真5.1**に示すように汎用旋盤にNC装置を付加した発想のものであった．すなわち，付加設計の類である．NC装置は大きくて別置きになっている．NC旋盤はこうあるべきだという検討はまるっきりなされず，付加設計でかたずけられている．これでは，良いNC旋盤を作るのは不可能である．

しかし，そのうちにNC装置が別置型よりは小型になって，工作機械に取

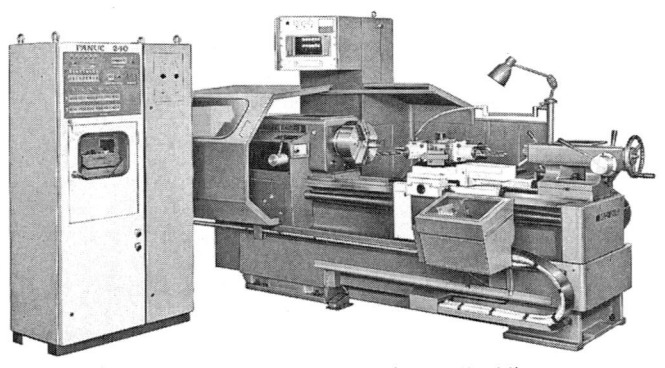

写真5.1 初期の一般的NC旋盤（付加設計の例）

付けられるようになった．しかし，NC 装置メーカーは装置のことだけを考えて（旋盤と合わせたトータル設計をしないで），量産効果を追求して，大きな箱型の標準品を工作機械メーカーに支給していた．装置は旋盤の主軸の手前に取付ける設計になっていた．したがって，NC 装置をあまり前に出っ張らせないためには，主軸の位置が少し後退してしまうので，作業者の位置から主軸が離れてしまい作業性もたいへん悪かった．そこで，森精機製作所㈱は別の制御器メーカーに機械の背後に取付けられるものを作らせて用いた．その結果，上記の不都合がなくなり機械全体がすっきりした形にまとめられた．

さらに NC 化されるということは，高速化と無人化の方向に向かうわけであるから，その点から考えても従来の汎用旋盤の構造をそのままもってきたのでは合理的な設計ができない．そこで，森精機はこれらの点に対しても同様につぎのようなトータル設計を行なった．

まず，高速化の問題では発熱が多くなり，それにより加工精度も悪くなる可能性がある．そこで，主軸の歯車をすべてなくし，オイルの撹拌も熱源になるのでグリースに替えた．さらに**写真 5.2**(a)に示すように，一般にこの種の旋盤の熱変形は図示のベクトルの方向に生じるので，その変形が工作物の誤差として現われないように，工具をこの誤差ベクトルに対して直角方向にもってきた．このような設計のおかげで，長時間運転しても精度が落ちない NC 旋盤を作

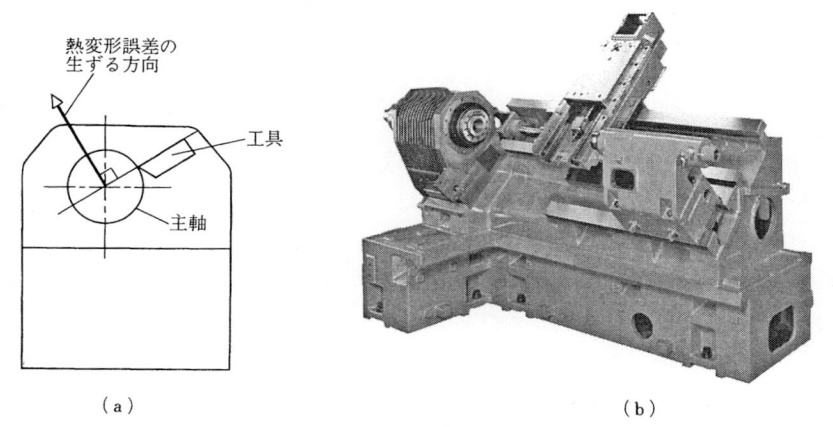

(a)　　　　　　　　　　　　　(b)

写真 5.2　旋盤の熱変形の方向とスラント型ベッド

写真5.3 トータル設計によるNC旋盤（森精機）

ることができた．

　また，無人化のためには切りくず処理が重大な問題である．これを解決するためには切りくずが自然に落下して，ベッドの上などに溜まらないように，ベッドの構造を写真5.2(b)のように斜めの構造にした．このような構造をスラント型ベッドというが，これは上記の工具を取付ける方向ともうまく合っている．このスラント型ベッドは，この時点より7～8年前に㈱ミヤノが汎用旋盤で提案したが，定着しなかった．

　トータル設計によるNC旋盤を写真5.3に示した．ただし，このNC旋盤はいまも基本的な構造はほとんど変わっていないので，現在の形のものを示した．この機種は，1989年末の時点までの総生産台数が約30,000台にも達する森精機のベストセラーとなっている．このモデルのヒットにより，森精機は，いまや工作機械メーカーのトップクラスに躍り出たのである．同社では以後も，他の製品はすべてこのトータル設計の思想に基づいて設計されているそうである．ただ，同社はトータル設計の原理を最初から認識していたのではなく，無意識のうちにこの原理を守ってきたのである．

5.2.2　SCARAロボット

　ロボットというとその形式は千差万別であるが，一般にイメージされるのは図5.1のようなものであろう．これは厳密にいえば，人間の腕の機能に似た機能をもつのでマニピュレータと呼ぶのが正しい．したがって，マニピュレータ

は人間の腕と同じような作業はたいていこなせる．溶接・塗装・組立・検査・運搬と，たいていのことはできる．

　自由度さえ必要十分なものがあれば，1つのロボットで何でもできるように見える．しかし，各作業を詳しくみてみると，機能的要求はそれぞれ異なることがわかる．たとえば，ベルト上を流れてきた部品を取上げてパレットに並べる作業（パレタイジングという）では，点から点への移動だけが重要で途中は正確な運動が要求されない．しかも，始点と終点の位置決めも精度的にはラフでよい．これをPTP（Point-to-Point）制御と呼ぶ．ただし，この場合は重い物を運ぶこともあり，大きな力が必要になることが多い．

　一方，塗装ロボットでは，ロボットの手先の動き（速度と位置）を連続的に制御することが必要となる．これを，CP（Continuous Path）制御と呼ぶ．この場合，力はほとんどいらないし精度もほとんど必要としない．しかし，これがアーク溶接制御になると溶接トーチと工作物の間の距離を一定に保つ必要があり，塗装ロボットよりは精度が必要となる．

　このように，同じロボットでもその対象とする作業によって機能的要求が異なってくる．そこで，機能的要求を正しく概念化しなければ，正しいロボットの設計はできない．まず，正しい機能的要求を列記することが大切である．それをもとに，トータル設計をするのである．

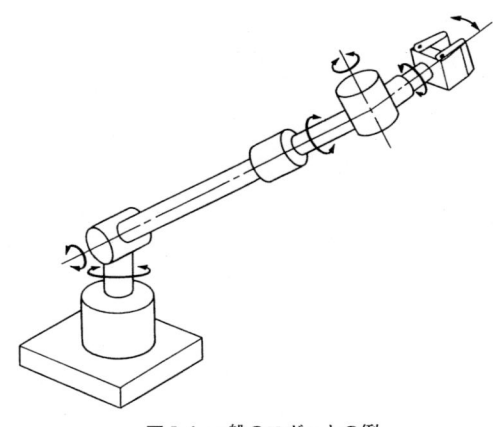

図5.1　一般のロボットの例

日本で生まれた世界的に有名な産業用ロボットとして，山梨大学の牧野洋教授らが開発したSCARAロボットがある[2]．SCARAとは，Selective Compliance Assembly Robot Armの略である．コンプライアンスとは，剛性の逆数で"やわらかさ"を表わすと考えればよい（第8章参照）．これは，機械の組立ラインに用いられる融通性（flexibility）のある高性能なロボットである．この設計を，トータル設計の原理の視点から見直してみよう．

ロボットの機能とは，一般に物体（もしくは道具）をある空間的位置に運搬したり受取ったりする動作である．その位置は静止した点であることもあるし，曲線上の点を連続的に移動していくということもある．この位置決め精度は，あまり高くない．

ところで大量生産で組立を自動化するためには，完全ではないが専用の自動組立機械を採用すれば，ある程度実現できる．しかし，多種少量生産においてこのような方法は使えない．そこで，産業用ロボットが利用できないかということも当然検討され，つぎの機能的要求項目が出てくる．

FR_1＝物体を所定の位置に運ぶ（従来のFR）

FR_2＝物体をそこにはめ込む（新しいFR）

この機能的要求だけをみると，従来のロボットをそのままか，もしくはある程度位置決め精度を向上させればそのまま利用できると誰しも考えるであろう．ところが，実際やってみると図 5.2(a)のように部品が穴の中心からずれる

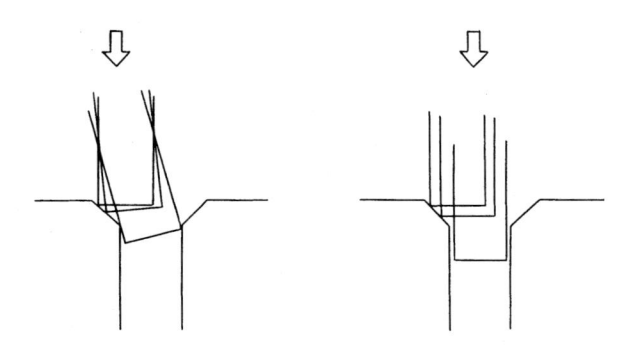

（a） 軸倒れによる詰まり　　（b） 横ずれコンプライアンス

図 5.2　選択的コンプライアンスの効果

と（実際，センターが完全に一致することは稀れである）部品が傾いて，「詰まり」(jamming) を生じて組込めない．そこで，トータル設計をしないで従来のロボットにとらわれると，センサをやたらに付加したり，軸の傾きを制御したりして，複雑で高価なロボットを作り上げてしまうことになる．その割りには，融通性（あらゆる部品に対応できること）がなく性能は悪い．

そこで牧野らは従来のロボットをまったく否定して，新たに設計（トータル設計）することを考えた．そこで部品がずれた位置で組込める状態を考えてみると，図5.2(b)のような選択的コンプライアンスの効果が必要であることに気付いた．すなわち，ロボットの構造が水平方向にはやわらかく（コンプライアンスが大きく），垂直方向には剛性が高い（コンプライアンスが小さい）のが良いことに気付いた．そこで図5.3に示すような構造のロボットを開発した．

この構造は，従来のロボットとは異なった屏風型である．これがSCARAロボットである．図において，θ_1はDCサーボモータであり，ハーモニックドライブ減速機を通じて第1アームを回転させる．その先にサーボモータ θ_2 が取付けてあり，これによって第2アームを回転させる．第2アームの先に，工具軸が取付けられている．構造的な特徴としては，θ_1軸，θ_2軸，工具軸の三者が平行になっていることである．

θ_3はパルスモータであり，タイミングベルトを通じて工具軸に回転を与える．

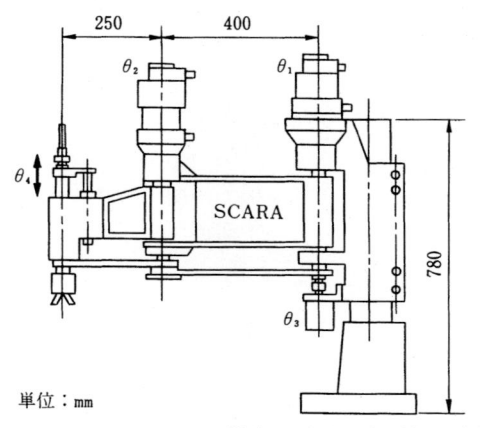

図5.3 SCARAロボットの構造と2号機の寸法（牧野ら）[2]

この部分の構造は製図器のようになっており,θ_3にパルス入力を与えないときには,工具端の位置にかかわらず工具の姿勢(向き)は一定に保持される.

このロボットを開発してから,4年半で15,000台が数多くの会社から製造販売され,その高性能が世界的に認められた.このロボットの良い点は,従来の組立ロボットに比べて作業速度は4倍,価格は従来の一番安いものの3分の1であるので,価格性能比からすると12倍にもなるという.

この場合にも,もちろん開発者らはトータル設計の原理という概念は知らなかった(無意識のうちにこの原理に従っていた)が,トータル設計の原理の重要性がこの例からも明らかであろう.

5.2.3 切削・研削両用マシニングセンタ

最近工作機械の多機能化が注目を集めている.マシニングセンタ(MC)も,従来は切削専用の機械であったが,これに研削加工までできるマシニングセンタの開発が行なわれた.牧野フライスの開発した研削加工もできるマシニングセンタ[3]を,トータル設計の原理に照らして検討してみる.

機能的要求は,つぎの通りである.

　　FR_1=切削加工のできるマシニングセンタ(従来からのFR)

　　FR_2=研削加工のできるマシニングセンタ(新しいFR)

このように,いままである機能的要求に新しい機能的要求が追加された場合には,トータル設計の原理により,これらを総合してトータルに最適化した設計をしなければならない.

切削・研削機能をもつマシニングセンタを設計する場合,それぞれの加工をする場合の機能的要求をはっきりさせなければならない.従来のマシニングセンタは切削専用の機械であるので,切削加工には適した構造となっている.そこで研削加工としては,どのような機能が要求されるかを以下に検討してみる.

まず研削は加工力は小さいが,加工速度は速くなければならない.すなわち,主軸回転数が切削の場合せいぜい3,000~4,000 rpmであるのに対して,研削になると少なくとも15,000 rpmが必要となる.主軸軸受内径100 mmとすると,DN値は150万位が必要となる.

このような高速回転となると発熱が問題となり,この発熱が十分低いことが必要となる.さらに研削は切込み量が小さく,仕上加工に使用されることから,

振動を極端に嫌う．したがって，振動が少なくて高速回転できることが必要となる．それと同時に，適度な減衰性能が必要である．

また，工具の砥石も問題になる．従来のマシニングセンタでは，主軸剛性など機械剛性が一般の研削盤と比較して1～2オーダー高く，したがって，一般の研削盤で使用されている砥石（レジン，ビトリファイド砥石など）では砥石の摩耗が著しく多くなり，所定の切込み深さを与えても正確な研削深さが得られないという問題が生じる．そこで，結合度の高い砥石を用いるとツルーイング（砥石の形状修正）が非常にたいへんとなる．

このように新しい機能的要求が加わると，トータル設計をしなければ良い機械はできない．単に切削工具の代わりに砥石車が回せる程度の設計変更，もしくは付加設計ではとても良い機械は得られないのである．

牧野フライスは，この2つの機能的要求を満たす新しいマシニングセンタを設計開発した．この内容をみると，このトータル設計の原理を適用した良い例にみえるので，その内容をここに紹介する．牧野フライスはこの原理を意識し

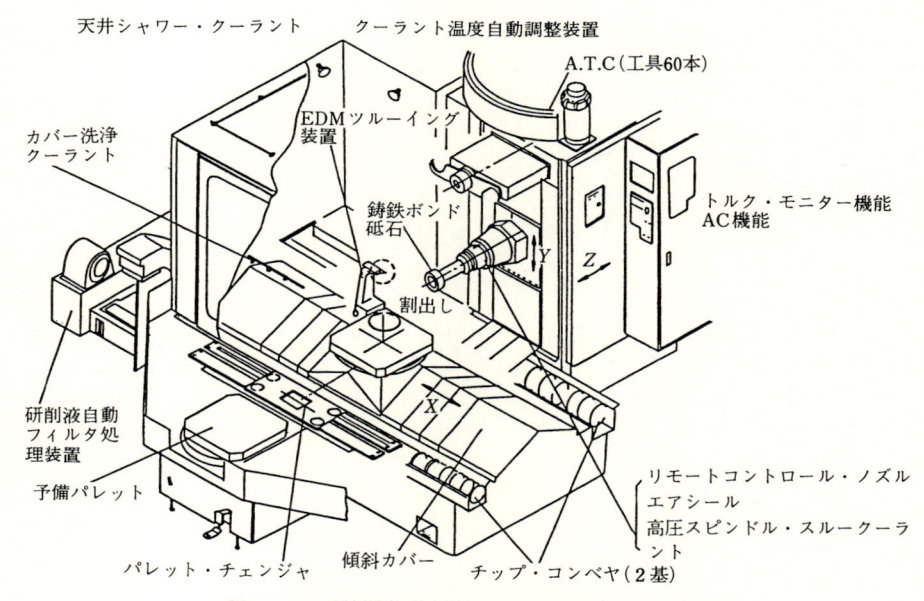

図5.4 MC研削機能説明図(MC 86-A 60)(牧野フライス)[3]

て守ったわけではないが，無意識にこの原理に基づいて仕事を行ない，良い機械を設計開発したので，著者が勝手に解釈してここに紹介するものである．その全体図を図 5.4 に示す．

まず，主軸受は特殊なアンギュラ軸受の組合せで，低粘度潤滑油を用いて高速噴射するジェット潤滑方式を採用した．さらに，主軸潤滑油を精密に温度制御し熱変形を極力抑制した．また主軸だけでなく，機械全体の熱変形を抑えるために，温度コントロールされた研削液を，研削点のみならず，主軸やテーブル全体にシャワーリングするようにしてある．

駆動方式は，高速回転領域は伝達トルクが小さいので振動の少ないベルト方式とし，低速回転領域は伝達トルクが大きくなるのでギア方式として，高トルクの確保を図っている．

機械の保護に関しては，主軸はエアシール方式で砥粒粉などの侵入を防ぎ，摺動面はすべてカバーし，特殊シールを施した．

工具（砥石）は，前述の通り摩耗を少なくするためにメタルボンド砥石を用

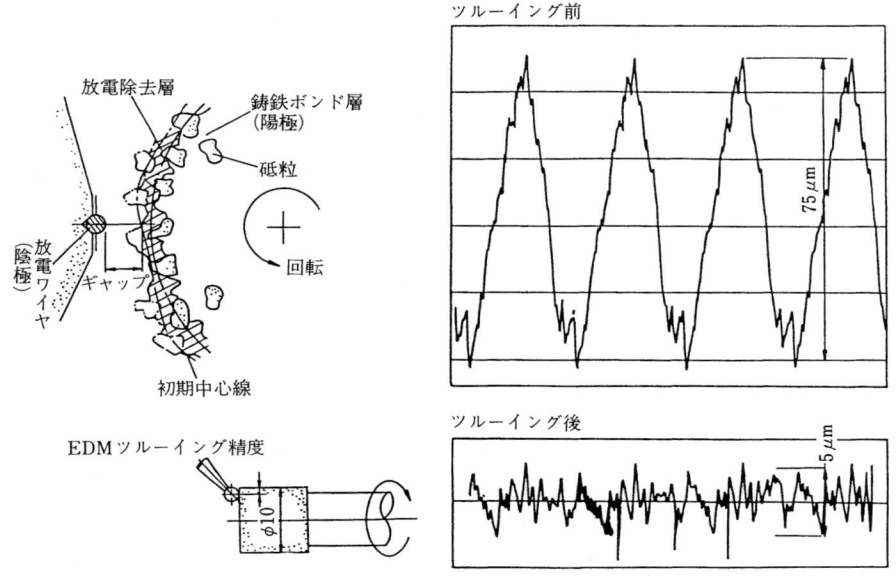

図 5.5　EDMツルーイング[3]

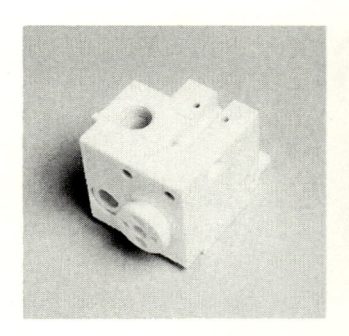

写真5.4 セラミック部品加工例[3]

いる．東京大学生産技術研究所の中川威雄研究室で開発された鋳鉄ファイバボンド砥石は，セラミックス，超硬などをはじめとして，焼入れ鋼などのMC研削において，きわめて高能率な性能を発揮し，かつ摩耗が少ないことから，実用的に採用できるメタルボンド砥石の1つである．

EDMツルーイング法は，ワイヤ放電原理を利用しMC機上でツルーイングする方法で，砥石の回転とNC動作を組合せて放電することにより，任意形状のメタルボンド砥石を正確にツルーイングできる特長がある（図5.5参照）．

砥石の振れの大きい，修正したい部分（放電ギャップが小さくなる部分）が優先的に放電除去されることにより，ツルーイングされるとともに，メタルボンド組織（導電部）のみが除去されるので，砥粒が損傷せず，しかも適度なチップポケットを生成するので，ドレッシング効果を合わせもつ利点がある．

この機械は従来の切削加工はもとより，**写真5.4**に示すようなセラミックスの加工や，焼入れした硬度の高い鋼の加工にも適している．

参 考 文 献
(1) 中沢　弘：情報積算法，コロナ社，(1987)
(2) 牧野・村田・古屋：精密機械，Vol. 48, No. 3, 378 (1982)
(3) 大平研伍：工作機械の最先端技術，日本機械学会編，工業調査会，(1988)

第6章

遊びゼロの原理

6.1 原理

　高精度な機械に高精度な運動をさせるには，まず完全な運動基準が必要である．この完全な運動基準に沿って完全な運動をさせるために，基準と運動体の間の遊びがゼロでなければならない．遊びが存在すると，運動に誤差を生じ高精度な運動ができない．そこで，つぎのような原理が存在する．

　【設計原理3】　高精度な運動を実現するには，完全な運動基準とそれに沿って移動する移動体との間には遊びがあってはならない．

　ここで，運動という言葉には移動中の意味だけでなく，位置決めのような静止状態も含めることにする．

6.2　遊びゼロの案内機構（弾性支持法）

　現実には，調整機構を用いない遊びゼロの案内機構の例はゼロに等しい．基本的には，このような案内機構は誤差ゼロの精度で加工されたもの同士の組合せによらなければならないので，現在の加工技術レベルでは，そのような案内機構の製作は不可能である．さらに，互いに摺動したり，一方が転がり運動をしたりする場合には，両部品の摩耗や摩擦抵抗を考えると必ず両者の間に流体（油や空気）や空隙が介在しなければならず，その意味でも遊びゼロの案内機

構の実現は非常にむずかしい．

　現在使用されている遊びゼロの案内機構の例のほとんどは，弾性支持法である．その代表的な例は，平行リンクである．平行リンクの構造は**図6.1**(a)，(b)のようになっている．この方式によれば，図中の X がわずかな変位の量であれば，H の値はほとんど変化せず，遊びゼロの案内が実現できる．同じような考え方のものとして，同図(c)のようなものがある．これは，移動体をエラストマーで支持する方法である．平行リンクが，エラストマーに置換わったものと考えればよい．

　もう1つの例は，揺動案内として使用する十字ばね支えである．これは，**図6.2**のような構造になっている．これはレバーcの適当な点を押すと，レバーcはばねa，bのたわみにより点0を中心に揺動運動をする．点0はわずかに移動するが，レバーの回転角がわずかであれば無視できる．これも弾性支持法の1つである．

6.3　拘　束

　前述した通り，現在の加工技術では誤差ゼロの部品を作ることは不可能である．したがって，個々の部品は必ずといってよいほど誤差をもっている．そこで，現実には運動基準と運動体の間には誤差を見越して，ある遊びを与えることになる．この遊びの量が限りなく，ゼロに近いときは高精度な運動が実現で

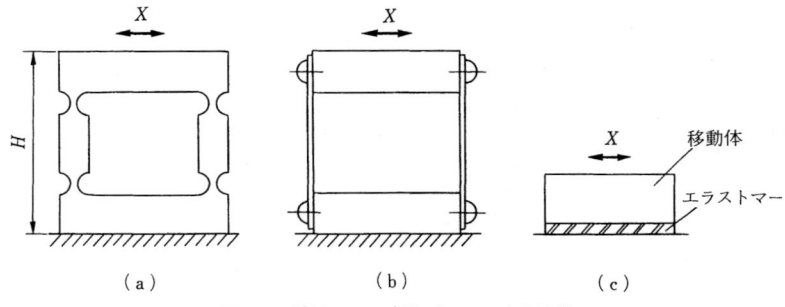

図6.1　平行リンク式遊びゼロの案内機構

きるが，実際はかなりの遊びが生じてしまい，これが機械の高精度な運動を不可能にしてしまう．

そこで，この原理を完全に実現することはできないとしても，これに近い形でこの原理を実現する手段としてつぎのようなことが考えられる．

【系1】 遊びを除去するために，相対的な運動をする一対の部品間に遊びを除去するように拘束を与える．

これは理想的な方法ではないが，より完全な高精度な運動を実現するための補助的な手段として用いることができる．

拘束させる手段として，2つの方法がある．1つは，調整機構を用いて遊びを除去するように拘束を起こさせるものである．もう1つは，拘束条件を余分に付加する方法である．これらの方法はいずれも摩擦抵抗が増えるので，若干の円滑な運動性を犠牲にする場合があるが，逆にコンプライアンスを下げられるという特長もあることに注意しなければならない．以下にこれらの方法をいくつかの例で説明する．

6.3.1 調整機構による拘束

図 6.3[(1)]の例では上下方向を拘束する案内2つ，左右方向を拘束する案内が1つ備わっている．それぞれの案内にはローラがペアで組込まれているが，そ

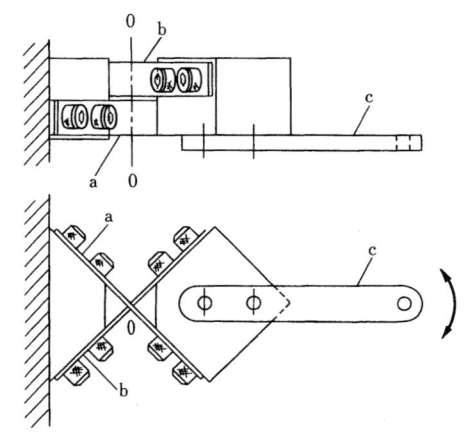

図6.2 遊びゼロの揺動運動案内機械

のうちの一方のローラaは片持支持の構造で，bのほうは両端支持の構造となっている．すなわち，bのほうが強いばねで押付けられていることになる．ローラaは偏心ピンで支持されており，このピンを回すことにより**図6.4**のように，ローラの位置が半径方向に動いて遊びをゼロに設定できる．実際は，予圧（負の遊び）を与えるように設定する．

　このような案内で重要なことは精度の良いほう，すなわち，運動基準となる面に当たるローラを支持するコンプライアンスは，反対側のローラのコンプライアンスよりも小さく設計しなければならない．そうしないと，高い運動精度が実現できない．図6.3の例では，精度の高い案内面（三角記号が4つついて

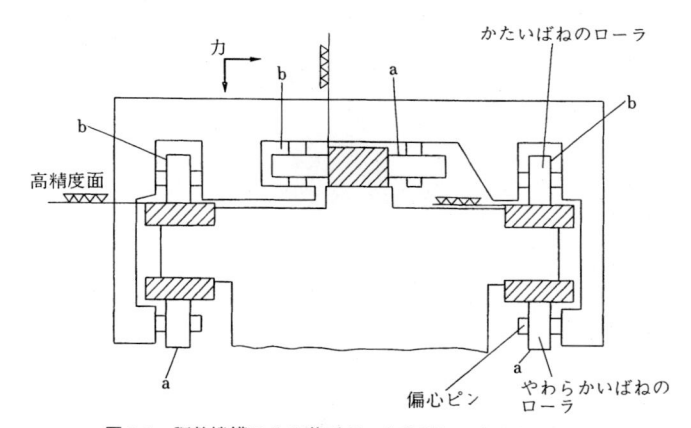

図6.3 調整機構により遊びゼロを実現した案内(Saljé)[1]

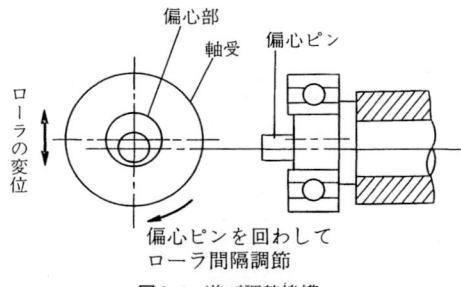

図6.4 遊び調整機構

いるほうの面）に当たるローラｂの支持は両端支持であり，反対側のローラａの指示は片持ちになっている．どうして，このようにすると精度が出るかを以下に説明する[1]．1つの案内のモデルを**図6.5**に示す．

　基準面と反対側の案内に誤差 Δb があるときは外力を0とすると，ローラにかかる力は，次式となる．

$$F_1 = F_2 \tag{6.1}$$

案内に沿ってすべり台が動くと誤差のあるところでは，

$$x_1 + x_2 = \Delta b \tag{6.2}$$

だけ，ばね系がたわむ．ここで，両軸受のばね定数を k_1, k_2 とすると，

$$F_1 = k_1 x_1, \quad F_2 = k_2 x_2 \tag{6.3}$$

であるから，(6.1), (6.3) 式より，

$$x_1 k_1 = x_2 k_2 \tag{6.4}$$

となる．もしも，k_1 と k_2 が同じ剛性（$k_1 = k_2$）だとすると，

$$x_1 = x_2 = \Delta b / 2 \tag{6.5}$$

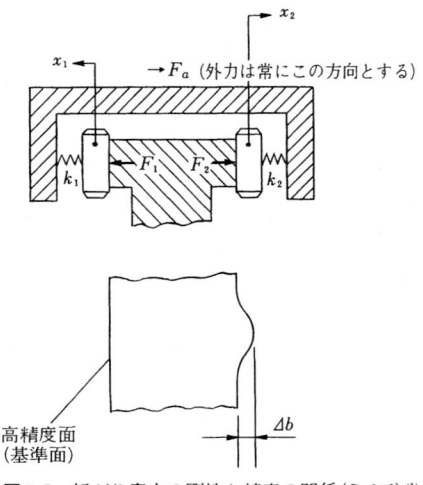

となり x_1 の変位量だけ，すなわち $\Delta b/2$ だけスライダは右へ移動する．すなわち，これが運動誤差となる．一方，k_1 を k_2 の10倍の剛性にすると，$k_1 = 10\,k_2$ であるから(6.4)式に代入して，

図6.5 転がり案内の剛性と精度の関係(Saljé) [1]

$$10\,x_1 = x_2 \quad \cdots\cdots\cdots\cdots\cdots\cdots\cdots\cdots\cdots\cdots\cdots\cdots\cdots\cdots\cdots\cdots\cdots (6.6)$$

これを，(6.2) 式に代入して，

$$x_1 = \frac{1}{11}\varDelta b, \quad x_2 = \frac{10}{11}\varDelta b \quad \cdots\cdots\cdots\cdots\cdots\cdots\cdots\cdots\cdots\cdots\cdots (6.7)$$

となる．すなわち，スライダは $\varDelta b/11$ だけ右に移動することになる．したがって，スライダの運動精度はやわらかいばね側の案内面の誤差の約1割しか影響を受けないことになる．ここで注意しなければならないことは，外力 F_a は常に図の向きにかかると仮定していることである．もし逆向きに外力がかかると k_2 がやわらかいから，大きな変位を生じてしまう．この場合には案内の両面とも高精度に加工して，$k_1 = k_2$ としなければならない．

6.3.2 干渉による拘束

前述の調整機構による方法を用いれば，ほとんどの場合対偶に存在する遊びはゼロに調整することができる．しかし，機械に内蔵される運動基準（対偶の一方）を完全に誤差ゼロで作ることは不可能である．したがって，遊びをゼロにしても，この誤差はとりきれないので運動に現われてくる．

干渉による拘束では，遊びがゼロにできることのほかに，もう1つ別の効果を伴なうことに注目しなければならない．すなわち，遊びを除去すると同時にこの運動基準の誤差に原因する運動誤差もある程度減少させることができるというのが，ここで述べる干渉による拘束の特長である．このような効果のことを"フィルター効果"（第12章も参照のこと）と呼ぶこともある．

たとえば，リニアガイドの例をつぎに示そう．リニアガイドはいろいろな形式があるが，その1つの例を図 6.6[(2)] に示す．普通はこれを図 6.7(a)のように，1つのリニア軌道台に2組のリニアベアリングを配置して案内を作る．リニアガイドは遊びを調整する機構が入っているので，それぞれは遊びをゼロに設定できる．しかし，この方式だとリニアベアリングと軌道台がもっている誤差がテーブルの運動に現われてしまう．

そこで，この運動基準誤差が現われにくいように，同図(b)のようにリニアベアリングを3個にすると，どこかのベアリング配置部に運動誤差（たとえば真直度，ピッチング，ヨーイング，ローリングなど）が発生しそうになっても，ほかの2組もしくは1組のベアリングがその動きを拘束するので，運動誤差は

94　第6章　遊びゼロの原理

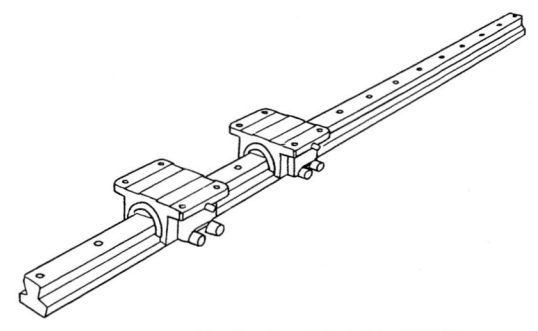

図6.6　リニアガイド(THK)[(2)]

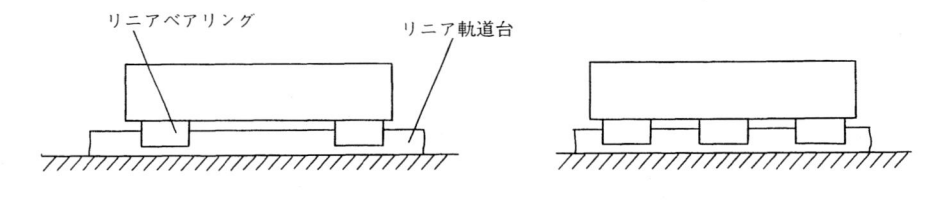

（a）　一般的組合せ　　　　　　　　　（b）　拘束条件を増やした組合せ

図6.7　干渉による拘束で高精度化

そのベアリングが単体のときに出る値よりもかなり減少した値となる．
　すなわち，干渉による拘束を与えると，内蔵した運動基準の誤差を減衰した作用が出てくるという効果がある．しかしその分，若干運動抵抗は増えることにも注意しなければならない．
　つぎの例は，カービックカップリングである．カービックカップリングは**図6.8**[(3)]のような形状をしており，高精度，高剛性な継手または割出し装置の部品として用いられている．標準的な種類としては，直径 $30\,mm$ で歯数 20 枚から直径 $820\,mm$ で歯数 360 枚位まであるようである．これらの歯を加工するときには，どうしても加工誤差は避けられない．しかし，たとえば歯が 1 組（このような形態は実際は考えられないが）しかない場合には，その歯の誤差はもろに割出し精度などに出てくる．しかし，最低でも 20 枚の歯が噛合って

図6.8 カービックカップリング
（大久保歯車工業）[3]

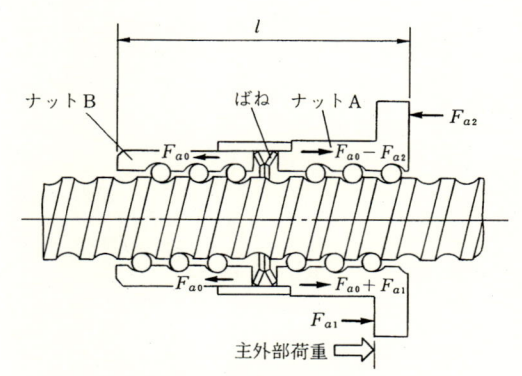

図6.9 定圧予圧ダブルナット
（日本精工）[4]

いると，各々の歯の誤差はほかの歯の干渉を受けて，両者の間の遊びはもちろんゼロになるが，それ以上に誤差も減少して各個の歯の精度以上に全体として高い組立精度が得られる．

このカービックカップリングは嚙合ったまま，相対的に運動することはなく，割出すときは一度はずしてから目的の位置に再度嚙合せるので，前例のようにこの干渉によって運動抵抗が増えるなどという問題は発生しない．

送りねじなども，つぎのようにして干渉による拘束を与えることができる．**図6.9**[4]に示すように，2組のナットを組合せると遊びがゼロにできるとともに長さ l が長くなるので，ねじのもつピッチエラーなどが干渉を受けて減少し，より高精度な送り運動が実現できる．ただし，このようなボール循環式の機械要素ではボールが解放されたり，溝に進入するときに抵抗の変動が起こり，位置決め精度などが悪化することが起こるので注意を要する．

最後の例は，タービン減速歯車用大型精密ホブ盤（東芝機械）に用いられているダブルウォーム駆動である．これは，**図6.10**[5]に示すように2組のウォームをウォーム歯車の正反対の位置に1個ずつ配置する方法である．このように，2組のウォームでウォーム歯車の回転誤差を互いに干渉させて回転誤差を減少させることを狙ったものである．すなわち，この方式によればそのぞれのウォームで単独に駆動される場合の回転誤差の平均的な値に落ち着く．

96　第6章　遊びゼロの原理

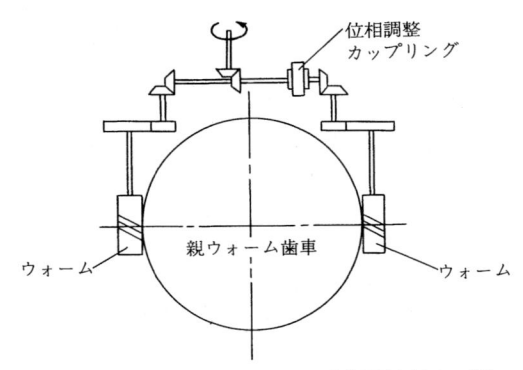

図6.10　ダブルウォーム駆動装置（木村浩哉）[5]

参　考　文　献
(1) E. Salje：Elemente der spanenden Werkzeugmaschinen, Carl Hanser Verlarg
(2) THKのカタログより
(3) 大久保歯車工業㈱のカタログより
(4) 日本精工㈱カタログより
(5) 木村浩哉：機械の研究, Vol. 33, No. 1, (1981)

第7章

アッベの原理

7.1 原理

　アッベの原理とは，ツアイス社の共同創立者の1人であるアッベ（E. Abbe）が示した原理で，測定器の設計によく用いられる．機械には一般に相対的な運動をする部分をもち，その相対的な位置関係を正確に測らなければならないことが多いから，この原理は高精度な機械を設計する上で大切な設計原理となる．これはつぎのような表現となる．

【設計原理4】　高精度な長さ測定システムを実現するには，測定すべき長さを測定システムの目盛り線と同一線上に置かなければならない．

　この設計原理の意味するところは，つぎの通りである．図7.1において，もしも測定物の中心線と目盛り線Bが完全に平行であったとしても（実はこの仮定も実現はむずかしい），測微顕微鏡の中心線CがA（またはB）に対して完全に直角でなく，角度θだけ傾いていると測定値は同図(b)に示す通り，$\delta \fallingdotseq \theta h$だけ誤差が出てしまう．もしもA，Bが平行でないとさらにその誤差が加算されてしまう．

　しかし，もしこの目盛り線を図7.2のように測定物の中心線に一致させると，たとえ同図(b)のように目盛り線BがB′のように角度θ傾いたとしても，その誤差δは$\theta^2 l/2$となって非常に小さな誤差に抑えることができる．すなわち，

98　第7章　アッベの原理

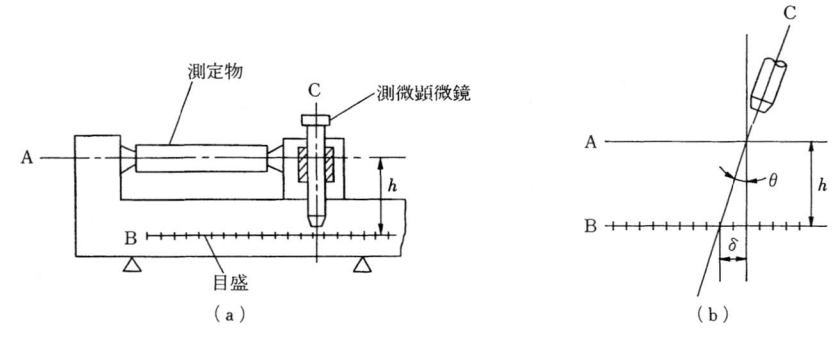

図7.1　アッベの原理にはずれている場合の測定誤差

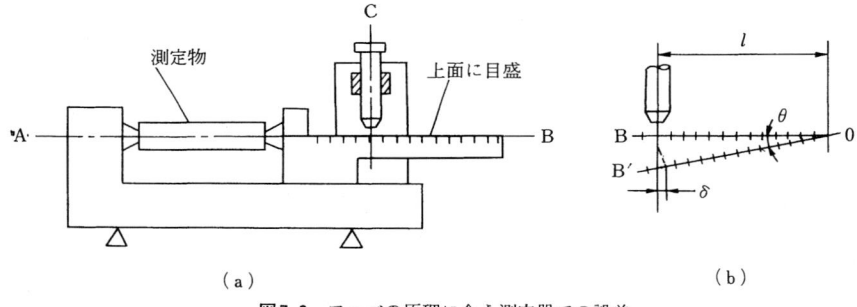

図7.2　アッベの原理に合う測定器での誤差

　精度の高い機械を作ろうとすれば，測定システムの目盛り線と測定しようとする対象が同一線上にくるように設計しなければならないことがわかる．それができないとき（たとえば図7.1の場合）には，測微顕微鏡の傾きがあっても測定誤差としてその影響が出ないように工夫しなければならない．そのためには，たとえば**図7.3**のように測定する対象Aの両側に平行に，しかも等間隔に2つの目盛りBを配置して，その両者の読みの平均値をとれば傾きθの影響は消去できる．

　このことから，つぎの系が導かれる．

【系1】　この原理が実現できない場合には，測定系の傾きが測定誤差として現われない方法をとらなければならない．

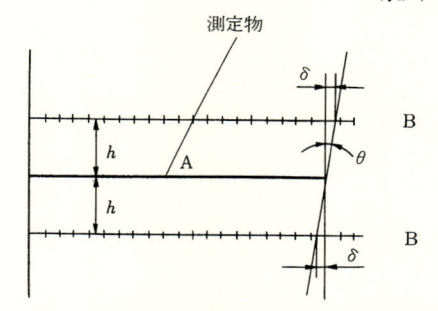

図7.3 アッベの原理を守れない場合に誤差を補正する一方法

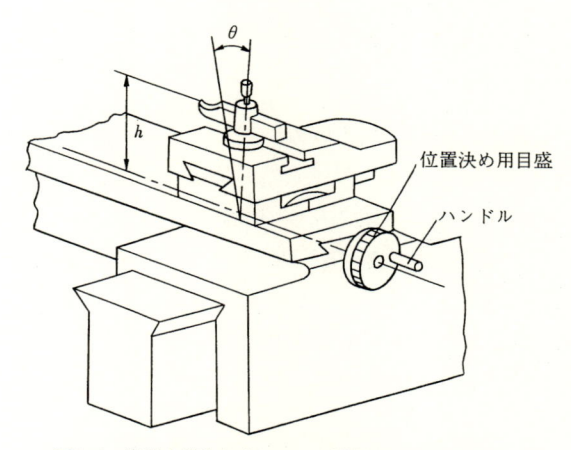

図7.4 旋盤の刃物台はアッベの原理からはずれている

　このほかにもエッペンシュタインの原理とか，品物と基準尺の位置関係で生じる誤差を消去または補正する方法があるがここでは省略する．他の文献[1],[5]を参照のこと．

7.2　アッベの原理の適用例

　アッベの原理の守られていない機械は，身の回りによく見られる．たとえば**図7.4**は旋盤の刃物台の位置決めの例である．

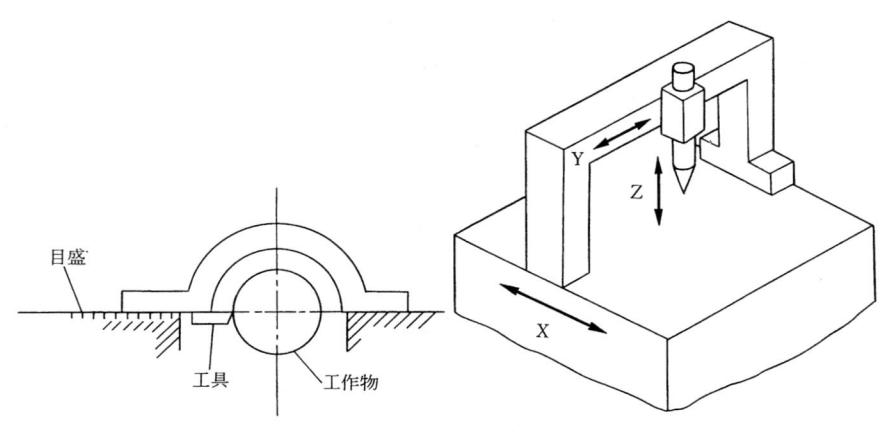

図7.5 アッベの原理に合った旋盤　　**図7.6** 3次元測定器(アッベの原理を守りにくい)

　旋盤では製品を正しい直径に仕上げるために，工具刃先位置を正確に設定しなければならない．しかし，その工具刃先の位置決めは図のハンドルと目盛りでなされる．図の目盛りによる横送り台の位置決めは，アッベの原理に基づいている．すなわち，目盛りはリング状であるが，その中心線上の送り機構によって，それと同じ平面内にある横送り台が位置決めされるからである．しかし，肝心の工具先端の位置は，目盛り中心線から h だけはずれた位置にあるので，工具を含む工具台の倒れ角 θ（この値は横送り台の位置によっても変動する）が誤差にきいてくる．この高さ方向のずれ h が，誤差発生の原因となっている．

　そこで，この構造をたとえば**図7.5**のような構造にすると，アッベの原理に合った高精度な旋盤に変わるのである．

　現実には機械の移動部分は1軸だけであることは稀れであり，普通は3軸以上の方向に移動させなければならない．そうすると，1軸はアッベの原理が満足できるが2軸目以上になると，この原理を守ることは非常にむずかしくなる．たとえば，**図7.6**に示す3次元測定器の代表的な構造において，Z軸はアッベの原理に合わせることができるが，X軸とY軸は測定長さ方向と基準尺の線が離れてしまうためにアッベの原理が成り立たない．したがって，このような場合には発生する誤差をできるだけ除去もしくは補正できるような工夫がされな

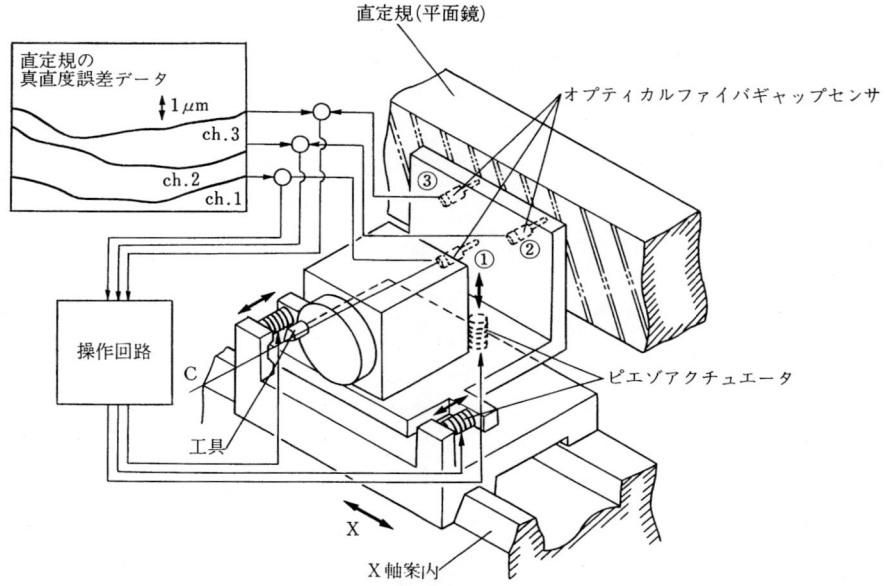

図7.7 日立の開発した非軸対称形状の光学部品加工用ダイヤモンドフライカッティング装置(森山茂夫ら)[2]

ければならない．

　つぎの例は，森山らが開発した非軸対称形状の光学部品加工用のダイヤモンドフライカッティング装置である[2]．この機械では，主軸回転角度およびX軸方向の位置に対応して工具位置を正しく位置決めする必要がある．そのために，その制御の基準となる直定規を機械に内蔵している．これを運動基準として，工具の位置を図7.7に示す方式でコントロールしている．

　すなわち，工具中心線の延長上に基準となる直定規を設置してアッベの原理を実現している．この例では，さらに精度を向上させるために，第11章で述べる補正の原理も取入れて直定規の製作誤差を取除く工夫もしている．すなわち，主軸台からギャップセンサを直定規に対向させ，その3点の情報とあらかじめ測定してある直定規の各位置の誤差データとから，主軸台を支えている3カ所のピエゾアクチュエータの必要な変位量を求めて制御している．

　この設計では，制御したい工具の制御軸（工具の中心軸Cと同じ線上）が公

転して移動してしまうので，その移動範囲をカバーする領域に対応した3点（①，②，③）の位置で基準を参照しているので，アッベの原理にかなっていることになる．

7.3 レーザ干渉計の利用

前に述べた通り，制御軸が多い場合，物理的にすべての制御軸にアッベの原理を適用することはたいへんむずかしい．しかし，レーザ干渉計を用いると非接触な測定ができるので，アッベの原理を実現する設計がしやすい利点がある．レーザ干渉計は，現在，長さの測定手段としては最高レベルの測定が可能であるという長所も合わせて考えると，高精度な機械を実現するためにはその使用を考えてみる必要がある．以下にその例を示す．

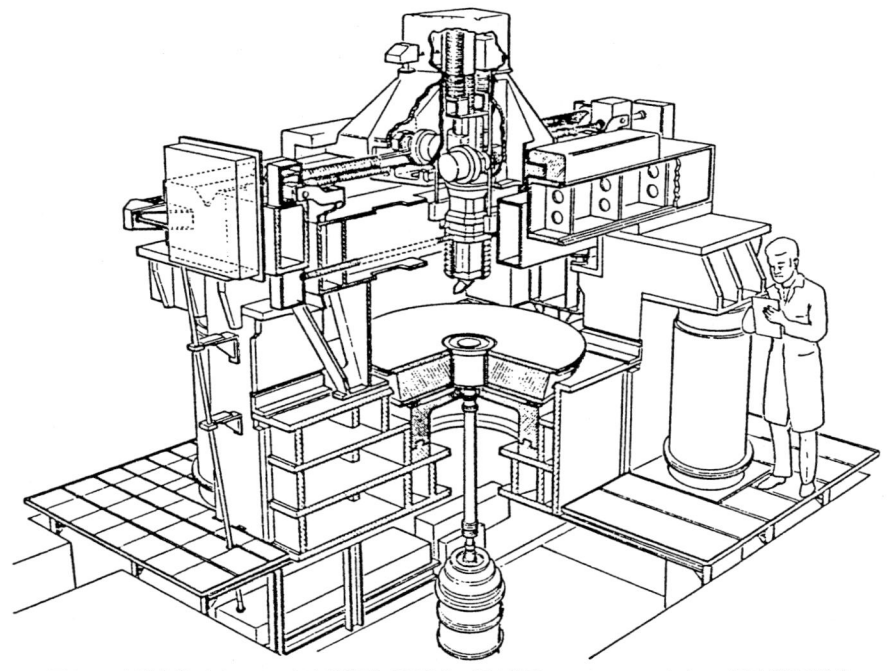

図7.8 大型光学ダイヤモンド立旋盤(LODTM)の図(米国，ローレンスリバモア国立研究所)[3]

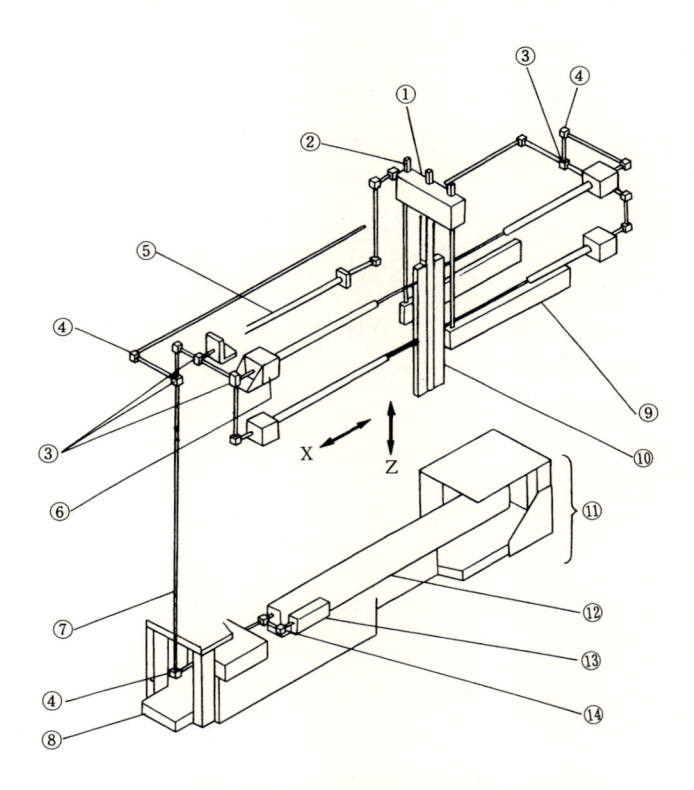

7.3 レーザ干渉計の利用　103

① 上部光学式ボックス，真空システム中に3個の干渉計
② 検出器(3個)
③ ビームスプリッタ
④ 旋回鏡(Typ)
⑤ 外径20のベロー，真空システム内に6ヵ所
⑥ 干渉計カバー(4個)と中に収めた検出器(4個)
⑦ 内径10のビームカバー(Typ)
⑧ 光学式ベンチ
⑨ Z軸直定規
⑩ X軸直定規
⑪ レーザ光学装置支持部
⑫ SP 125ヘリウム/ネオン・レーザ
⑬ ヨウ素を安定させたヘリウム/ネオン・レーザ
⑭ 検出器フィードバック

図7.9　LODTMの摺動面変位測定装置の構成図(米国，ローレンスリバモア国立研究所)[4]

ローレンスリバモア国立研究所で開発された大型光学ダイヤモンド旋盤 (Large Opitcs Diamond Turning Machine, LODTM) には，アッベの原理が巧みに取入れられている．その全体構造は**図7.8**[(3)]に示す．この旋盤は直径64インチ (1,626 mm)，重さ3,000 lbs（約1,364 kgw）までの工作物を扱い，工具位置決め精度を $0.028\,\mu m$ とすることができる．

この機械では，X軸とZ軸を精度良くコントロールしなければならない．制御したい位置は工具先端である．

アッベの原理を満足させるために，**図7.9**に示すレーザ干渉計を用いている[(4)]．X方向に関しては，2本の運動基準としての直定規が工具バーの両側に取付けられている．これに対して，片側2本ずつ計4本のレーザ光によってX方向の位置を計測する．上下2本のレーザ光により，工具バーのピッチ角度誤差を補正する．また，両側の測定値の平均から軸に対称なフレームの膨張を除去している．

Z方向（工具高さ方向）の位置の計測に対しては，運動基準として2本の直定規がテーブルに平行に取付けられ，これの位置を2本のレーザで計測する．Z方向の3番目のレーザは，アッベの原理を満たすように工具バーの下端（できるだけ工具位置に近いところを測るため）に取付けられたミラーを利用して工具位置を測定する．

前述の2本のレーザは，工具バーのキャリジがX軸回りに回転するときの誤差を消去するためである．

この機械に用いたレーザ干渉計では，本章のアッベの原理とは直接関係ないが，計測がさらに高精度に行なえるような工夫をしている．すなわち，レーザ光の通路は真空にしてある．

さらに，熱変形に対する配慮が各所にみられる．すなわち，基準の直定規はZerodurで作られている．さらに機械構造本体の材質は線膨張係数が小さな値で，しかも安定しているスーパーアンバーを用いている．しかもその構造物の温度を一定に保つために，1.8×10^{-3}℃以下の温度変化に制御された水が循環している．このような熱変形に対する配慮は，高精度な機械を作る上で大切であり，第9章で詳しく解説してあるので参照されたい．

参 考 文 献

(1) たとえば,桜井好正・他；精密測定器の選び方・使い方,日本規格協会
(2) 森山茂夫・他：Proc. of' 87 SPIE in San Diego
(3) Donaldson, R. R., Patterson, S. R.：SPIE27th Annual International Technical Symposium and Instrument Display, Aug. 21-26, 1983
(4) Roblee, Jeffrey W.；2nd International Technical Symposium on Optical and Electro-Optical Applied Science and Engineering, Cannes, France, Nov. 25-19, 1985
(5) 築添正：精密測定学,養賢堂.

第8章

コンプライアンスの原理

8.1 原 理

　ものは，力を加えると必ず変形する．しかし，高精度な機械はその加わる力が静的なものであれ動的なものであれ，ある特定の部分の変形は許容値以下でなければならない．図8.1に示す物体を，いま対象としている高精度な機械と仮定すると，この機械に図のような力Fがa点に入力され，そのときのb点におけるx方向に変形Xが生ずるとすると，X/F（図ではこれをcとおいて

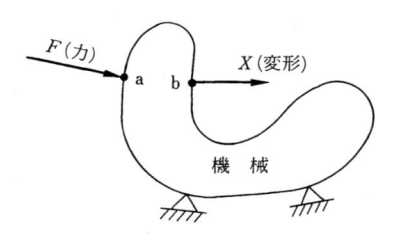

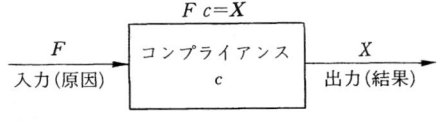

図8.1 コンプライアンスの説明

いる）をコンプライアンス（compliance）と呼ぶ．すなわち，原因としての力，結果としての変形を関係づけるものである．

この力の作用点や方向および変形を測る点や方向は，任意に選んでかまわない．この逆数は一般に剛性（stiffness, k）と呼ばれ，もし F が周期的に変動するダイナミックな力の場合にはこの逆数を動剛性（dynamic stiffness）と呼ぶ．この例では入力は力，出力は変位であったが，もし入力にねじりモーメント M，出力の変形としてねじれ角 θ が問題になるのであれば，θ/M はねじりコンプライアンスと呼ばれ，基本的には上述と同じである．この変形 X や θ は小さいほど良いので，コンプライアンスは小さくなければならない．

従来はコンプライアンスの代わりに剛性という言葉が用いられてきたが，これは入力（原因）が変形で，出力（結果）が力という関係（$Xk=F$）となり不合理である．一方，コンプライアンスのほうは上述の通り，入力（原因）が力で出力（結果）が変形という関係になるので，設計において用いる概念としてはこのほうが合理的である．

さて，高精度な機械は当然変形を極力小さくしなければならないので，コンプライアンスを小さくするように設計しなければならない．そこで，つぎの設計原理が出てくる．

【設計原理5】 高精度な機械を実現するには，コンプライアンスが小さくなるように設計しなければならない．

8.2 コンプライアンスと断面利用率

機械に組込まれている部材に注目した場合，力による変形を抑えるためにはコンプライアンスの値を小さくすることが必要である．

コンプライアンスは曲げの場合，ヤング率 E と断面2次モーメント I の積 EI の逆数で表わされる．ねじりに対するコンプライアンスは，せん断弾性係数 G と断面2次極モーメント I_p の積 GI_p の逆数で表わされる．したがって，いずれの場合も EI，GI_p が大きくなるように設計すれば力による変形を小さく抑えることができる．

コンプライアンスは2つの因子の積の逆数であるから，コンプライアンスを

表 8.1 ヤング率の比較

材　質	ヤング率(kgf/mm²)
鋳　鉄	1.0×10^4
鋼	2.1×10^4
セラミックス(Al_2O_3)	4.0×10^4
超硬合金	$4.7 \sim 6.0 \times 10^4$

小さくするためには，それぞれの因子を大きくする方策が考えられなければならない．まず，E, G の値の大きい材料を用いることが考えられる．**表 8.1** に示す通り，セラミックスや超硬合金のヤング率は，従来よく使用される鋼や鋳鉄の 2～4 倍の値をとるので，このような材料を適材適所に用いればよい．

ただし，材料によっては，引張応力や衝撃荷重に対して弱いものもあるので，使用する際注意しなければならない．

【系 1】 コンプライアンスを小さくするには，ヤング率やせん断弾性係数の大きな材料を用いなければならない．

コンプライアンスを左右するもう 1 つの因子である I と I_p は，部材の形状に関する量である．形状は大きければ大きいほどコンプライアンスは小さくできるが，機械の重量は増えて扱いにくくなるし，逆に自重による変形も大きくなる．材料を使用する量も多くなるから当然コストも高くなる．そこでできるだけ断面積が小さく（これは重量が軽くなることを意味する），しかも I や I_p が大きくなる形状を考えなければならない．このような考え方を，断面利用率の高い断面形状を採用するという．

たとえば，**図 8.2** に示すように中実円形断面の軸を曲げに使うと，中心軸付近は応力が小さく，面積が有効に利用されていないことがわかる．それを，I 型やみぞ型断面形状に変えれば断面利用率が向上する．

ねじりの場合も中実円形断面は中央部の応力が小さく，断面が十分利用されていないので，外径は少し大きくなるが中空円形断面に変更するのがよい．

ねじりの場合，開いた断面ではなく閉じた断面を用いるのが原則である．たとえば，**図 8.3** に示すように，同じ断面積（$A = 27\,cm^2$）でありながら開いた断面と閉じた断面の断面 2 次極モーメントを比較すると，閉じたほうが開いた場合の約 62 倍も断面 2 次モーメントを大きくでき，したがって，断面利用率

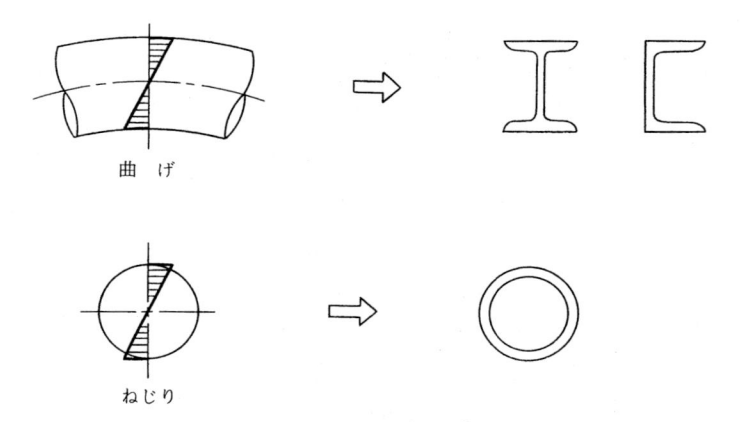

8.2 コンプライアンスと断面利用率

図8.2 断面利用率の向上法

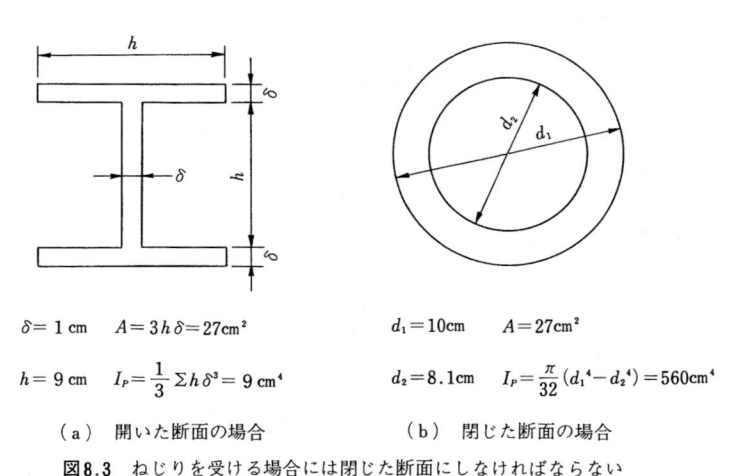

$\delta = 1$ cm $A = 3h\delta = 27\text{cm}^2$

$h = 9$ cm $I_P = \dfrac{1}{3}\Sigma h\delta^3 = 9\text{ cm}^4$

$d_1 = 10$ cm $A = 27\text{cm}^2$

$d_2 = 8.1$ cm $I_P = \dfrac{\pi}{32}(d_1{}^4 - d_2{}^4) = 560\text{cm}^4$

（a）開いた断面の場合　　　（b）閉じた断面の場合

図8.3 ねじりを受ける場合には閉じた断面にしなければならない

が高くなる[1]．

ねじり負荷がかかるときに，設計上どうしても閉断面にできない場合がある．その場合，図**8.4**の(a)に示すようにリブを中央に通しただけでは，その I_p はあまり効果が上がらない．

その場合，I_p は次式で求められる．

$$I_P = \frac{bc^3}{3} + \frac{h\delta^3}{3}$$
（a）中央にリブを通した場合

$$I_P = \frac{bc^3}{3} + \frac{h^3\delta}{3}$$
（b）斜めにリブを付けた場合

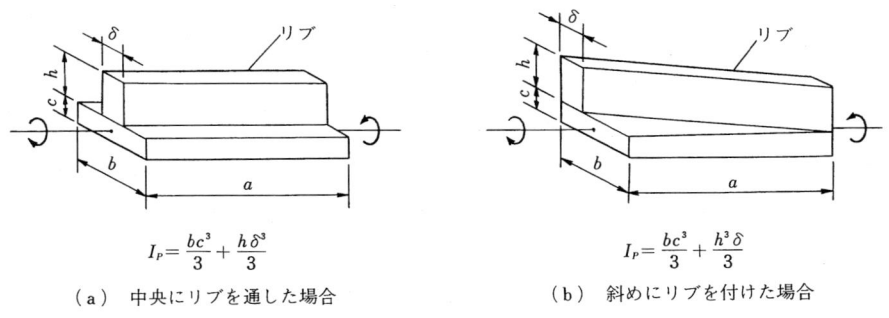

図8.4 ねじりを開断面で受ける場合リブを斜めに付けるのがよい

$$I_p = \frac{bc^3}{3} + \frac{h\delta^3}{3} \quad \cdots\cdots\cdots\cdots\cdots\cdots\cdots (8.1)$$

これではリブの厚さ δ のほうが3乗になって，厚さ方向にしか効いてくれない．一方，同図(b)のように，斜めにリブを通すと，ねじり荷重を受けたときこのリブは曲げ荷重を受けるかたちになり，断面2次極モーメントが著しく向上する[1]．すなわち，その場合の I_p は，

$$I_p = \frac{bc^3}{3} + \frac{h^3\delta}{3} \quad \cdots\cdots\cdots\cdots\cdots\cdots\cdots (8.2)$$

となり，高さ h（こちらのほうが一般に δ より大きくとれる）が3乗で効いてくるので，ねじり剛性が大幅に向上する．このように断面の選び方を工夫すると，断面利用率が大幅に向上できることを知らなければならない．

【系2】 コンプライアンスを小さくするには，断面2次モーメントや断面2次極モーメントを大きくするだけではなく，断面利用率も高くしなければならない．

8.3　力線の最短化

もう1つ重要な概念は，力線の長さである．ある力が機械の内部に作用すると，力がその機械内部を伝わって反作用力として前の力と対抗する．たとえば，工作機械の場合では加工点における切削力が工具→工作機械→工作物と伝わっ

8.3 力線の最短化

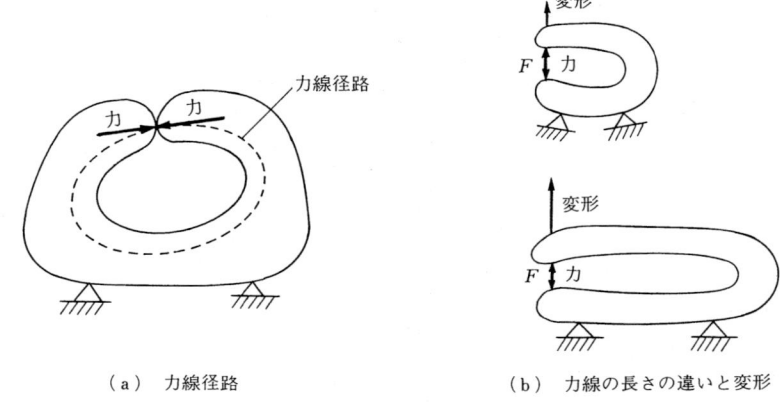

(a) 力線径路

(b) 力線の長さの違いと変形

図8.5 力線の長さは短かいほど良い

ツガミのマシニングセンタの場合(上面図) 　　一般横型マシニングセンタの場合(正面図)

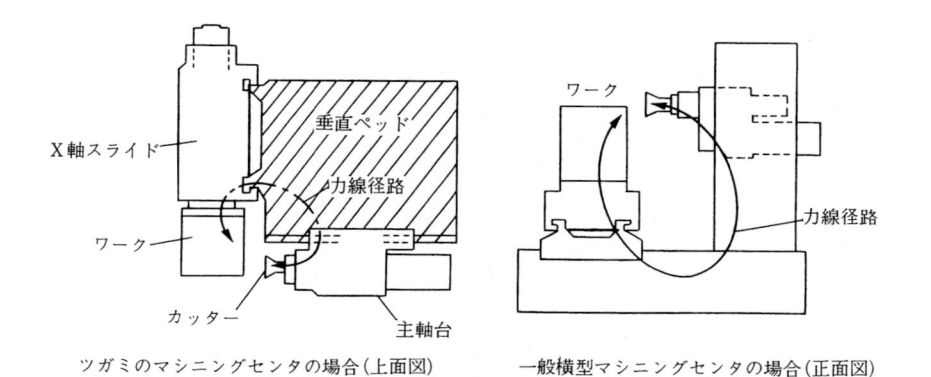

図8.6 力線径路を短かくしたマシニングセンタの例

てループを閉じて元に戻ってくる．モデル化して示すと，図8.5(a)に示すように力線径路が機械内部に形成される．

　この力線径路の長さは，短かいほど機械に生ずる変形が小さくなるから高精度な機械としては好ましい．同じ材料，同じ断面形状の部材の場合，曲げ変形でもせん断変形でもねじれ変形でも，全体の部材の変形は各部の変形の累積したものであるから，同じような荷重で同じような部材断面形状(大きさも含む)

の場合,部材は短かいほど累積した変形も小さくなるからである.たとえば,同図(b)で同じ力 F が作用しても,力線の長さの長いほうが当然大きく変形する.

図 8.6 はマシニングセンタの場合であるが,一般の横型マシニングセンタは図の右側のような構造になっており,その力線径路は長くなっている.したがって,精度が出しにくい.一方,ツガミのマシニングセンタは同図の左側のように,力線径路を極端に短かくなるように設計し,高精度な加工を可能にしている.

もちろん,加工物の形状が大きくなると一般的なマシニングセンタの構造にしなければならない場合も出てくるが,小物の加工物の場合には従来の構造にとらわれる必要はなく,このように力線径路を極端に短かくした構造にするのが良い.

【系3】 コンプライアンスを小さくするためには力線径路を短かくしなければならない.

8.4 予圧によるコンプライアンス最小化

ここでは,転がり案内の例で予圧によるコンプライアンス最小化の考え方を

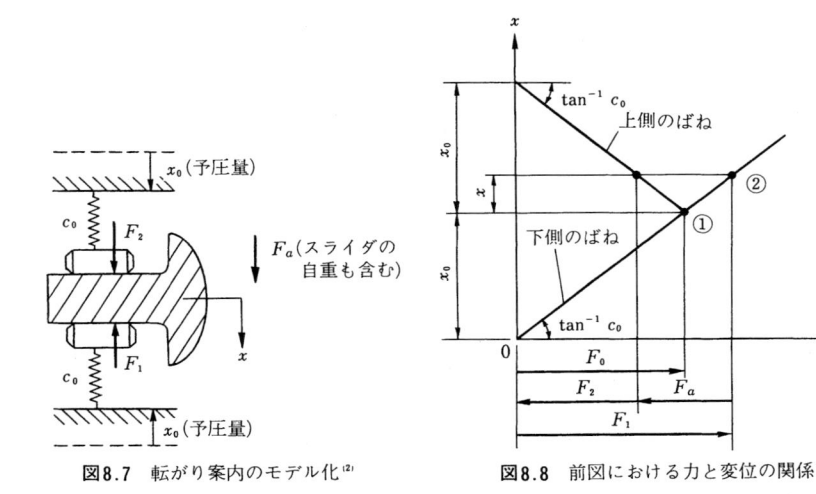

図8.7 転がり案内のモデル化[2]　　　　**図8.8** 前図における力と変位の関係

学ぶ[(2)].

　転がり案内をモデル化すると，**図8.7**のようになる．ここでは上側，下側とも同じ軸受を用いるとしている．いま自重を考えないで（後で外力の一部として扱える），x_0だけ圧縮して組立てたとする．こういう状態を予圧を与えるという．

　この転がり案内の変位と力の関係を**図8.8**に示す．点①の状態は，予圧が加えられ，しかも自重が働いていないで釣合っている状態を示している．ばねは上下ともx_0だけたわんで，力F_0で上下から押し合っている．

　この状態のときに自重も含めた外力F_aが働くとxだけ変位する．図8.8でx変位すると状態①から②に移る．ここでは，

$$F_1 = F_a + F_2 \quad\quad\quad\quad (8.3)$$

となる．このときの上下の案内を合わせたコンプライアンスcは，力の増加F_aに対してxだけ変位したわけであるから，個々の案内のコンプライアンスをc_0とすると，

$$c = \frac{x}{F_a} = \frac{c_0 \cdot F_a/2}{F_a} = \frac{c_0}{2} \quad\quad\quad\quad (8.4)$$

と求まる．下側の案内だけならそのコンプライアンスはc_0でしかないが，余計だと思われる上側の案内を追加して予圧をかけると，このようにコンプライアンスを下だけの場合の半分に下げられる．したがって，予圧をかけるということは大切である．

　この予圧は転がり軸受の場合，軸受の寿命も延ばす効果がある．**図8.9**で，

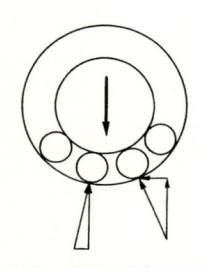

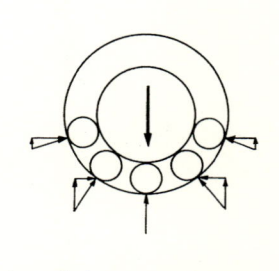

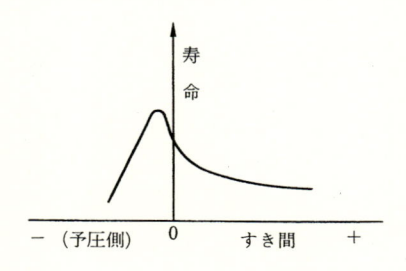

（a）すき間を与えた場合　　（b）予圧を与えた場合　　（c）寿命とすき間の関係

図8.9　予圧を与えたほうが寿命は長くなる

もし軸受に予圧がかかっていないと同図(a)のように荷重 F を分担する転動体の数が少ない．ここで予圧をかけると，(b)のように荷重を分担する転動体の数が増えて，同じ荷重のもとでは転動体1個にかかる負担がかえって小さくなるので同図（c）に示すように寿命が延びる．

この考え方は，静圧案内でも同じである．すなわち，静圧案内も上下に設けると上記と同じ予圧効果をもたらし，コンプライアンスを半分にできる．以上のことから，つぎの系が得られる．

【系4】 予圧を与えるとコンプライアンスを下げられる．

8.5 静圧案内におけるコンプライアンス最小化

ここでは案内のうちの静圧案内について，コンプライアンスの最小化をどのようにすればよいかを考えてみる．静圧案内は一般に図 **8.10** のような構造になっている．

一般に流体としては油（近似的に非圧縮性流体）や空気（圧縮性流体）が使用されるが，ここでは油圧の静圧案内を考える．ある圧力をもった油がスライ

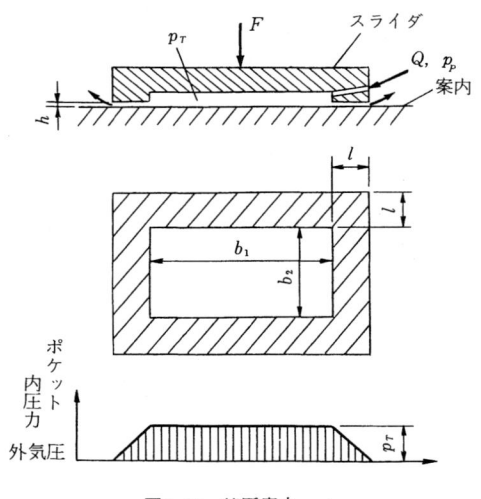

図8.10 静圧案内

8.5 静圧案内におけるコンプライアンス最小化　115

ダのポケットに供給され，スライダと案内の間のすき間 h を通って外部に排出される．スライダは，その下面に存在する油の圧力によって支えられる．案内やスライダの対向面はすき間 h より小さい仕上面粗さ，うねり，平面度に仕上げられていなければならない．この静圧案内には，定吐出量方式，固定絞り方式，自動可変絞り方式の3つの方式があるが，以下これらについて説明する．

8.5.1 定吐出量方式[2]

この方式の回路は図 8.11 のようになっている．ここで，流量 Q が一定の場合を定吐出量方式と呼ぶ．すなわち，すき間の大きさの変化に関係なしに一定の流量が流される方式である．この方式では，1個のポケットに1台の油圧ポンプが必要となる．なぜなら，1台の油圧ポンプで複数のポケットに並列に油圧を供給すると，たとえば，1ヵ所負荷が大きくなってそこのすき間 h が小さくなると，流量抵抗が大きくなって油はますます流れにくくなり，ほかの流れやすいほうにどんどん流れてしまうので，前者は瞬時に固体同士接触してしまう．

すなわち，何ヵ所も独立したすき間が存在するということは，非常に不安定な系を構成することになる．そこで，各ポケットに一定の流量の油を強制的に流せるように1台ずつポンプを用意する．

この場合の流量 Q，すき間 h およびポケット圧力 p_r（ポンプ圧 p_p に等しい）との関係はつぎのようになる．

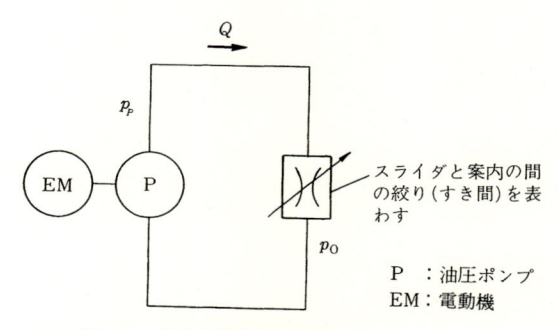

図 8.11　定吐出量方式静圧案内のモデル

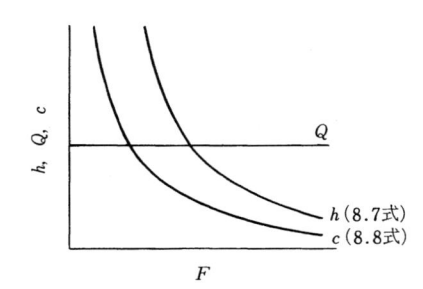

図8.12 定吐出量方式の場合の支持能力 F に対する流量 Q, すき間 h, コンプライアンス c の変化

$$p_T = \frac{Q}{kh^3} \quad \cdots\cdots\cdots (8.5)$$

ここで, k は定数である. 一方, 支持能力 F は, 有効受圧面積を $A_e \fallingdotseq (b_1+l)(b_2+l)$ とすると,

$$F = p_T A_e = \frac{A_e Q}{kh^3} \quad \cdots\cdots\cdots (8.6)$$

と表わせる. したがって,

$$h = \sqrt[3]{\frac{A_e Q}{kF}} \quad \cdots\cdots\cdots (8.7)$$

という式を得る. したがって, その案内の面に直角方向のコンプライアンス c は, 次式で求まる.

$$c = \left| \frac{dh}{dF} \right| = \frac{1}{3} \sqrt[3]{\frac{QA_e}{k}} F^{-\frac{4}{3}} \quad \cdots\cdots\cdots (8.8)$$

これらの関係式を, 横軸に支持能力 F をとって示すと**図8.12**のようになる. この図から明らかな通り, この案内は負荷が増えるとすき間が小さくなる. しかし, その変化は (8.7) 式によると F の1/3乗でしか効かないので変化の割合は小さい. しかも, (8.8) 式によれば, すき間が小さくなるとコンプライアンスはさらにその4乗で効くからコンプライアンスも小さくなり, 加わる力に対する変位量は非常に小さくなる.

h の設計点 (最大荷重がかかったときのすき間 h) をできるだけ小さく設定すれば, 変位の少ない優れた静圧案内が作れる. この方式は, 精密な案内に適

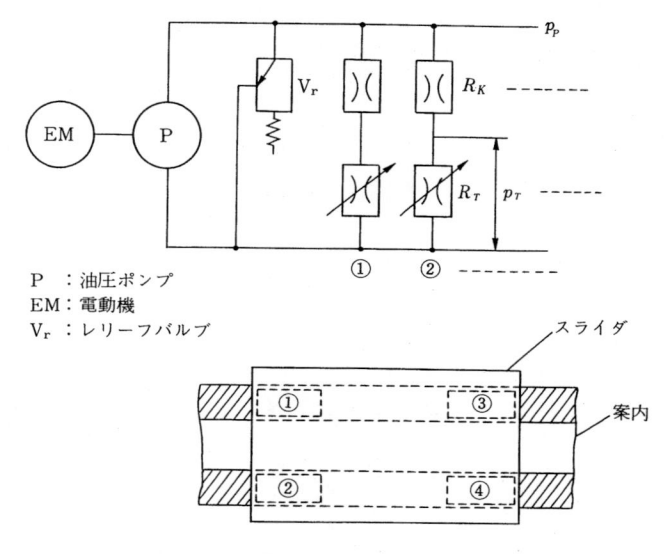

8.5 静圧案内におけるコンプライアンス最小化　117

図8.13　固定絞り方式静圧案内のモデル

している．しかし，1つのポケットにポンプを1台ずつ用意しなければならないのでコストがかさむ欠点がある．

8.5.2　固定絞り方式[2]

固定絞り方式の油圧回路図を**図8.13**に示す．固定絞り方式の特長は複数のポケットがあっても，油圧供給用のポンプは1台でよいということである．そのためには，前節で述べた不安定さを解決するために各ポケットの直前に絞りを設け，それを通って油がポケットに流れるようにしなければならない．

性能的には定吐出量方式に劣るが，設計の仕方によってはこれに迫る性能が出せる．ポケットがたくさんある場合には当然，固定絞り方式のほうがずっと安くできる．

絞りには，**図8.14**に示すような方式がある．(a)の毛細管型絞りは最もコストの安い単純な構造であるが，ごみが詰まりやすいことが1つの欠点である．これに対する対策としては，この絞りをメインテナンスのためにアクセスしやすいところに設置することである．もう1つの欠点は，絞り量が変えられないということである．あとで絞りを調整したいときには，不向きである．

第8章 コンプライアンスの原理

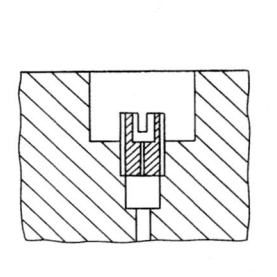

(a) 毛細穴型絞り
　　調整不可，ごみ対策が必要

(b) テーパ面型絞り
　　調整可，ごみに強い

図8.14 絞りの種類

　一方，(b)のテーパ面型絞りは，前の形式に比べてごみが詰まりにくく，組込んでからでも絞り量を調整できるなどの特長があって使いやすい．

　この静圧案内の特性を調べるには，絞りを通過する流量を調べなければならない．図8.13の1つのポケットに対して，図8.14(a)の毛細管型絞りを用いた場合の流量 Q_K は，絞り前後の差圧 Δp を，

$$\Delta p = p_P - p_T \quad \cdots\cdots\cdots\cdots\cdots\cdots\cdots\cdots\cdots\cdots\cdots\cdots\cdots\cdots\cdots (8.9)$$

穴の半径を r_K，穴の長さを l_K，油の粘度を η とすると，

$$Q_K = \frac{\pi r_K^4}{8\eta l_K}\Delta p = \frac{p_P - p_T}{R_K} \quad \cdots\cdots\cdots\cdots\cdots\cdots\cdots\cdots\cdots (8.10)$$

となる．ただし，

$$R_K \equiv \frac{8\eta l_K}{\pi r_K^4} \quad \cdots\cdots\cdots\cdots\cdots\cdots\cdots\cdots\cdots\cdots\cdots\cdots\cdots\cdots (8.11)$$

ポケットを通過する流量 Q_T も，前出の (8.5) 式を用いて，

$$Q_T = k p_T h^3 = \frac{p_T}{R_T} \quad \cdots\cdots\cdots\cdots\cdots\cdots\cdots\cdots\cdots\cdots\cdots\cdots (8.12)$$

とおける．ただし，

$$R_T \equiv \frac{1}{kh^3} \quad \cdots\cdots\cdots\cdots\cdots\cdots\cdots\cdots\cdots\cdots\cdots\cdots\cdots\cdots\cdots (8.13)$$

である．ここで，$Q_K = Q_T$ であるから，

$$p_P - p_T = \frac{R_K}{R_T} p_T \quad \cdots\cdots (8.14)$$

を得る．$p_P A_e$ を F_{max}，$p_T A_e$ を F とおくと，

$$F_{max} - F = \frac{R_K}{R_T} F = R_K k h^3 F = k_1 h^3 F \quad \cdots\cdots (8.15)$$

ただし，$k_1 \equiv R_K k$ である．

$\overline{F} = F/F_{max}$ として支持能力を正規化すると，

$$1 - \overline{F} = k_1 h^3 \overline{F} \quad \cdots\cdots (8.16)$$

$$h = \left(\frac{1-\overline{F}}{k_1 \overline{F}}\right)^{\frac{1}{3}} \quad \cdots\cdots (8.17)$$

となる．

コンプライアンス c は上式を $\overline{F}$ で微分して，

$$c = \left|\frac{dh}{d\overline{F}}\right| = k_2 \frac{1}{\{(1-\overline{F})\,\overline{F}^2\}^{2/3}} \quad \cdots\cdots (8.18)$$

を得る．ただし $k_2 \equiv \dfrac{1}{3\,k_1^{1/3}}$

つぎに（8.14）式から，

$$\frac{p_P}{R_T + R_K} = \frac{p_T}{R_T} = Q_T = Q_K \quad \cdots\cdots (8.19)$$

したがって，これを Q とおくと，

$$Q = \frac{p_P}{R_T + R_K} = \frac{p_P}{\dfrac{1}{kh^3} + R_K} \quad \cdots\cdots (8.20)$$

となる．もし $R_T \ll R_K$ となるように設計すれば，

$$Q \fallingdotseq \frac{p_P}{R_K} = \text{const} \quad \cdots\cdots (8.21)$$

となり，定吐出量方式に近付く．しかしここでは，Q を一定に近付けることよりも，c を小さくすることに注目して設計しなければならない．

この固定絞り方式の特性は**図8.15**のようになる．この方式は前の方式より

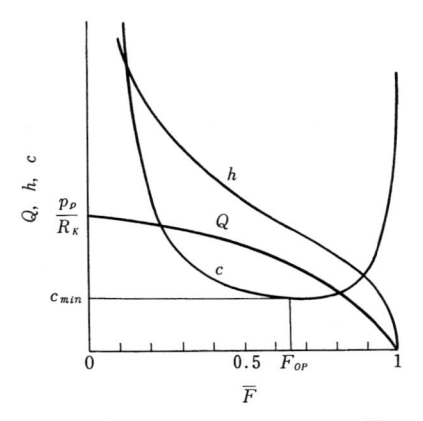

図8.15 固定絞り方式の場合の支持能力 $\overline{F}$ に対する流量 Q，すき間 h，コンプライアンス c の変化

劣るが，できるだけコンプライアンスの低いところで使用するように設計して，性能を向上させなければならない．図8.15と図8.12と比較すると，定吐出量方式は案内面を高精度に仕上げて h を小さくすれば c をいくらでも小さくできるが，固定絞り方式ではコンプライアンスの大きさは c_{min} 以下にはできないということから明らかな通り，定吐出量方式よりは性能が劣る．

8.5.3 自動可変絞り方式

以上の方式は負荷の変動があると，どうしても変位の変動が生じてしまう．すなわち，コンプライアンスは必ずゼロより大きな値をとる．しかし，コンプライアンスをゼロに，すなわち負荷変動に対して変位の変動が生じないようにできないだろうか．もちろん，どんな負荷でもそのようにすることは技術的に不可能であるが，負荷範囲を限れば，コンプライアンスを無限に小さくゼロに近付けることができるのである．

(8.7) 式と (8.5) 式に戻って考えてみる．それらをここに書き変えると，

$$h^3 = \frac{A_e}{k} \cdot \frac{Q}{F} \quad \cdots\cdots\cdots\cdots\cdots\cdots\cdots\cdots\cdots\cdots\cdots\cdots\cdots\cdots (8.22)$$

$$p_T = \frac{Q}{kh^3} \quad \cdots\cdots\cdots\cdots\cdots\cdots\cdots\cdots\cdots\cdots\cdots\cdots\cdots\cdots\cdots\cdots (8.23)$$

となる．A_e/k は定数である．そこで，もしいま F が増減したときに，それに

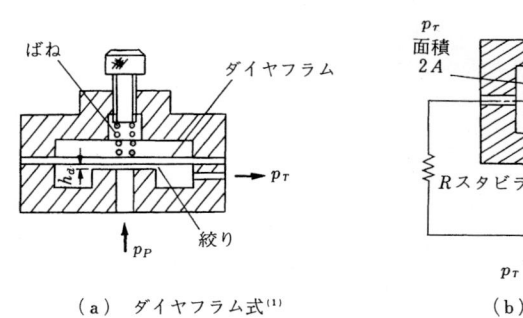

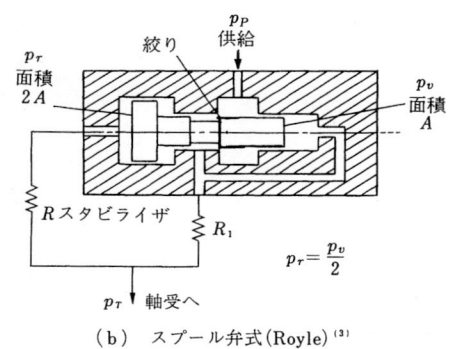

8.5 静圧案内におけるコンプライアンス最小化 121

図8.16 自動可変絞り
(a) ダイヤフラム式[1]
(b) スプール弁式(Royle)[3]

比例して Q も増減できるように絞りを自動可変にできれば，すなわち Q/F を常に一定に制御できれば，スライダと案内の間のすき間 h は変化しないことになる．このような制御を可能にするように考えられたのが，自動可変絞り弁である．具体的例を図8.16に示す．

同図(a)のダイヤフラム式では，負荷 F が大きくなると (8.22) 式の関係から，h が小さくなろうとする．そうすると (8.23) 式の関係からポケット圧 p_r が高くなる．その結果，ダイヤフラムが押し上げられて，すき間 h_d が広がり油が多く流れて Q が増えるから，けっきょく，Q/F が常に一定になるように制御できる[1]．

同図(b)のスプール弁式も同様で，F が増加して p_r が高くなると p_r のほうが高くなり，(p_v のほうはポンプからの圧力 p_P に等しいのでほとんど変わらない)，スプールが右に押されると図の絞りのすき間が開いて油が多く流れるようになる[3]．このような弁を用いれば，負荷が変動してもほとんど変位しない．すなわち，コンプライアンスの非常に小さい静圧案内が実現できる．しかし，ダイヤフラムを押しているばねの強さとか，スタビライザ R の値をうまくとることに手間がかかるようである．このように，案内では他の種類（たとえば磁気軸受など）の案内でも，制御によりコンプライアンスを非常に小さくできる．ある使用範囲に限ればゼロにすることもできる．

以上のことから，以下の系を得る．静圧案内の定吐出量方式ではすき間を小

さくとるほどコンプライアンスを小さくできるが，固定絞り方式ではコンプライアンスを最小にするすき間の値（使用範囲）がある．

【系5】 制御を利用すると，案内のコンプライアンスを非常に小さくできる．

参 考 文 献

(1)　E, Saljé：Elemente der spanenden Werkzeungmaschinen,Carl Hanser Vevlag
(2)　(1)で述べられている内容をコンプライアンスの概念でまとめ直したものである．
(3)　J. K. Royle,他：Proc. Inst. Mech. Engrs. 176, 1962

第9章

熱変形最小化の原理

9.1 原 理

　高精度な機械を作る基本は，あらゆる負荷の変化，環境の変化に対して機械に変形を生じさせないことである．機械に変形を生じさせる原因には多くのものが考えられるが，その1つとして熱がある．そこで，本章で述べる設計原理はつぎのようなものである．

　【設計原理6】　高精度な機械を実現するためには，熱変形を最小にしなければならない．

　この原理は高精度な機械を実現するときには，熱変形がどうなるかということを常に注意しなければならないことを指摘している．熱による変形は一般には小さな値であるので見落とされがちであるが，実は誤差の大きな部分を占めている場合が多いのである．

　熱変形は熱を受けると膨張するという材料の性質によるが，その性質は線膨張係数という特性によって表わされる．線膨張係数を α，長さを L，温度変化を ΔT とすると，その温度変化によるその材料の伸び（減少する場合もある）ΔL は，つぎの式で求められる．

$$\Delta L = \alpha \Delta T L \quad \cdots\cdots\cdots\cdots\cdots\cdots\cdots\cdots\cdots\cdots\cdots\cdots\cdots\cdots\cdots\cdots \quad (9.1)$$

　線膨張係数は一定の値ではなく，そのときの温度によって変わることに注意しなければならない．この式から明らかな通り，たとえば，1mの鋼が1℃温

度上昇すると20℃近辺での線膨張係数 α は $12\times10^{-6}/℃$ であるから $12\,\mu m$ 伸びるということになる．このように熱変形は確かに小さな値にみえるが，高精度な機械，たとえば運動精度が $1\,\mu m$ 以下を狙うなどという場合には，$12\,\mu m$ というのは大変大きな変形量である．しかも，この熱膨張はたったの1℃の温度変化によって起こるのである．この場合で変形を $1\,\mu m$ 以下に抑えなければならないと仮定すると，実に温度変化は約0.08℃以下に抑えなければならない．このように高精度な機械を実現する場合には熱変形問題が重要になる．

上式から明らかな通り，熱変形をゼロにするにはまず温度変化を生じさせる機械系内部での熱の発生をゼロにすることが重要である．それができないときは，その発生した熱を冷却などの手段を用いて機械の外に速やかに排出するか，熱が機械に伝わらないようにする．それも不可能で，どうしてもある温度変化 $\varDelta T$ が生じてしまう場合には，線膨張係数 α がゼロもしくは非常に小さい材料を用いることである．α もある程度以下にはならず，どうしても熱変形を目標値以下にできないときは，最後の手段として制御によって熱変形を小さく抑えるようにする．この件については，後の補正の原理の章で述べる．

さらに，対称構造にすることも有効な手段となりうる．これらについては，以下に詳しく説明する．

9.2 熱源分離

熱変形の原因となる熱源は，機械の内・外に存在する．その熱源の強さ・位置，また熱の伝わる経路の熱特性（熱伝導率），放熱特性（熱伝達率）などが詳しく決定できれば，設計段階から構造的に，もしくは制御技術を用いてその機械の重要な部位の熱変形を最小もしくはゼロに抑えることが可能となる．電子計算機を使用して，有限要素法を適用すれば，かなり現実に近い形状についても熱変形を計算することは可能である．しかし，実際に機械が使用される状態の変化は無限にあり，したがって，熱源の時間に対する変化のパターンも無限にある．しかも熱伝導経路の変化，放熱に関係する熱伝達率の変化も無数に考えられる．また，熱伝導率1つをとっても温度の関数となっていることを考えると，とても精度良く熱変形を計算で予測することは不可能に近い．

それでは，高精度な機械を作る場合に機械の熱変形を小さく抑えるためにはどうすればよいかというと，熱源を機械の内部にもたないことである．

【系1】　熱源は機械から分離しなければならない．

熱源の主なものとしては原動機類，すべりや転がり運動部分から発生する熱，油圧系からの熱，加工機械であれば加工エネルギなどがある．このうち，原動機類は機械から分離できる場合もあるが，その他の熱源は機械と分離することはほとんど不可能であるとみてよい．

9.3　熱の機外排出

そうすると，つぎの対策としては機械内部にある熱源から発生する熱量を，できるだけ機外に排出することである．たとえば，研削加工時に研削液を多量にかけてその発生熱を奪って機外に排出するというのも1つの例である．しかし一般に，この研削液は温度コントロールされておらず熱変形には無神経に扱われている．高精度な加工機械を目標とするのであれば，当然，熱交換機（冷凍機）を付けて高精度な温度コントロールをした研削液（切削油剤も同じ）をかけられるように設計しなければならない．

図 **9.1** に示すのは，Bryan らがモータ（熱源の1つ）を機械（超精密旋盤）から分離した上で，他の熱源からの熱を一定温度の油を機械全体にかけて油により除去する方式である．この方式で大切なポイントは，かける流体の温度を厳密に一定に保つことである．この流体の温度が変動しては，意味がなくなる．流体の温度を一定に保つ制御技術で大切なことは，図中の熱交換機の冷却側の温度を一種の「温度基準」とみなして，正確に一定温度に保つことである．図の例では，$50 \pm 1°F$ に保たれている．こうすることにより，2次側の油は，$68 \pm 0.01°F$（$20 \pm 0.006°C$）に保たれるのである．さらに，機械の発生熱量が最大になっても，機械の重要な部分の温度変化が許容値以下になるように十分な容量の流体をかけることである．図の例では，毎分40ガロン（約151ℓ）という大量の油を流している．

高精度な機械では，高い回転精度が実現しやすいということで静圧軸受がよく用いられる．静圧軸受は，その流体として一般に油か空気が用いられるが，

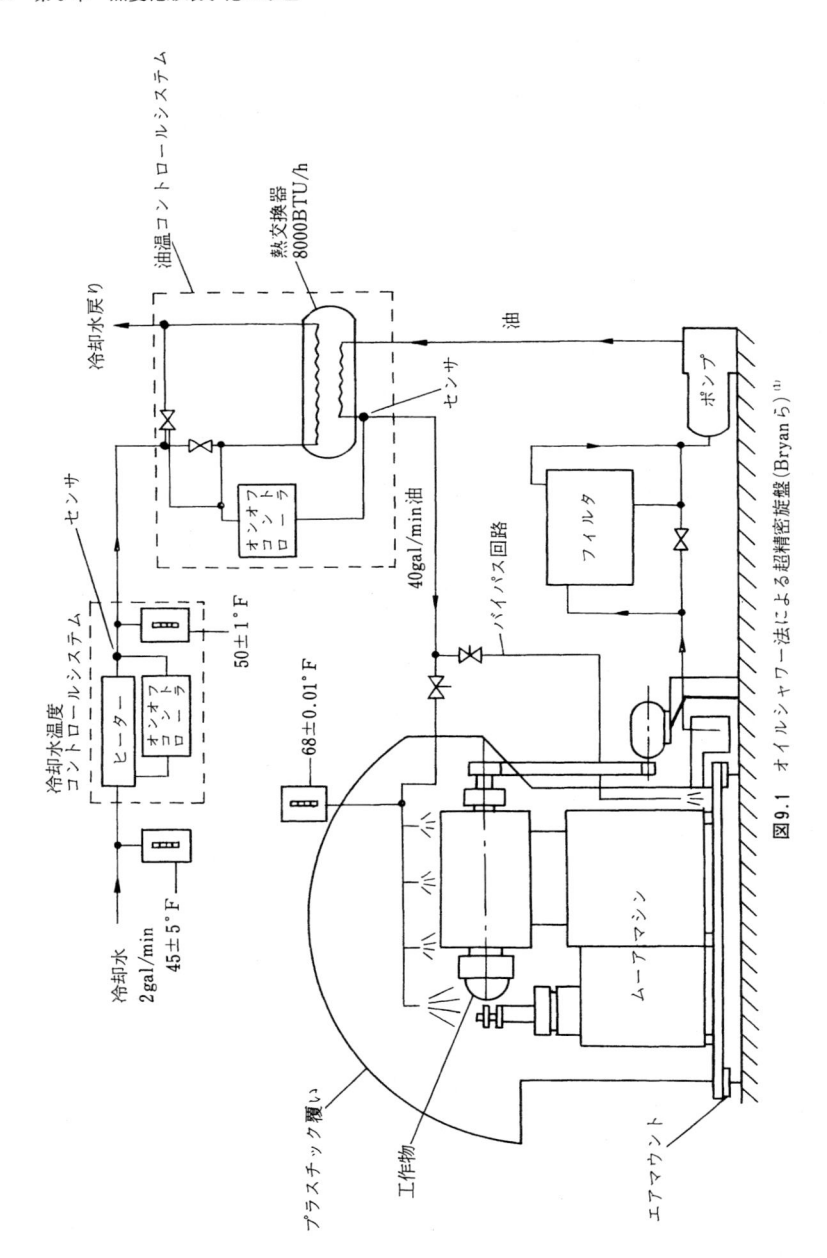

126　第9章　熱変化形最小化の原理

図9.1　オイルシャワー法による超精密旋盤 (Bryan ら)[1]

油のほうが軸受のコンプライアンスを小さくできるという特長がある．しかし，軸受流体として油を用いると，油がせん断を受け，粘性が高いのでここで発熱する．この発生熱により油温や軸・軸受の温度が上昇して熱変形を生じるので，油を用いた静圧軸受の場合，油の温度管理は重要である．この油の温度を厳しく抑えないと，高精度な機械を実現できない．

熱をできるだけ速やかに，しかも十分に機外に排出させているもう1つの好例は，安田工業の工作機械の設計にみられる[2]．

図 9.2 において，熱対策は主軸・ボールスクリュー用ベアリングの熱排出が第1点である．すなわち，潤滑油兼用の冷却オイルが主軸頭およびボールスクリュー用ベアリングから熱を奪い，さらに冷却装置でその熱を受取って機外に排出する．これによって，主軸やボールスクリューの熱変形を最小限に抑えることができる．この際，冷却油は主軸頭内には貯めずに，速やかに外部タンク

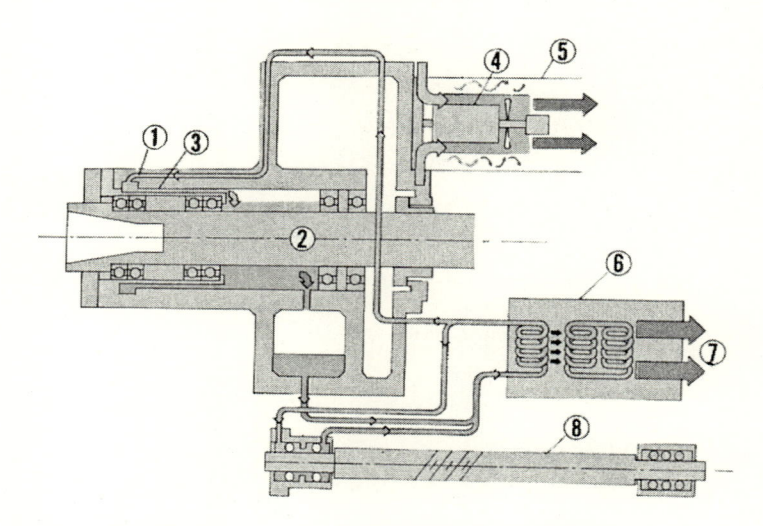

① クーリングオイル
② 主軸
③ ジャケットクーリング機構
　　主軸での発熱を主軸頭に伝えない
④ 主軸モータ
⑤ ステンレス製遮熱筒
　　(輻射熱の発散防止)
⑥ 主軸頭油冷却装置
⑦ 熱交換
⑧ ボールスクリュー冷却機構

図9.2　YASDAの主軸頭及びボールスクリュー冷却

に回収する．それと同時に，冷却装置で冷却して戻す油の油温を室温に対して±1℃以内にコントロールしている．

　安田工業の工作機械のもう1つの熱対策は主軸モータをステンレス製遮熱筒で覆い，モータの輻射熱がコラムなどに伝わって熱変形を起こすことを防いでいる．筒の中は，強制空冷によってモータから発生する熱を機外に排出している．

　以上のような対策により，機械の主要部（主軸と主軸頭）の熱変形を最小に抑えて，機械の高精度化を図っている．

　もう1つの例を示そう[3]．前にも紹介した国立ローレンスリバモア研究所で開発した大型光学ダイアモンド旋盤（LODTM）でも，熱による誤差排除のために細かい設計的配慮をしている．すなわち，LODTM はカバーで覆われており，この内部の空気温度は 20±0.010℃ に保たれている．LODTM の計測フレームはスーパーインバー（次節参照のこと）で構成されており，この計測フレームの周りを中空のシェルで囲み，シェルの中を 20±0.001℃ の温度に保った水が流れるようにしてある．主軸ベアリングのハウジングには，正確に温度コントロールした水が流れる冷却水路が付いており，これでベアリングの発生する熱が重大な変形を起こす前に取り除かれる．

　このような設計的配慮の結果，24時間中の熱変形による最大ドリフトは，25 nm 未満である．

　以上のことから，つぎの2つの系を得る．

【系2】 機械の内部に発生した熱は，速やかに機外に排出しなければならない．

【系3】 機械内部に発生する熱を除去する手段としての流体の温度は，一定でなければならない．

　熱の移動には二通りの方法がある．前述したとおり1つは熱伝導であり，熱伝達もこれに含める．もう1つは熱放射である．上記の安田工業の工作機械の例では，第1の対策は熱伝導により伝わる熱を除去することが目的であり，第2点は熱放射による伝熱を防ぐことが目的である．熱放射による熱の移動は見落とされることが多いので，注意しなければならない．照明などからの熱の授受はもちろんのこと，機械の側に立つ人間からの熱放射でも，許容値を越える

温度変化する場合があるので注意しなければならない．

9.4 ゼロ膨張材料

　以上の対策を施しても，どうしても温度変化の発生が予測される場合はどうするかというと，その予測される温度変化に対処するつぎの手は，熱膨張係数がゼロもしくはできるだけ小さい材料を選択して用いることである．そのような材料として，どのようなものがあるかというと，主なものを図9.3に示す．

　同図は，アリゾナ大学で測定された各種材料の線膨張係数を比較したものである[4]．Zerodur（Schott社），Cer-Vit（Owens-Illinois社），クリストロン（HOYA）がゼロ膨張結晶化ガラス（ガラスセラミックという場合もある），ULE（Corning社）は Sio_2- Tio_2 系のガラス，Homosil（Hereaeus-Schott社）と7940（Corning社）は溶融石英，Invar LR-35，Super Invarは低膨張合金である．この図を見ると，Zerodurとかクリストロンという材料が広い温度範囲で線膨張係数の低い材料であることがわかる．

　ただ，抗折強度がせいぜいガラスの2～3倍（13 kgf/mm²）といった低い値であり，しかもぜい性材であるので衝撃負荷の大きなところには使えない．

　ガラスセラミックを，リングレーザジャイロに用いた例を図9.4に示す[5]．レーザジャイロとは，図のように三角形のブロック中にあけた穴の中をレーザ

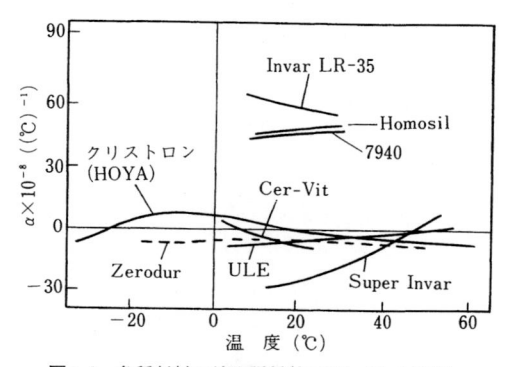

図9.3　各種材料の線膨張係数（アリゾナ大学）[4]

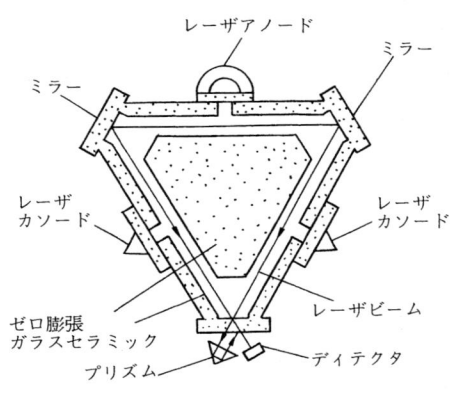

図9.4 ゼロ膨張ガラスセラミックを用いたリングレーザジャイロ[5]

を両方向に回わす．このジャイロ自身が回転すると，それに伴なって右回りと左回りのレーザ光の間に位相差が生じる．これをサニャック（Sagnac）効果という．これを利用して角速度検出を行ない，各種航空機やロケットの角速度センサとして用いられている．この精度を向上させるためには，図のガラスブロックの熱変形をできるだけ小さく抑える必要がある．さらに，封入したガスの透過が少ないことも１つの理由となって，ゼロ膨張のガラスセラミックが用いられることがある．

ゼロ膨張ガラスセラミックを利用したもう１つの例は，豊田工機の超精密平面研削盤（**図 9.5** 参照）である[6]．この研削盤は，セラミック製部品を微小切込みで超精密な研削をすることを目的として作られた．この研削盤には，本書で述べる原理に合う多くの配慮がなされているが，ここでは熱変形に対する配慮のみについて述べる．

まず，主軸に静圧軸受を用いているので，そこで発生する流体の熱を熱交換機で除去して油温を室温に対して±0.1℃（製作後の実測値は±0.03℃）にコントロールしている．主軸にゼロ膨張材料を用いないときには，この温度制御範囲では高精度な加工ができなかった．

同社では以前CNC超精密旋盤を開発した際に，主軸潤滑油の温度を上と同じ±0.1℃に制御して加工したところ，平面度の干渉縞に**図 9.6** のような振幅 $0.15\,\mu m$ の縞ができてしまったと報告されている．調べたところ，この縞の

9.4 ゼロ膨張材料　131

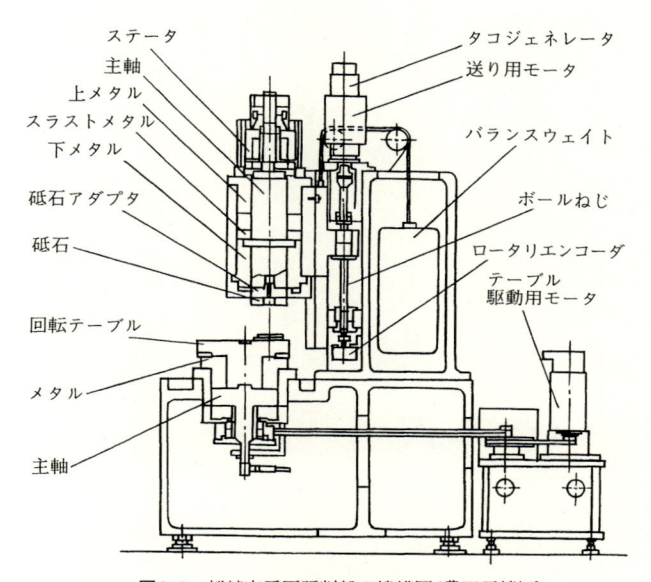

図9.5 超精密平面研削盤の機構図(豊田工機)[6]

ラベル：ステータ、主軸、上メタル、スラストメタル、下メタル、砥石アダプタ、砥石、回転テーブル、メタル、主軸、タコジェネレータ、送り用モータ、バランスウェイト、ボールねじ、ロータリエンコーダ、テーブル駆動用モータ

図9.6 ±0.1℃で主軸潤滑油を温度制御したときの加工面の干渉縞(縞間隔0.3μm)[6]

　周期はポンプユニットの出口の油温±0.1℃のサイクルと完全に一致した．すなわち，温度変化が±0.1℃もあるとこのような縞が現われる．そこで油温制御範囲を±0.02℃に向上させたところ，このような縞が消えて0.03μmの平面度が達成された．

　したがって，この研削盤の軸受の潤滑油温度制御範囲が±0.1℃というのは以前の経験からすると不十分であるが，この研削盤ではその代わりに主軸にゼ

ロ膨張材料を用いた．ここで用いたのはSchott社のZerodur相当品で，日本電気硝子のネオセラムN-Oで製作した．ガラスセラミックは，加工中にクラックが入りやすいので研削加工時間を短縮するために，ネオセラムN-Oを1,700℃に溶解した後，金型に鋳造して素材を製作している．

主軸の構造を図9.7に示す．この結果，砥石軸の熱変位は回転数3,000 rpmで運転開始10分後から $-1\,\mu m$ の一定値で安定した．この研削盤でVTR用磁気ヘッド材料であるMn-Znフェライト単結晶の(111)面を#3000のレジンダイアモンド砥石で研削したところ，仕上面粗さは R_{max} で $0.015\,\mu m$，平面度 $0.08\,\mu m$ が得られたと報告されている．以上のことから，つぎの系が出てくる．

【系4】 熱変形を最小に抑えるためにはゼロ膨張材料を使用する．

9.5 熱対称性

ある特定な点の熱変位をできるだけ小さく抑える1つの方法は，形状の対称性である．この場合，一般には熱源に対して形状だけを対称にすればよいとの誤解があるようだが，大切なのは形状の対称性だけでなく，伝熱・放熱特性および線膨張係数も対称でなければならない．たとえば，図9.8(a)において形状と伝熱・放熱特性が完全に対称であれば，主軸の位置は熱変形が生じても動かない．しかし，同(b)のように形状は左右対称でも，たとえば放熱特性の悪い板が当てられていたとすると，おそらく主軸中心は図のベクトルの方向に移動してしまうであろう．なぜなら，右のコラムのほうが放熱が悪いと熱がそれだけ

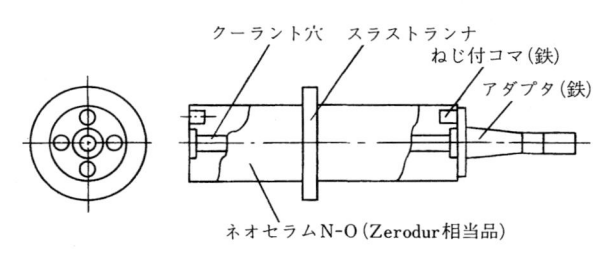

図9.7　ガラスセラミックス製軸の形状（豊田工機）[6]

9.5 対称性の効果

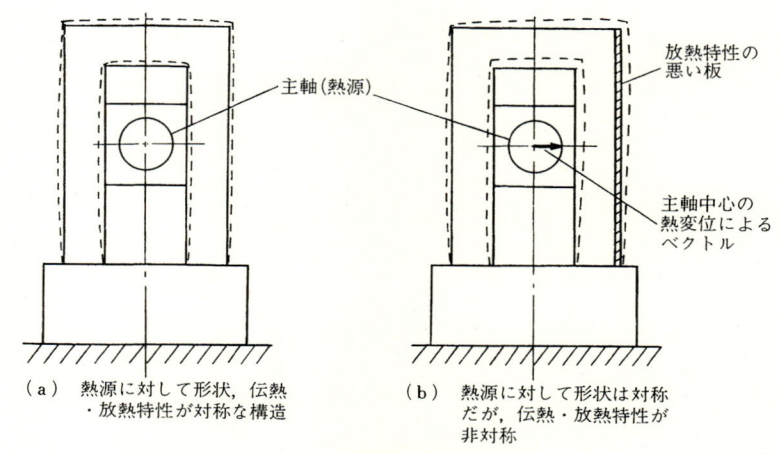

図9.8 (a) 熱源に対して形状,伝熱・放熱特性が対称な構造
図9.8 (b) 熱源に対して形状は対称だが,伝熱・放熱特性が非対称

図9.8 熱源に対して伝熱・放熱特性は対称な構造にしなければならない

蓄積されてより多く熱膨張するからである．

【系5】 熱変位を起こしたくない部分が熱源中心と一致する場合，熱源に対して熱的特性（熱伝導，放熱，線膨張係数）および形状を対称に機械を構築するのがよい．

高精度な機械を実現するには，熱変形最小化の原理は大切である．これの原理を守るためには，機械自身の設計問題のほかに，機械を設置する環境の温度コントロールが大切であることはいうまでもないが，ここでは省略する．

参 考 文 献
(1) Bryan, J. B., Donalson, R. R., Mc Clure, E. R.：SME paper MR 72-138, 1972
(2) 安田工業カタログより
(3) E. R. McClure：3rd IMEC Session II, (1988)
(4) J. W. Berthold III et al.：Applied Optics, Vol. 5, No. 8 (1976)
(5) 相楽弘治：日本機械学会研究協力部会 RC 75，極限加工システムに関する研究成果報告書・III, (1989)
(6) 鈴木　弘：同上

第 10 章

運動円滑化の原理

10.1 原理

　機械には，案内という機械要素をもっている場合がほとんどである．案内はある限られた自由度をもって互いに相対的な運動をする．遊びゼロの原理のところで述べた通り，高精度な機械を作る場合には，案内の要素（移動側と固定側）間に遊びがあってはならない．高精度な機械の案内の性能を左右する，もう1つの重要なファクタは摩擦である．この摩擦が本章の主要なテーマであり，この摩擦をうまくコントロールできていない案内を用いると円滑な運動が実現できず，したがって，高精度な機械が実現できない．

　案内に生じる摩擦に関して重要なことは，まずその値を小さくすることである．ただあまり小さすぎると，送り方向に振動が発生するくせをもつ機械の場合には，いったん振動が発生すると，それがなかなか減衰しないことになる．すなわち減衰能力が悪いことにつながる．この場合，減衰能力を上げるためにダンパーを用いることもできるが，この摩擦を少し残しておいて減衰能力を上げることも可能である．しかし，基本的にはそのようなくせをもたない機械を設計しなければならない．どのように設計すればそのような機械が設計できるかということについては，本章で後述する．

　さらに摩擦に関して重要なことは，その摩擦力がいかなる条件のもとでも一定であることが望ましい．空気軸受や磁気軸受などの特別な案内を除いて，一

般に摩擦力をゼロまたはゼロに近いくらい小さな値に抑えることはできない．そうなると，ある一定の摩擦力は認めるとして，その場合でも負荷や速度の変化に対して摩擦力は変化しないことが大切である．摩擦力の変化が存在すると，円滑な運動が維持できないからである．

摩擦力が運動条件によって変化すると，一定の動きも実現しにくい．また，これが振動の発生につながることがある．高精度な機械にとって振動は絶対に避けなければならない．以上のことから，つぎの原理が出てくる．

【設計原理7】 案内の運動を円滑にするために摩擦力はできるだけ小さく，しかも使用条件が変わっても摩擦力は変化しないように案内を設計しなければならない．（運動円滑化の原理）

10.2 案内の種類

現在，高精度な機械に用いられている一般的な案内の種類には下記のものがある．

(1) すべり案内
(2) 静圧案内（動圧案内も含める）
(3) 転がり案内
(4) 磁気案内

案内のほかに，似た言葉として軸受がある．軸受という場合は，軸の回転運動を支える受けを意味することが強い．案内という場合には回転運動だけでなく直線運動も支える意味も包含しているので，ここでは案内という言葉を用いる．以下に，これらの案内について説明し，上述の原理を満足させるには案内をどのように選択すればよいかを述べる．

10.2.1 すべり案内

すべり案内は，次項の静圧案内と対照的な関係にあり，統一的に解説できる．いま，案内の一種である回転軸受で実験的に求められた摩擦係数 μ の特性を図10.1に示す．この図で横軸は使用している流体（一般に油）の粘度 η cP，軸の回転数 N rps および軸投影面の平均圧力 p kgf/cm² から求まる無次元量 $\eta N/p$ がとってある．

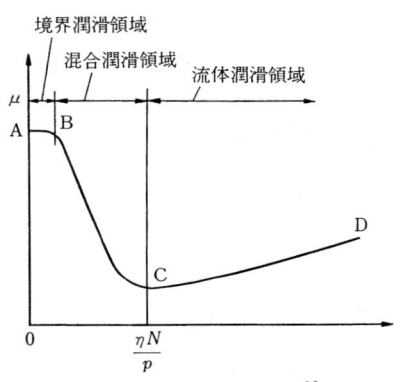

図10.1 摩擦係数μと無次元量$\dfrac{\eta N}{p}$の関係

この図において，B以下の範囲では移動側案内と固定側案内の間で油膜の厚さが仕上面粗さより小さく，したがって両者の間で固体同士の接触がある．しかし油が存在するため，完全に焼付くことはないが，Aに近い状態となると焼付きが起こり得る．この状態を境界潤滑と呼ぶ．

一方，C，Dの間は油膜の厚さが仕上面粗さより十分に厚く，両者の間には油が存在して固体間の直接の接触がない状態であり，これを流体潤滑と呼ぶ．B，C間は境界潤滑と流体潤滑の中間的な状態で，混合潤滑と呼ぶことがある．

すべり案内は，このA～Cまでの間の潤滑状態を利用している．一方，後述の静圧案内は，C，D間の流体潤滑状態を利用している．

以上のことから，すべり案内にはつぎの特徴がある．

(1) 特に直線案内では形状をうまく選ぶと遊びをゼロにできる．
(2) 摩擦係数が大きい．一般に0.01～0.10の値である．したがって，負荷の変動によって摩擦抵抗の変動も大きい．
(3) 固体接触があるので，必ず摩耗がある．したがって，摩耗をできるだけ減らす工夫をしなければならない．
(4) 後に述べる不着すべり（stick slip）が発生しやすい．
(5) $\eta N/p \to 0$となると焼付きが起きやすい．
(6) 付帯設備が不要でコストが安い．

これらの特徴をみれば，すべり案内を運動機構部に用いるのは遊びをゼロに

できるという特長があるので，ほかの欠点をうまくカバーできれば高精度な機械を実現するのによく用いられる案内である．特に，部品を所定の位置に移動し固定して使用するのが目的の案内にはよく用いられる．この方式は，前述の通り摩耗が問題となるのでつぎのような注意が必要となる．
(1) 接触面は焼入れなどの処理をして硬くする．
(2) 面圧 p を下げる．
(3) 塵埃をすべり面間に侵入させない．
(4) 潤滑を良くする．

10.2.2 静圧案内

静圧案内の基本的構造は，第8章で図8.10に示した通りである．上述のすべり案内に対して，この静圧案内はつぎのような対照的な特徴をもつ．
(1) 移動・固定案内間には必ず圧力流体（一般に油か空気）の膜が存在するので，一種の遊びが存在することになる．
(2) 流体膜の存在により摩耗が発生しない．
(3) 摩擦係数はほとんど流体の粘性で決まるので，非常に小さい．たとえば，油の場合 $0.001〜0.006$ 位，空気の場合は $10^{-7}〜10^{-6}$ となり，ほとんどゼロに等しい．
(4) フィルタ効果の原理（第12章参照）が働いて，案内の誤差の影響は小さくなる．
(5) 付着すべりは発生しない．
(6) 粘性の高い流体（たとえば油）の場合，案内面に直角方向の振動を抑える減衰能力が高い．
(7) 流体の温度変化による熱変形が発生する．
(8) コストが高くなる．

以上のことから流体膜の厚さ，すなわち，固定・移動案内間のすき間が一定に保たれれば（コンプライアンスが小さくできれば），円滑な運動が実現できるために，高精度な機械には適した案内の1つであるということができる．実際には，第8章で説明した通り負荷によっても遊びの間隔が変わらないようないろいろな工夫がされる．負荷の大きい場合には油圧が，小さい場合には空気圧が用いられる．

この静圧案内は，ある圧力をもった流体が移動側・固定側案内間に供給されることによって実現されるが，両者が相対的な運動を始めると，その運動によって自律的に両者の間に圧力流体が浸入してくるように設計した軸受がある．これを動圧軸受というが，これは使用条件（特に回転数）が変わると性能が変わってしまうという欠点をもつ．すなわち，ロバスト性（どのような条件でも安定して一定の性能を出す性質）に欠けるということになる．しかも始動・停止時には両者が直接接触するという欠点もあるので，あまり使いやすい軸受ではなく，ここでは省略する．

10.2.3 転がり案内

転がり直線案内の一例を図6.6に示したが，その構造は図10.2に示す[1]ようになっている．この場合は，移動側・固定側案内の間に，圧力流体の代わりにボールが転がりながら循環するのである．この特徴は，つぎの通りである．

(1) 予圧を与えることにより，遊びゼロの案内が構成できる．
(2) 寿命はあるが，寿命計算ができる．
(3) 摩擦係数は $0.02 \sim 0.04$，しかも摩擦力の変動も少ない．
(4) 付着すべりが発生しない．
(5) ボールの寸法差の原因によりプリロードが変化し，ウェービングが生じる．

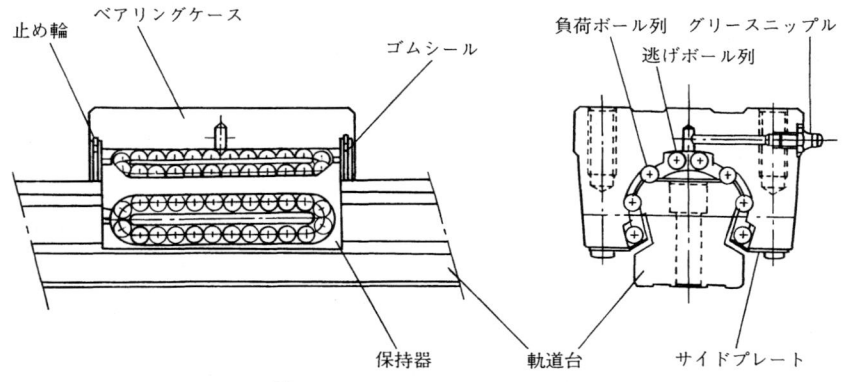

図10.2 直線転がり案内の構造の一例(THK)[1]

この案内は潤滑系を簡素化でき，取付けや組立て調整がしやすく，高速運転ができるなどの特長もある．

一方，コンプライアンスがそれほど小さくない，吸振性が劣るなどの欠点もあることに注意しなければならない．しかし，(1), (3), (4)の特長から，よく使用される案内の1つである．

10.2.4 磁気案内

磁気案内は直線運動に対してはまだ実用的なものが市販されていないので，ここでは回転運動に対するもの，すなわち磁気軸受について示す．原理的構造を図10.3(a)に示す．対向する2個の固定子（ステータ）の電磁石による吸引力により，回転子（ロータ）を浮上させる．これを直角方向に2組設けて，しかも軸の位置を検出するセンサを付けてあるので，これを用いて回転子の中心を任意の位置に維持する制御が可能となる．この磁気軸受の特徴は，以下の通りである．

(1) コンプライアンスを小さく保ちつつ，クリアランスを大きくとれる．軸径100 mm以下では，0.3～0.6 mmから1,000 mmの軸径に対しては0.6～1.0 mmクリアランスがとれる．このクリアランス間には，特別な流体は不要で真空中でも使用できる．そのため機械的摩耗は一切生じないし，摩擦損失も転がり案内の10分の1から100分の1しかない．

(2) 給油が不要である．したがって，シールやその他の潤滑回路に必要な装

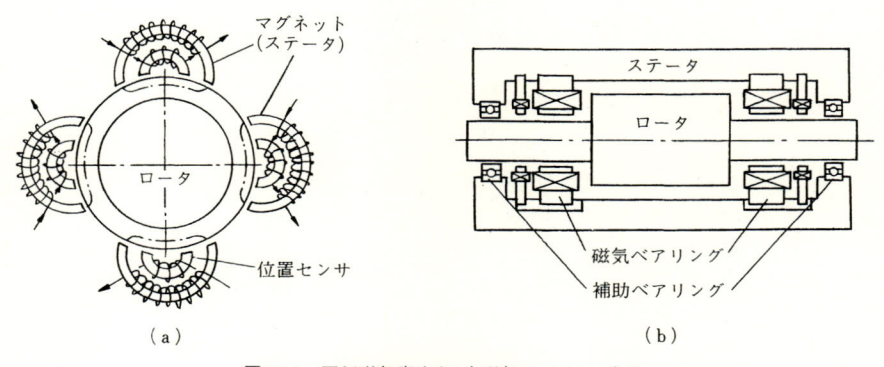

図10.3 回転磁気案内（日本磁気ベアリング）[2]

置がいらない．給油による汚れもない．

(3) 回転周速度の限界は流体軸受では 50〜80 m/s，転がり軸受では 40〜60 m/s であるのに対して，磁気軸受では 200 m/s までとれるので高速回転が可能であるとともに，回転数が低くてもよい場合は軸受を大きくして許容荷重を大きくとれる．

(4) 能動的な制御を行なうため回転精度を高くできる．一般に回転精度は 5 μm 位であるが，$0.05\ \mu$m を実現した例もある．

(5) 制御装置が必要であるため，その分のコストは高くなる．

(6) 軸受からの発熱には注意を要する．

これらを考えると，精密機械の軸としては理想的なものの 1 つであるといえる．円滑で高精度な運動を実現するためには，起動時の摩擦抵抗も小さくなければならないが，これももちろん小さいので円滑な運動を実現するのに適している．

以上のように考えてくると，円滑な運動を実現するにはできるだけ摩擦抵抗の小さいもの，しかも負荷変動によってもその摩擦抵抗が変動しない案内を用いなければならない．

10.3 ロングスライダ

10.3.1 案内の幅の内側を駆動する場合

案内の運動を円滑にするには前述の通り摩擦抵抗は小さく，しかも負荷が変動しても一定でなければならない．そこで，案内の形状に関してロングガイドという考え方が出てくる．まず，送りの駆動力が案内面の幅の内側に存在する場合について述べる．図 **10.4** において，スライダにモーメント M が働いているとする．

その場合，摩擦重心，すなわち両側の μQ の合力点を力 F で駆動する場合を考える．

$$Q = \frac{M}{l} \qquad (10.1)$$

であるから，

10.3 ロングスライダ　141

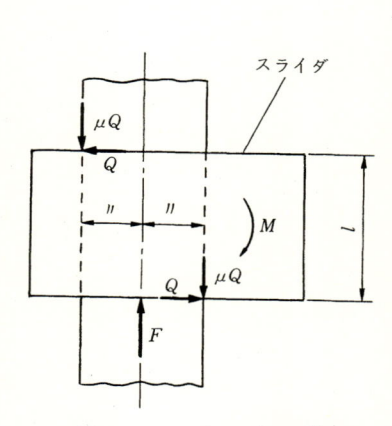

図10.4 ロングスライダの説明
（摩擦重心を押す場合）

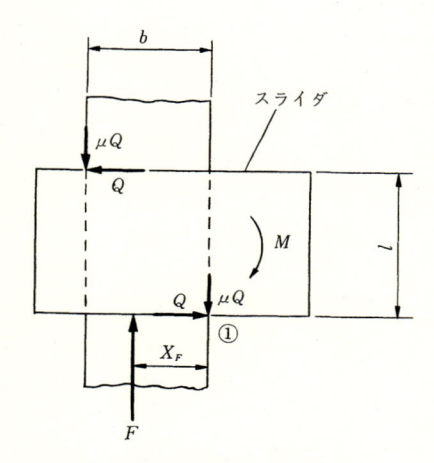

図10.5 ロングスライダの説明
（摩擦重心をはずして押す場合）

$$F \geqq 2\mu Q \quad \cdots\cdots\cdots\cdots\cdots\cdots\cdots\cdots\cdots\cdots\cdots\cdots\cdots\cdots\cdots\cdots\cdots\cdots\cdots\cdots \quad (10.2)$$

という F で押せばスライダは移動する．そこで，Q を消去すると F は，

$$F \geqq 2\mu \frac{M}{l} \quad \cdots\cdots\cdots\cdots\cdots\cdots\cdots\cdots\cdots\cdots\cdots\cdots\cdots\cdots\cdots\cdots\cdots \quad (10.3)$$

となる．

　まず，F は小さくなければならない．しかも，負荷 M の変化に対しても F の変化を小さくするためには l をできるだけ大きくしなければならない．すなわち，ロングスライダにしなければならない．

　つぎに，摩擦重心をはずして押す場合にはどうであろうか．**図10.5** において X_F の位置を力 F で押すと考える．たとえば，点①回りのモーメントは，

$$M = Ql + \mu Qb - FX_F \quad \cdots\cdots\cdots\cdots\cdots\cdots\cdots\cdots\cdots\cdots\cdots\cdots\cdots \quad (10.4)$$

また，

$$F \geqq 2\mu Q \quad \cdots\cdots\cdots\cdots\cdots\cdots\cdots\cdots\cdots\cdots\cdots\cdots\cdots\cdots\cdots\cdots\cdots\cdots\cdots\cdots \quad (10.5)$$

でなければならないから，以上2式より，

$$F \geqq \frac{2\mu M}{l + \mu b - 2\mu X_F} \quad \cdots\cdots\cdots\cdots\cdots\cdots\cdots\cdots\cdots\cdots\cdots\cdots\cdots \quad (10.6)$$

この場合は，X_F は0がよい．また，b と l は大きいほうが必要な F を小さく

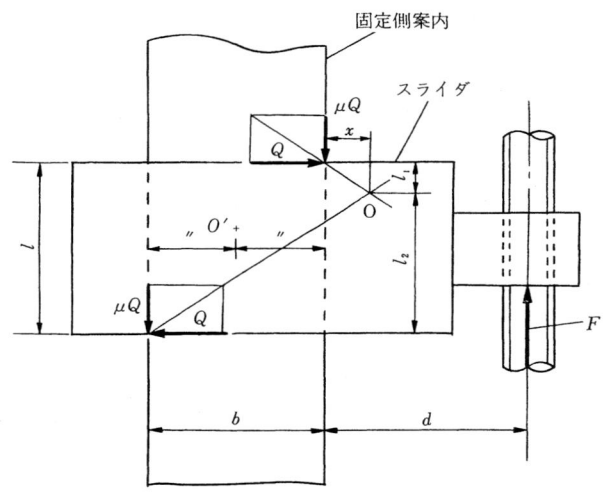

図10.6 ロングスライダの説明(案内の幅の外側を駆動する場合)
$d>x$ となると(本図の場合)スライダがロックしてしまう

できる．ここでも，やはりロングスライダとすることが必要となる．
〔逆向き M がかかると l は大きく，b は小さいほうがよいという結論になることを確認されたい〕

10.3.2 案内の幅の外側を駆動する場合

図10.5で，駆動力 F が固定側案内の幅の外側にくる場合はどうなるかを，つぎに検討してみよう．図 10.6 の場合において，前例で考えた負荷モーメント M はここではゼロとしている．いま，固定側案内の側面から Q と μQ の合力それぞれの方向が交わる点 O までの距離を x とする．

O′点回りのモーメントの釣合いから，

$$F\left(\frac{b}{2}+d\right)=Ql \quad\cdots\cdots\cdots\cdots\cdots\cdots\cdots\cdots\cdots\cdots\cdots\cdots\cdots\cdots (10.7)$$

を得る．したがって，

$$Q=\frac{\frac{b}{2}+d}{l}F \quad\cdots\cdots\cdots\cdots\cdots\cdots\cdots\cdots\cdots\cdots\cdots\cdots\cdots (10.8)$$

となる．この式を用いると，

$$2\mu Q = 2\mu \frac{\frac{b}{2}+d}{l}F \quad\cdots\cdots\cdots\cdots\cdots\cdots\cdots\cdots\cdots\cdots\cdots\cdots\cdots\cdots\cdots\cdots (10.9)$$

であるから,

$$\frac{2\mu Q}{F} = \mu\frac{b+2d}{l} \quad\cdots\cdots\cdots\cdots\cdots\cdots\cdots\cdots\cdots\cdots\cdots\cdots\cdots\cdots (10.10)$$

となる．もし，$(2\mu Q/F)<1$，すなわち $2\mu Q<F$ ならば F によってスライダを動かせるが，逆に $(2\mu Q/F)\geqq 1$ だとスライダは動かない．すなわち，スライダが動くためには，

$$\mu\frac{b+2d}{l}<1 \quad\cdots\cdots\cdots\cdots\cdots\cdots\cdots\cdots\cdots\cdots\cdots\cdots\cdots\cdots\cdots (10.11)$$

でなければならない．これから μ，b，d は小さく，l は長くなければならない．

従来，このような場合，b を小さくしなければいけないという点だけを強調してナローガイドという言葉が使われていたが，以上のことから b を小さくするだけでは効果の小さいことが明らかである．むしろスライダを長くするロングスライダの概念のほうが重要である．

そこで，つぎの系を得る．

【系1】 案内の円滑な運動を実現するためには，ロングスライダにしなければならない．（ロングスライダの原理）

さて，ここで d と x の関係を調べてみよう．図の幾何学的関係から，

$$\frac{l_1}{x}=\mu, \quad \frac{l_2}{x+b}=\mu \quad\cdots\cdots\cdots\cdots\cdots\cdots\cdots\cdots\cdots\cdots (10.12)$$

という関係が得られる．$l=l_1+l_2$ であるから，けっきょく，

$$l=\mu x+\mu(x+b)=\mu(b+2x) \quad\cdots\cdots\cdots\cdots\cdots\cdots (10.13)$$

という関係が得られる．これを (10.11) 式に代入すると，

$$\frac{b+2d}{b+2x}<1, \quad\text{すなわち}\quad d<x \quad\cdots\cdots\cdots\cdots\cdots\cdots (10.14)$$

でなければならないことがわかる．$d=x$ のときの O 点をセルフロック限界点と呼ぶことにするとつぎの系を得る．

144　第10章　運動円滑化の原理

【系2】 スライダの駆動点は，セルフロック限界点の内側にこなければならない．（セルフロック限界点の原理）

10.4　抵抗力重心

　前述のセルフロック限界点の原理が問題となる原因は，駆動力 F を加える位置が悪い（案内の幅の外側で駆動している）ことに原因している．ではどのような位置に駆動力を作用させればよいのかというと，結論はすべての抵抗力の重心に作用させればよいということになる．

　すなわち，駆動力を作用させることによって，よけいなモーメントを生じさせないことが良いのである．たとえば，前の図10.6の例で，固定側案内の幅 b の中央を押すようにすれば，力 Q は発生しないので μQ も消えてしまい，

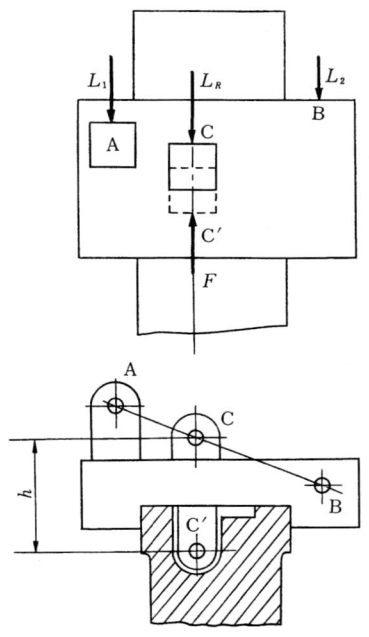

図10.7　アライメントの原理の説明
　　　　点Cを駆動しなければならない

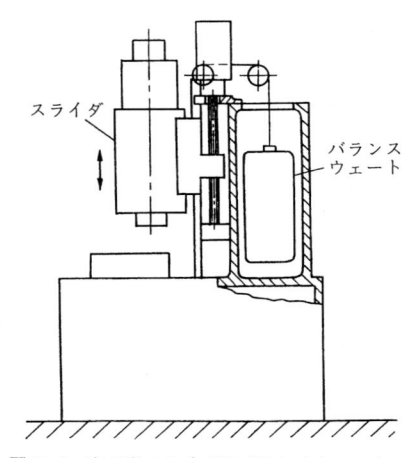

図10.8　立て形スライダのバランスウェート

スライダは小さな力で円滑に駆動できる．

　たとえば，**図10.7**の例で，常に運転中にL_1，L_2という負荷がかかるとすると，平面図内においては合力L_Rの作用線上（C点の位置）を駆動しなければならない．

　これは正面図内（3次元的に考えて）でも同じで，L_1，L_2がそれぞれA，B点に作用している場合には，その合力点Cを駆動しなければならない．これをC′点で駆動するとスライダに$L_R h$という大きさのモーメントが発生してしまい，摺動体にあおられるような動きが出てきてしまう．このことから，つぎの系が求まる．

【系3】　スライダの円滑な運動を実現するためには，3次元的にみて抵抗力の合力点を駆動しなければならない．（アライメントの原理）

　実際にはこれを実行することは不可能に近いので，できるだけ理想に近い点に駆動系の作用点をもってくるように配慮する．また，生じたモーメントによるピッチング，ヨーイング，ローリングなどをできるだけ小さく抑えるような案内形状の工夫をする．

10.5　バランスウェート

　以上のことから，摩擦抵抗をできるだけ小さくする必要があることが明らかとなったが，機械によっては重力に逆らってスライダを移動させなければならないことがある．特に立て形の機械に，このような例が多い．たとえば**図10.8**においてスライダだけを送りねじで上下させるとき，上に移動するときと下に移動するとき負荷が変わってしまい円滑な運動にならず精度が出しにくい．

　そこで，図のようにバランスウェートをつけてスライダの自重をキャンセルするように設計すれば，送りねじにはほとんどスライダの自重による負荷はかからず，高精度な送りが実現できる．これは自重を支えるという機能と，高精度な位置決めをするという機能が干渉しないように，機能の独立性を実現させたことと同じことである．

【系4】　立型スライダの円滑な運動を実現するには，できるだけスライダの自重をキャンセルして送り系の負荷を軽減しなければならない．

10.6 付着すべり（スティックスリップ）

　スライダは，条件によっては前進したり止まったりを繰返す細かな振動を生ずることがある．特に，すべり案内にこの種の振動が多い．これを付着すべりまたはスティックスリップ（stick slip）と呼ぶ．この振動は，一種の自励振動である．自励振動とは，負の減衰をもった振動として説明ができる．

　たとえば，図 10.9 に示す 1 自由度の振動系において減衰係数 c が正のときには，質量 m に生じた振動は同図(a)に示すように時間とともに減衰しておさまっていく．これはダンパが運動方向とは逆向きの，運動速度に比例する抵抗を発生するから運動が減衰していくのである．ところが $c<0$ の場合には，逆に一度発生した振動はどんどん成長して大きくなっていく．すなわち，$c<0$ ということは，一度運動が発生すると運動と同じ向きにその速度に比例した運動を加速する力が発生することを意味するからである．すなわち，$\dot{x}$ の係数の正負が自励振動の発生を左右する．

　そこで，いま案内を図 10.10 のようにモデル化して考える．ここではスライダがばねとダンパを介して静止しており，固定側案内のほうが動いていると考える．摩擦抵抗 R によってばねがたわみ，ある位置で釣合っているとして，そこを座標の原点とする．

　いま，外乱によりスライダが速度 $\dot{x}$ で右に動いたとすると相対速度は $V_0 - \dot{x}$ となる．このとき，摩擦抵抗 R はどのように変化するかを図 10.11 に示す．

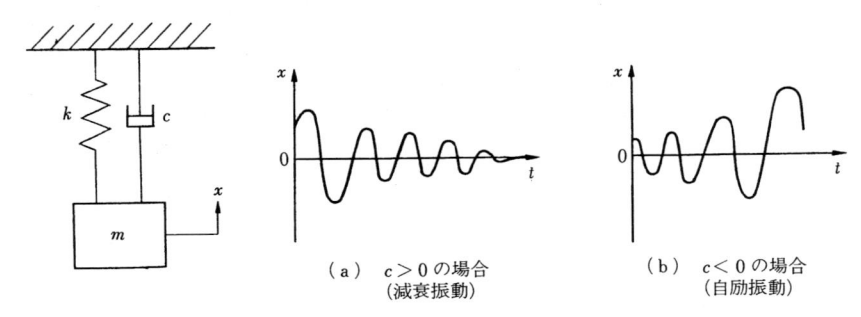

（a） $c>0$ の場合
（減衰振動）

（b） $c<0$ の場合
（自励振動）

図10.9　1自由度振動系における減衰振動と自励振動

10.6 付着すべり（スティックスリップ） 147

速度を横軸にとり摩擦抵抗を縦軸にとったとき，摩擦特性が右下りであると仮定する．

ここで，相対速度が $V_0-\dot{x}$ に下がると，摩擦抵抗は $\varDelta R$ 増加することになる．すなわち，

$$\varDelta R = \alpha \dot{x}, \quad \alpha > 0 \quad\cdots\cdots\cdots\cdots\cdots\cdots\cdots\cdots\cdots\cdots (10.15)$$

という関数式が成り立つことになる．このときの運動方程式は，

$$m\ddot{x} = -c\dot{x} - kx + \varDelta R \quad\cdots\cdots\cdots\cdots\cdots\cdots\cdots\cdots (10.16)$$

となる．したがって，上式の関係を用いれば，

$$m\ddot{x} + (c-\alpha)\dot{x} + kx = 0 \quad\cdots\cdots\cdots\cdots\cdots\cdots\cdots (10.17)$$

を得る．

前の議論から $\dot{x}$ の係数が正なら安定，負なら自励振動が発生することを学んだ．その考えを適用して，$(c-\alpha)>0$ ならば減衰振動になるが $(c-\alpha)<0$ となると自励振動すなわち付着すべりが発生してしまう．

もし図10.11において曲線勾配が逆の右上りの特性をもつと α は負の値と

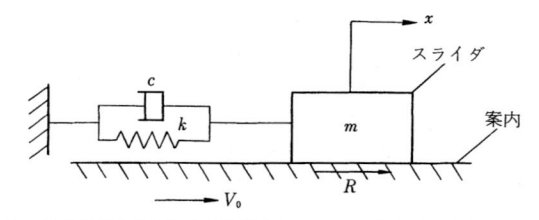

図10.10 スライダのモデル（スライダが静止していて，案内側が移動していると考えた場合）

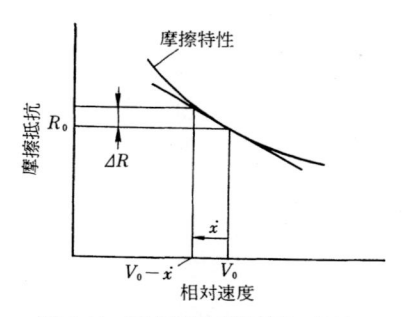

図10.11 相対速度と摩擦抵抗の関係

なり，$c-\alpha$ は常に正となるので発生した振動は必ず減衰し安定した系になる．一般の金属同士のすべり案内は，図 10.11 のように右下りの摩擦特性をもつので，スティックスリップが発生しやすいが，テフロン，ターカイト，静圧案内などは右上りの付着すべりの起きにくい摩擦特性をもっているので，よく用いられる．

【系5】 付着すべりを防止するには，右上りの摩擦特性をもつ材料を案内面に用いなければならない．

参 考 文 献

(1) THK㈱カタログ
(2) 日本磁気ベアリング㈱カタログ

第11章

補 正 の 原 理

11.1 原 理

　本章では，主として静的もしくは準静的な問題を扱う．静的（準静的）問題は，運動速度が精度に影響を及ぼさない範囲の問題を意味する．ある程度運動速度が高くなると，慣性力や振動などの影響により精度が悪くなるので，精度を出すためにはここで述べる原理のほかに，さらに制御理論上のいろいろな配慮が必要となる．そこで，フィードバック制御法の中で精度に関係する項目も一部論じる．

　高精度な機械を実現するためには，設計上の諸原理を守って設計しなければならないことはもちろんのこと，同時に高精度な加工が要求される．高精度な加工が要求されるということは，設計の段階で厳しい公差が要求されていることを意味する．熱変形などの問題を別にすれば，高精度な公差を要求すれば当然，高精度な機械が実現できる可能性がある．しかし高精度な部品を作ることにも限界がある．その時代の最高レベルの技術をもってしても，要求される精度が出せない場合がある．このような部品をもって組立てられた機械は，当然，目標とする精度が実現できない．

　そこで，最近の発達した計測やコンピュータ技術を駆使して運転中に部品の誤差や組立上の誤差を自動的に補正して，目標とする機械精度のレベルを達成しようとする考え方が補正の原理である．

【設計原理8】 加工組立技術で充足することのできない機械精度は，コンピュータやメカトロニクスなどを用いる補正技術により精度を改善することが可能である．

この原理は正しく解釈し，用いられなければならない．これを曲げて解釈し，悪用すると目標とする精度は出せるかもしれないが，トータルとして良くない設計となってしまう．

すなわち，高精度を出すために，設計上の基本的に重要な諸原理を無視したり，わざと低い精度の部品を用いても，コンピュータやメカトロニクスを用いれば容易に高精度の機械が実現できると考えてはならない．補正の原理はハードウェア技術で実現できる精度レベルを押し上げてくれるが，そのレベルアップの程度には限界があり，経験的に，そのレベルアップできる程度はハードウェアの精度が低いほど小さくなるからである．たとえば，遊びの大きな運動機構にいたっては，補正の原理を用いても高精度化は不可能であるという例などからもそのことは明らかである．

ただ，ある目標精度を達成したいときに，ハードウェア技術だけの高精度化のコストとハードウェアの精度のほうはある程度抑えておいて補正の原理を用いたときのコストを比較した場合，後者のほうが安くなる場合は当然あり得る．コストだけで考えればそうかもしれないが，耐久性，使いやすさ，信頼性などを総合して考えれば，ハードウェア技術だけで高精度化を実現するほうが優れているといえるだろう．

E. R. マックルーアは，第3回国際工作機械技術者会議[1]でつぎのように述べている．

「膨大な本数のワイヤをコンピュータにつなぎ，仕上がったパーツに好ましくない精度の狂いがどのようにして生ずるかなどということを考えもしないような人々が開発したソフトウェアに期待をかけて，工作機械にセンサを取付けることをむやみに急ぐというのは，馬鹿げたことであり避けるべきであると思う．その報いは，信頼性の不足に苦しみ，高い訓練を受けたオペレータと保守要員を必要とし，経費が過剰にかかり，そしておそらくは柔軟性に欠け，妥協性がないために早々とすたれてしまうような機械として明白に現われてくる」

その意味でも，この原理は正しく使用しなければならない．

11.2 補正法の分類

まず，補正の対象となる誤差は大別して，つぎの2つがあることを知っていなければならない．
(1) 繰返し誤差→幾何学的誤差
(2) 非繰返し誤差→熱変形による誤差，力による変形誤差，摩耗・振動などによるランダム誤差

ここで，繰返し誤差を「いかなる時間に，いかなる位置においても予測できる誤差」と定義することにする．この定義に含まれない誤差を，すべて非繰返し誤差と定義する．幾何学的誤差は熱変形が加わってくると一般に予測できなくなってしまうが，熱変形の部分を取り除くと（たとえば発熱を低く抑えて，測定する）予測可能であるので，幾何学的誤差だけは予測可能なのである．

一方，熱変形による誤差，力による変形誤差などはもし適切な場所の温度や力を常にモニターしていて，その値を用いて正しく予測できればこれらは繰返し誤差に入ってしまう．非繰返し誤差の繰返し誤差への変換が可能な場合のあることを知っていなければならないし，そのようにするほうが補正はしやすいのである．純粋のランダム誤差や摩耗などは，繰返し正しく予測することはほとんど現在の技術レベルでは不可能であるので，完全な非繰返し誤差である．

ここで大切なことは，誤差を繰返し誤差と非繰返し誤差に分けて扱うということである．そして繰返し誤差はあらかじめ正確に測定して予測できるようにしておいて，そのデータもしくは数式をコンピュータに記憶しておき，それを用いて補正することにより除去できる．素性がよくわかっているので，比較的除去しやすい誤差であるということができる．一方，非繰返し誤差の補正のためには適切なセンサを正しい位置（一般には複数）に設置してフィードバック制御するのが最良の方法である．ただし，フィードバック制御は繰返し誤差の除去にも用いられる．

【系1】 誤差を補正するには繰返し誤差と非繰返し誤差を分離し，繰返し誤差はあらかじめ正確にそれを測定しておいて，そのデータまたは式を用いて補正する．非繰返し誤差の補正には適切なセンサを適切な

位置に設置し，それから取り込まれるデータをもとに誤差を補正する制御を行なわなければならない．

補正の仕方には，大別してつぎの4つの方法がある．

(1) 理論的に計算で補正量を予測する方法．これを「理論計算法」と呼ぶことにする．

(2) 機械を動かしてあらかじめ測定しておいた繰返し誤差をコンピュータや機械的部品（たとえばカム）に記憶させておき，それを用いて補正する方法を「静的モデル法」と呼ぶ．誤差をコンピュータに記憶させる方法には，数値計算式として記憶する場合と数値表として記憶する場合がある．本来は非繰返し誤差であっても何点かのセンサで測定した値で式として表現できる場合は繰返し誤差となるので，静的モデル法の範囲に入る．

(3) 非繰返し誤差を発生させる複数の因子の状態をモニターしてその値を入力とし，誤差を出力とするブロックダイアグラム（モデル）を仮定し，その特性を同定して用いる方法．これを「動的モデル法」または「同定法」と呼ぶ．この方法では時間的経過が重要になり，しかも誤差を数表や式として表わすことをしない．

(4) 運動誤差をオンラインで測定し，運動指令値と常に比較して，その差を制御量として用いる方法．これを「フィードバック制御法」と呼ぶ．この方式は繰返し誤差，非繰返し誤差両方に用いられる．

11.3 理論計算法

理論計算法は実際の誤差を理論計算で予測して補正する方法であるが，実際の誤差発生のメカニズムを正確に把握できないために精度の良い補正ができにくい．たとえば，工作機械の熱変形を予測する場合，熱源とその特性および構造物の熱特性が正確に把握できていなければならない．しかし，熱源の特性，接合部の熱伝導特性，構造材料の熱膨張係数や熱伝導率などの熱特性（これは一般にその物体の温度によって変わってくる），機械表面の放熱特性を正確に知ることはほとんど不可能に近い．したがって，運動中に機械内部の正確な温度分布や熱変形を理論的に予測して補正する方法は実用的とはいえない．

このように，熱変形だけでなく摩耗に関しても理論計算で誤差を予測することは現状では不可能であるので，誤差を生じさせる入力と誤差の出力との間の関係の理論的なメカニズムはブラックボックスとして扱うのが一般的である．しかし，今後の精密工学の発展のためには，このような研究が欠かせないことは明らかである．

11.4 静的モデル法

静的モデル法は繰返し誤差に対しては，一番よく用いられる方法である．たとえば，繰返し誤差をコンピュータに記憶する場合を図11.1に示す．この例ではモータでボールねじを回してテーブルを移動させる場合で，ボールねじのピッチ誤差を各点においてあらかじめ測定して（ただし，熱変形の影響の入らないように），それをコンピュータに記憶しておき，そのデータを用いてその誤差の分だけモータの回転角を補正して正しいテーブルの移動位置を実現するのである．NC機械の基本的な補正方法である．このような補正を行なう機能をもつNC装置は市販されている．超精密な加工機械における実施例は第7章にも示してあるので参照のこと[2]．

繰返し誤差を調べるには，一般には機械の動きを調べそこで計測された誤差を補正する方法がとられることが多い．それに対してツガミのCNC高精密リード加工機械（PLUN）の場合のように，加工した製品の精度を各位置に対

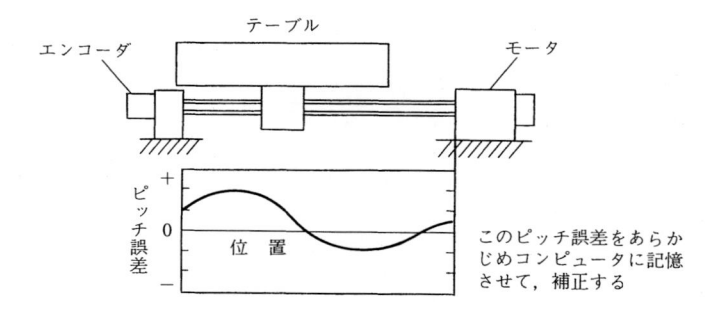

図11.1 テーブル移動位置決め誤差の補正

して測定してNCプログラムを変更する方法がとられることもある．この機械は，VTRやDAT（digital audio tape）などのロアードラムのリード面およびテープ走行面を加工する機械であるが，**図11.2**に示すようにドラムにリード面などを高精度で加工する．その場合，加工面をオフラインで高精度に測定してNCコントローラに補正を加えるものである．できるだけ最終点（目標位置）に近いところのデータを用いて補正しようとする発想である（本章系2）．これも1つの静的モデルによる補正法と見なすことができる．

本来は繰返し誤差と非繰返し誤差を分離して補正すべきであるが，この場合は非繰返し誤差が非常に小さいとみなせるので同時に測定しているのである．すなわち，熱変形や力などによる誤差が非常に小さく抑えられる場合（小型の機械で，しかも負荷動力が非常に小さい場合）には，加工面からデータをとって補正することが許される．

高精度な補正を行なう場合は幾何学的誤差だけでなく，熱変形による誤差も適切な点の温度をモニターしてその値を用いて同定し，これを繰返し誤差に変えて補正できるようにしなくてはならない．M. A. Donmezらはターニングセンタを用いて，幾何学的誤差と熱変形による誤差を同時に補正して，補正しない場合の20倍の精度を実現させている[3]．ここではその概略の流れだけを説明するが詳しくは論文を参照されたい．

まず，任意の場所の任意の時間の工具と工作物間の相対的誤差を予測しなければならない．幾何学的な繰返し誤差であれば，時間の要素は消えて空間の誤差をすべて測定し，それを表または式にして補助的コンピュータに記憶していけばよい．

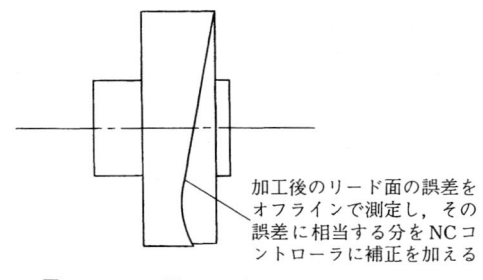

図11.2　DAT用ロアードラム

（加工後のリード面の誤差をオフラインで測定し，その誤差に相当する分をNCコントローラに補正を加える）

11.4 静的モデル法

一方，本来非繰返し誤差である熱変形を予測するには，熱源となる部分，たとえば駆動モータ，主軸，ボールねじおよび熱伝導の抵抗となる構造物の合わせ面などの温度を常に温度センサでモニターする必要がある．これらの温度情報を利用して，熱変形を予測しなければならない．これら2つの誤差を同時に補正するために，基本的には誤差 e（後に出てくる ε_i，δ_i に相当する）をつぎのように表現している．

$$e = a_0 + a_1 x + a_2 x^2 \cdots\cdots + b_1 T + b_2 T^2 + \cdots\cdots \quad (11.1)$$

ただし，a_i，b_i は係数，x は位置，T はモニターしている温度である．これらの係数を実際にデータを必要な数だけ測定して，最小二乗法で近似して確定している．もし x や T に対して e が周期的な変動を示す場合には，上式に当然三角関数も入ってくる．

さらに，誤差の値を機械各部の誤差の積上げで求めている．すなわち全体的誤差を主要部分，たとえばベッド，往復台，横送り台，工具，工作物および主軸の各誤差の合成されたものと考えて，各部分の各誤差を計測し，上に示した(11.1)式のような形にそれぞれを表現する．ここで，各誤差とは，たとえば直線位置決め誤差，角度誤差，真直度・平行度・直角度に関する誤差，主軸の温度によるドリフト誤差などを考えている．

これら各構成要素の誤差を合成するのには，同次変換行列（homogeneous transformation matrix）という概念を用いている[4]．これはつぎのような形をもつ．

$$H = \begin{pmatrix} l_x & m_x & n_x & P_x \\ l_y & m_y & n_y & P_y \\ l_z & m_z & n_z & P_z \\ 0 & 0 & 0 & 1 \end{pmatrix} \quad\cdots\cdots (11.2)$$

ここで P_i は座標系を並進変換させる要素であり，l_i，m_i，n_i は回転変換させる要素である．この行列の意味をまず説明しよう．あるベクトル V があり，x，y，z の座標軸方向の単位ベクトルを i，j，k とするとき，

$$V = a\boldsymbol{i} + b\boldsymbol{j} + c\boldsymbol{k} \quad\cdots\cdots (11.3)$$

で与えられるが，これを同次座標表示では 4×1 行列

$$V = \begin{Bmatrix} x \\ y \\ z \\ w \end{Bmatrix} \quad \cdots\cdots\cdots\cdots\cdots\cdots\cdots\cdots\cdots\cdots\cdots\cdots\cdots\cdots\cdots\cdots\cdots\cdots\cdots\cdots\cdots (11.4)$$

で表わす．ただし，

$$\left.\begin{matrix} a = x/w \\ b = y/w \\ c = z/w \end{matrix}\right\} \quad \cdots\cdots\cdots\cdots\cdots\cdots\cdots\cdots\cdots\cdots\cdots\cdots\cdots\cdots\cdots\cdots\cdots\cdots (11.5)$$

である．w は特殊な変換をするための要素であり，ここでは1と考えてよい．

そこで，(11.2)式の同次変換行列を用いると，このように表示のベクトルを並進させたり回転させたりできる．すなわち，V を並進させたり回転させたりして得られるベクトル U は次式で求められる．

$$U = HV \quad \cdots\cdots\cdots\cdots\cdots\cdots\cdots\cdots\cdots\cdots\cdots\cdots\cdots\cdots\cdots\cdots\cdots\cdots\cdots\cdots\cdots\cdots\cdots (11.6)$$

H は，このような役目をする同次変換行列なのである．

ところで，この変換行列はある1つの座標系に対して1つの物体の位置と方向を，いくつもの異なった離れた基準座標に対して簡単に求めることができるという特長をもっている．たとえば，$^R H_1$ を基準座標(R)に対する物体1の位置と方向を表わす変換行列，$^1 H_2$ を物体1に対する物体2の位置と方向を表わす変換行列とすると，$^R H_1{}^1 H_2$ は R からみた物体2の位置と方向を表わすのである．

たとえば，工作機械のスライドに対してこのマトリックスをあてはめると，つぎのようになる．ベッドに固定したある基準座標(R)に対し，往復台（S）が x 移動し，その動きによりある誤差が各座標軸方向に発生したとすると，

$$^R H_S = \begin{Bmatrix} 1 & -\varepsilon_z & \varepsilon_y & \delta_x + x \\ \varepsilon_z & 1 & -\varepsilon_x & \delta_y \\ -\varepsilon_y & \varepsilon_x & 1 & \delta_z \\ 0 & 0 & 0 & 1 \end{Bmatrix} \quad \cdots\cdots\cdots\cdots\cdots\cdots\cdots (11.7)$$

となる．ここで ε_x，ε_y，ε_z は x，y，z 軸回りの微小な回転による往復台の誤差，δ_x，δ_y，δ_z は，x，y，z 軸方向の直線方向の微小な変位誤差である．これらの誤差 ε_i，δ_i をあらかじめ(11.1)式の形でまとめておき，往復台，横送

11.4 静的モデル法

り台，工具，工作物，主軸の変換行列を求めておく．ある基準座標（たとえばベッド）から工具先端までの合成された変換行列を H_{tool}，同じく工作物までのそれを H_{work} とすると，誤差がなければ，

$$H_{tool} = H_{work} \quad \cdots\cdots\cdots\cdots\cdots\cdots\cdots\cdots\cdots\cdots\cdots\cdots\cdots (11.8)$$

となるはずである．しかし，実際には誤差があるからそれの変換行列を E とすると，

$$H_{work} = H_{tool} E \quad \cdots\cdots\cdots\cdots\cdots\cdots\cdots\cdots\cdots\cdots\cdots (11.9)$$

となる．これから誤差 E が

$$E = H_{tool}^{-1} H_{work} \quad \cdots\cdots\cdots\cdots\cdots\cdots\cdots\cdots\cdots\cdots (11.10)$$

として求まるのである．これはある機械の全体の誤差を予測する必要があるとき個々のサブブロックの誤差を変換行列の形で把握しておけば，その組合せとして簡単に求まるという効果を意味している．

以上の手法を用いて，工具の任意の位置における任意の時間の位置決め誤差を予測して，それをもとに工具位置を補正する．

Donmezらはこの補正を実時間で行なうために図11.3に示すような方法を採用した．すなわち，補正信号をディジタルI/Oポートを通して直接NC制

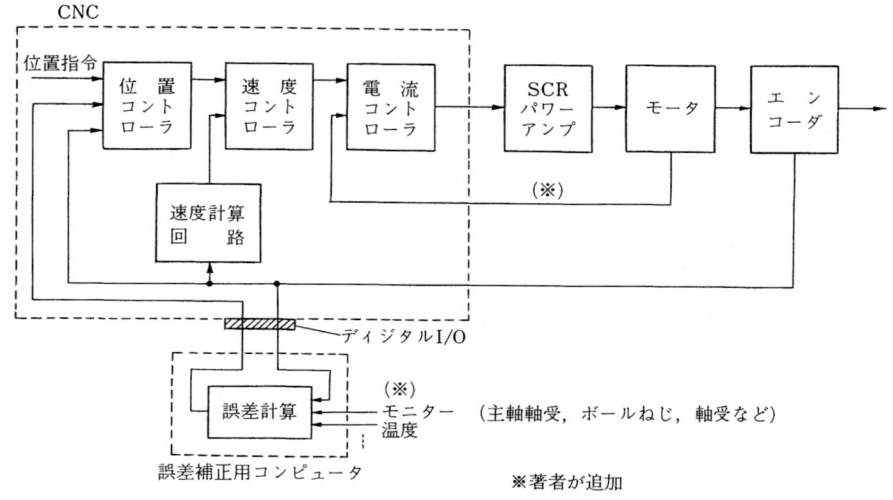

図11.3 Donmezらによる誤差補正用NC制御装置のブロック線図[3]

御装置に入れている．こうすれば，NC工作機械の通常の作動をいっさい妨げないで誤差補正ができる．

11.5 動的モデル法

　これは，非繰返し誤差の補正に用いられる手法の1つである．ここに示すのは，E. R. McClureの研究の例である[1]．熱変形を熱源の存在とその強度の変化に対する動的な出力とみなして，機械の温度を測る温度センサを用いない熱変形予測法である．実験の対象として図11.4に示す手動式フライス盤を用いている．加算器と1次遅れ系のモデルを仮定し，入力として主軸速度，スイッチのオンオフ，室温の3つだけを考え，出力を熱変形としている．

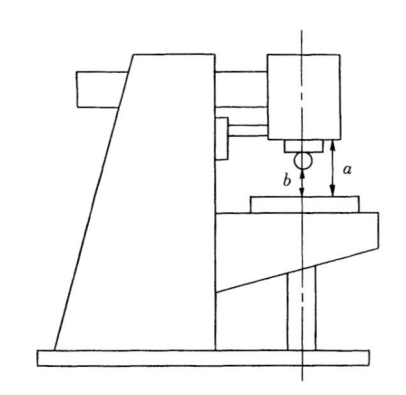

図11.4 熱源と熱変位を示したフライス盤の概略図（McClure）[1]

フライス盤の変形を表わす単一時定数モデルのブロックダイアグラム

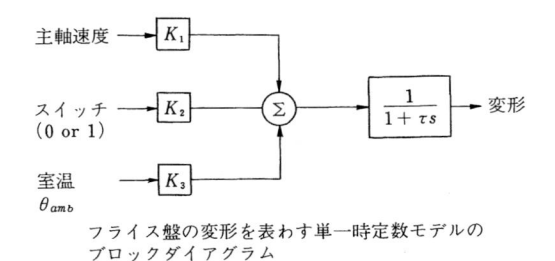

図11.5 熱変位を予測するために使用した動的モデルの構成図（McClure）[1]

11.5 動的モデル法

　この入力はモータ，オイルタンク，主軸ベアリングの3つの熱源の影響を取り込むことを考えて決められている．そのブロックダイアグラムを図11.5に示す．膨大な量のデータを種々の作業サイクルに応じて集め，これをコンピュータで分析して最適な時定数 τ とゲイン K_i（$i=1, 2, 3$）を求めた．

　図11.6は実際の主軸ハウジングの変位とこの動的モデルを通して得られた熱変形の比較を行なったものであるが，良い精度で熱変形誤差の予測が行なわれていることがわかる．動的モデルはつぎに起こる変化を正しく予測するために，初期状態も含めて時間的経過（動的変化）を追ったすべての運転データを用いている．

　これに対して前節の静的モデルでは，その代わりに時々刻々モニターしている各部の温度を用いて誤差を決定する式を導いている．すなわち，時間的経過は不要で，モニターしているデータを用いれば一義的に誤差を決定できるのである．センサの必要な数は，動的モデルでは熱源の性質を把握するために必要な数として決まり，静的モデルではあらゆる熱源から発生する熱および放熱条件から決まる機械内部の温度分布特性を把握するために必要な数として決まる．

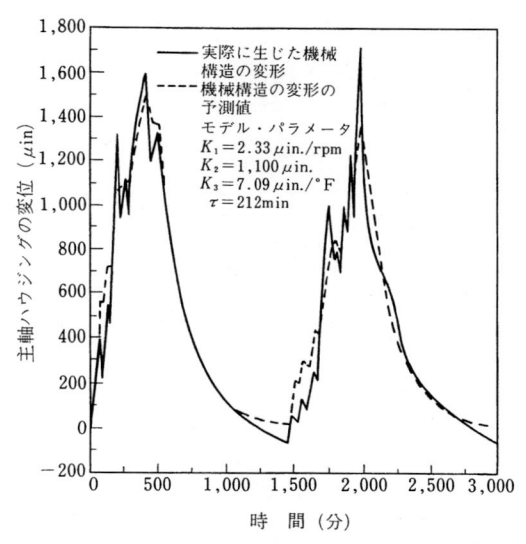

図11.6　仮定したモデルで熱変位を予測した結果を表わすグラフ (McClure)[1]

したがって，その数も動的モデルの場合に比べて必然的に多くなる．しかし，現実には前述の静的モデルのほうが多く用いられてきた．

11.6 フィードバック制御法

11.6.1 フィードバック信号の検出位置

この方法は，繰返し誤差補正にも非繰返し誤差補正の場合にも広く用いられる．フィードバック制御は制御理論（古典制御理論）の中心であり，理論的に十分発展成熟した分野であり，利用しやすい技術である．フィードバック制御の最も簡単な基本型を図11.7に示す．入力としての指令値に出力からの信号を戻し，入力との差が0になるまで出力信号を出す機能をもつのがフィードバック制御である．

では，フィードバック制御で高い精度を実現するためには，機械のどこから情報をとってフィードバックすればよいかをNC機械の例で考えてみる．NC工作機械における直線運動の，制御形式の主なものを図11.8に示す．

(a)のオープンループ方式は一番簡単な方式である．パルスモータは，1指令パルス毎に決まった一定角度だけ回転する．それによってボールねじが回転して，一定量だけテーブルが直線に動く．しかし，この方式ではモータから先が目的通り動いたかどうかの保証がない．フィードバックがないため指令値は出しっぱなしで，目的の出力が得られるまで駆動を保持するということがない．したがって，精度は期待できない．

(b)のセミクローズド方式では，モータの後部からフィードバック信号を取出しているので，指令値通りモータが回転し終わるまでモータは必ず駆動される．しかしこの方式でもモータは確かに指令値通り動くが，テーブルが目標とした位置まで動いているかどうかの保証はない．すなわち，ボールねじの誤差やテ

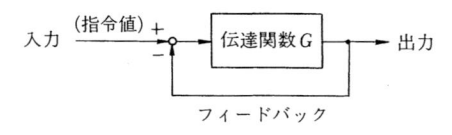

図11.7 基本的なフィードバック制御

ーブル駆動系のたわみなどがあるからである．

そこで，(c)のクローズドループ方式のようにテーブルの位置を検出してフィードバックをかければ，その位置にくるまで必ずテーブルを動かしてくれるので，高い運動精度が得られる．しかし，これでも完全ではない．なぜなら，アッベの原理から明らかな通り，(c)に示すようにテーブル上のある高さの位置が問題になるとすれば，リニアスケールの高さでの位置決め精度と目標点での位置決め精度は必ずしも一致しないからである．この場合，部品にリニアスケールを付けることはできないので，非接触でこの位置を検出しフィードバックしなければならない．このような場合，一般にレーザ干渉計が用いられる．以上のことから，つぎの系が得られる．

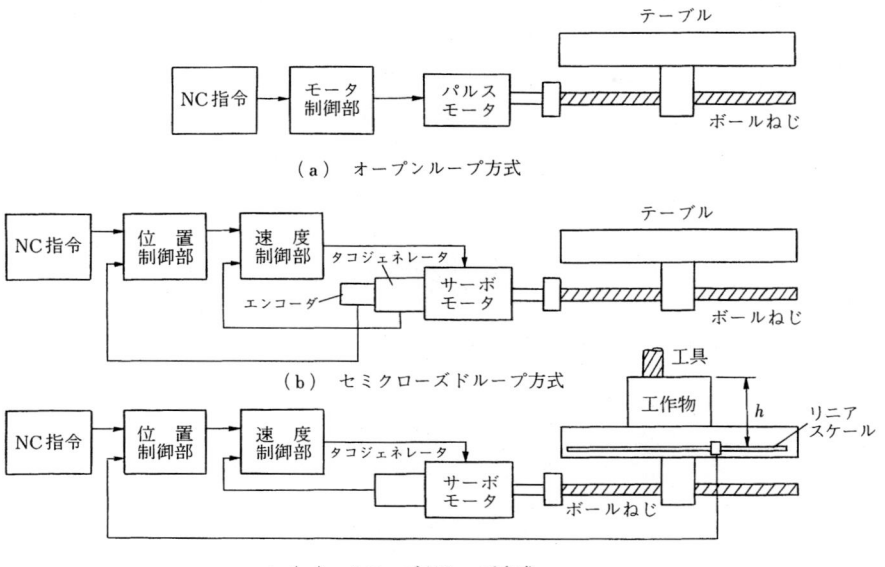

【系2】 フィードバック信号はできるだけ制御したい位置か，またはその近傍から検出しなければならない．

11.6.2 制御誤差

NC工作機械のような具体的な機械の制御問題を図11.9に示すような簡単

図11.8 NC工作機械の直線運動の形式

なモデルに置換えて考えてみる．ここでは制御理論をすべて詳しく述べる余裕はないので，基本的なことは専門書[5],[6]に譲る．まず初めに外乱に対する影響を小さくする方法を考えてみよう．いま，目標値を $U(s)$，外乱（ノイズ）を $D(s)$ とすれば，図の(a)の場合は，制御量 $X_a(s)$ は次式となる．

$$X_a(s) = \frac{G_1(s)G_2(s)}{1+G_1(s)G_2(s)H(s)}U(s) + \frac{G_2(s)}{1+G_1(s)G_2(s)H(s)}D(s) \cdots (11.11)$$

(b)の場合の制御量 $X_b(s)$ は，

$$X_b(s) = \frac{G_1(s)G_2(s)}{1+G_1(s)G_2(s)H(s)}U(s) + \frac{1}{1+G_1(s)G_2(s)H(s)}D(s) \cdots (11.12)$$

となる．さて，ここで位置決め制御（定値制御の1つ）の場合を考えてみる．目標位置を0と考えると，$U(s)=0$ となり，上の制御量はそれぞれ，

$$X_a(s) = \frac{G_2(s)}{1+G_1(s)G_2(s)H(s)}D(s) \cdots (11.13)$$

$$X_b(s) = \frac{1}{1+G_1(s)G_2(s)H(s)}D(s) \cdots (11.14)$$

となる．ここで $G_1(s)G_2(s)H(s)$ は図11.9から明らかな通り，ループを構成

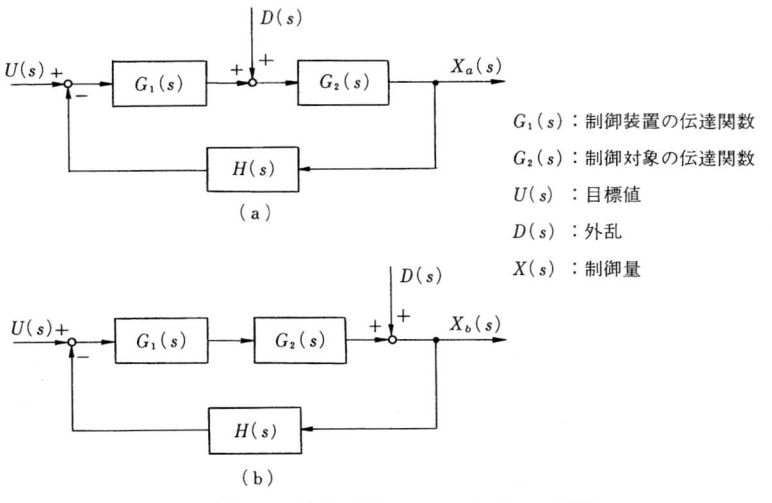

$G_1(s)$：制御装置の伝達関数
$G_2(s)$：制御対象の伝達関数
$U(s)$：目標値
$D(s)$：外乱
$X(s)$：制御量

図11.9 外乱に対するフィードバックの効果

する要素を一巡するように掛け合わせた伝達関数であるから，これを一巡伝達関数と呼ぶ．この2式において，外乱 $D(s)$ による影響を小さくするには，この一巡伝達関数の値，すなわち使用周波数範囲でのゲイン（以下単に一巡伝達関数のゲインと呼ぶことにする）を大きくしなければならないことがわかる．さらに式からわかる通り，外乱が入る点より前の伝達関数，すなわち(a)では $G_1(s)$，(b)では $G_1(s)G_2(s)$ の値を大きくすると効果が上がることは明らかであろう．

詳しい説明は省略するが，一巡伝達関数の値を大きくすれば，制御対象の特性 $G_2(s)$ が変化しても制御量 $X(s)$ の変動を小さく抑えることができるという特長もある．

もう1つシステムを組むときに問題となるのが，定常状態（時間が十分経過した後）で制御量が目標に一致しているかどうかということである．これを「定常偏差」という．ここでは目標値 $U(s)$ と制御量 $X(s)$ が同じスケールで比較できるほうがわかりやすいので，$H(s)=1$ とした図 **11.10** で考える．このような場合で考えても，以下の議論の一般性は失われない．目標値 $U(s)$ と制御量 $X(s)$ の差を制御偏差 $E(s)$ とすると，図11.10において制御偏差は次式で与えられる．

$$E(s) = \frac{1}{1+G(s)}U(s) - \frac{G_2(s)}{1+G(s)}D(s) \cdots\cdots\cdots\cdots\cdots\cdots (11.15)$$

ここで，$G(s)$ は $G_1(s)G_2(s)$ で一巡伝達関数である．

いま，$D(s)=0$ とすると，

$$E(s) = \frac{1}{1+G(s)}U(s) \cdots\cdots\cdots\cdots\cdots\cdots\cdots\cdots\cdots\cdots (11.16)$$

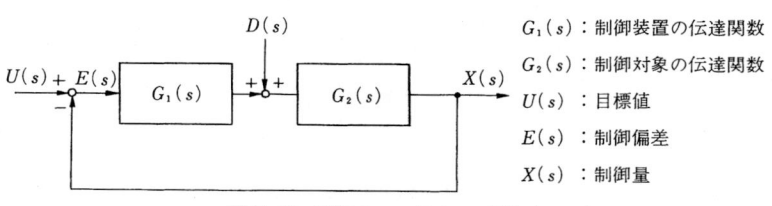

図11.10 直結フィードバック制御系

$G_1(s)$：制御装置の伝達関数
$G_2(s)$：制御対象の伝達関数
$U(s)$：目標値
$E(s)$：制御偏差
$X(s)$：制御量

となる．さて，定常偏差 e_s は最終値の定理[5],[6]から次式で求まる．

$$e_s = \lim_{s \to 0} s \frac{1}{1+G(s)} U(s) \quad\cdots\cdots\cdots\cdots\cdots\cdots\cdots\cdots\cdots\cdots (11.17)$$

定常偏差が0になるかどうかは U と G の形に依存する．

たとえば，単位ステップ入力の場合を考えると，$U(s)=1/s$ であるから，

$$e_s = \lim_{s \to 0} \frac{1}{1+G(s)} \quad\cdots\cdots\cdots\cdots\cdots\cdots\cdots\cdots\cdots\cdots\cdots\cdots (11.18)$$

となる．もし，$G(s)$ の中に $1/s$ という積分要素が含まれていれば，$s \to 0$ で $G(s) \to \infty$ となるから e_s は0となる．e_s が0にならない場合でも，(11.16)式の形からわかる通り，一巡伝達関数 $G(s)$ のゲインを大きくすれば定常偏差を小さくできる．

以上のことから，制御系の精度を向上させるには一巡伝達関数のゲインを大きくすればよいが，しかし一方では，フィードバック制御系においては一巡伝達関数のゲインを大きくし過ぎると系が不安定になって振動を発生してしまうので限界がある．そこで，安定性を保持しながら，しかも制御偏差を小さくするには位相遅れ補償要素を挿入する方法もあるが，ここでは省略する[5],[6]．

制御系のもう1つの大切な特性は，動特性（追値制御）である．これに関しては基本的には系の固有振動が高くなるように設計することと，定速度入力などに対する定常偏差などを小さくする設計が必要である．しかしここでは，特に前述の位置決め精度だけに問題を限ることにして，この動特性の問題もここでは省略する．

以上の理論から，つぎの系が得られる．

【系3】 フィードバック制御系において外乱による影響を小さくして，しかも定常偏差を小さくするためには，系の安定性が確保されている範囲で一巡伝達関数のゲインをできるだけ大きくとらなければならない．外乱の影響を小さくするには，特に外乱入力点より前の伝達関数群のゲインを大きくするのが効果がある．定常偏差を0にするには一巡伝達関数中に積分要素が含まれていなければならない．

11.6.3 輪郭精度

前節では，一巡伝達関数のゲインは系が不安定にならない範囲で大きくとる

11.6 フィードバック制御法

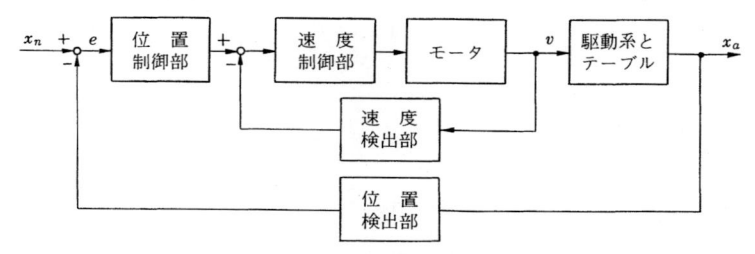

図11.11 テーブル送り機構の制御ブロック線図

のが良いと述べた．ここでは，輪郭精度に関して注意しなければならないことを説明する．機械のテーブルを平面内である目標とする輪郭を描いて運動させたい場合がよくあるが，そのような場合の輪郭精度を以下に述べる．

たとえば，xとyの2軸方向に同時に制御してテーブルをある輪郭に沿って動かそうとするとき，それぞれの軸は一般に**図11.11**（x軸のみ示してある）に示すようなサーボ系として設計される．ここで，実際の制御では必ずといってよいくらいに採用されている電流フィードバック補償のような回路（速度制御部内に付加される）は，輪郭精度と直接関係ないので省略してある．このような制御系において，位置の制御偏差 e は，

$$e = x_n - x_a \quad \cdots\cdots (11.19)$$

と定義できる．ただし x_n は指令値，x_a は実際の出力値である．

一方，輪郭精度と関係するのは刻々の運動方向である．運動方向はそのときの2軸の運動速度の合成として与えられるから，けっきょく，運動速度と位置の制御偏差の関係が重要になってくる．いま，実際の運動速度を v とすると，位置の制御偏差 e に対する速度 v のゲイン K_v（図11.11においては，位置制御部の入力からモータ出力までの間のゲインに相当）は，

$$K_v = \frac{v}{e} \quad \cdots\cdots (11.20)$$

として定義できる．この K_v を速度ゲインと呼ぶ．この速度ゲインが輪郭精度には重要な意味をもつのである．

いま，xとy同時2軸制御の場合を考えてみる．各軸の時々刻々の誤差（上述の e に対応）を e_x，e_y それぞれの軸の速度ゲインを K_{vx}，K_{vy} とすると，

(11.20)式の関係から，

$$e_x \fallingdotseq \frac{\dot{x}}{K_{vx}} \\ e_y \fallingdotseq \frac{\dot{y}}{K_{vy}} \Biggr\} \quad \cdots\cdots\cdots\cdots\cdots\cdots\cdots\cdots\cdots\cdots\cdots\cdots (11.21)$$

という関係が得られる．ここで，

$$K_{vx} = K_{vy} \quad \cdots\cdots\cdots\cdots\cdots\cdots\cdots\cdots\cdots\cdots\cdots\cdots\cdots\cdots\cdots\cdots\cdots (11.22)$$

とすると，

$$\frac{e_x}{e_y} = \frac{\dot{x}}{\dot{y}} \quad \cdots\cdots\cdots\cdots\cdots\cdots\cdots\cdots\cdots\cdots\cdots\cdots\cdots\cdots\cdots\cdots\cdots (11.23)$$

となって，誤差の発生する方向はテーブルの運動方向と一致する．したがって，形状に関する誤差は相似性が維持され輪郭誤差が発生しにくい．このことは，つぎの図 11.12 をみると明らかである．すなわち，$K_{vx} \neq K_{vy}$ とすると直線運動のときも円運動のときも形状がゆがんでしまうが，$K_{vx} = K_{vy}$ ならそのようなことはない．

もちろん，$K_{vx} = K_{vy}$ とできたとしても，図示のように制御偏差 e_i に相当する分だけは指令値より小さな円となってしまう．この場合には系 3 で述べた通り，一巡伝達関数をできるだけ高くとるなどの対策が必要となる．そこで，以上のことからつぎの系が明らかとなる．

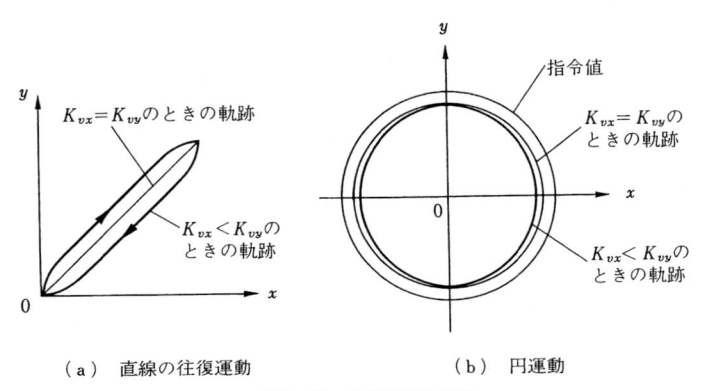

（a）直線の往復運動　　（b）円運動

図 11.12　輪郭誤差の発生

【系4】 輪郭精度を高めるには,同時制御軸すべての速度ゲインを同じにしなければならない.

11.6.4 検出装置の特性

フィードバック制御で,精度に関してよく見落とされる大切な事項に検出装置(センサ)の特性がある.制御系の設計では,制御装置や制御対象の設計には十分時間をかけて配慮するが,検出装置の特性に対する配慮が不十分で失敗することがある.

検出装置の特性では,つぎの2点に注意しなければならない.

① 検出装置の分解能と精度

② 検出装置の応答性

まず,検出装置の分解能は目的とする制御量と同じかもしくはそれ以上の分解能がなければ意味がない.一般には,同じにとる場合が多い.すなわち1 μm 単位の制御をしたい場合には,分解能1 μm の位置検出装置が用いられる.その場合,その検出装置の精度は前にも述べた測定とも関係し,分解能の5～10倍の精度をもつことが望ましい.

検出装置に求められるもう1つの特性は,応答性である.制御速度に対して検出装置の計測が時間的に遅れては,動的に正しい運動制御をすることができない.一般に,応答性を調べるには検出装置の周波数特性のうちでバンド幅を用いることが多い.

このバンド幅は検出装置のゲインが $1/\sqrt{2}$ (-3 dB) になる角周波数または振動数のことであるが,この値が目標とする制御速度から求められる角周波数に比較して十分高いことが必要である.装置によっては,バンド幅の代わりに応答周波数という言葉が用いられることがある.以上のことからつぎの系が求まる.

【系5】 十分な精度でフィードバック制御を行なうには,検出装置の分解能は目標とする制御量以上の値を,その精度は分解能の5倍以上を,また応答性の指標となるバンド幅は目標とする制御速度以上の値をもたなければならない.

参　考　文　献

(1) 第3回国際工作機械技術者会議テキスト，1988
(2) 森山茂夫，他：Proc. of '87 SPIE in San Diego
(3) Donmez, M. A.他：Precision Engineering, Vol. 8, No. 4, Oct. 1986
(4) P. P. Paul：ロボット・マニピュレータ(吉川恒夫訳)，コロナ社，1988
(5) たとえば，深海登背世司，藤巻忠夫雄：制御工学，東京電機大学出版局
(6) たとえば，河合素直：制御工学，昭晃堂

第12章

フィルタ効果の原理

12.1 原　理

　ある機械に入力が与えられるとそれが理想的な高精度機械であれば，出力される運動は目的通りの正しい運動になっているであろう．ところが現実の機械では，いろいろなところからノイズ（外乱）が入って，もしくは発生して正しい出力が実現できない．ノイズは**図 12.1** に示すように，主として 3 つの場所から侵入したり，発生したりする．同図(a)では入力の段階で侵入してくるものである．
　この例としては，NC 指令値が近似値で誤差を含んでいる場合などが挙げられる．NC 指令値では直線補間とか円弧補間があるが，これは短かい直線でいろいろな角度の直線や曲線を近似するので，それに伴うノイズ（誤差）が当然含まれてくる．
　もう 1 つの場合は，同図(b)に示すように機械内部にノイズ発生要素をもっている場合である．たとえば，直線運動の案内とか回転運動のための軸受などという，正しい運動のための運動基準となるような機械要素である．このような要素は完全に高精度な加工が行なわれていれば問題ないが，現実にはそのような加工は不可能であり，必ずそれらの要素には加工誤差が含まれる．これらの誤差がノイズとなり，出力する運動にも誤差を生じさせる．このほかに，原動機や歯車装置から発生するノイズなどもこの範疇に含まれる．

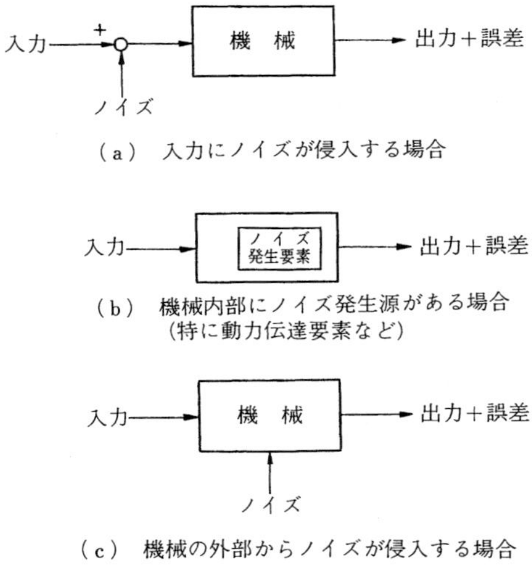

170　第12章　フィルタ効果の原理

（a）入力にノイズが侵入する場合

（b）機械内部にノイズ発生源がある場合
　　（特に動力伝達要素など）

（c）機械の外部からノイズが侵入する場合

図12.1　出力に誤差を生じさせるノイズの侵入・発生個所

　3番目の場合は，同図(c)に示すように機械外部からノイズが侵入し，出力に誤差を生じさせる場合である．ノイズとしては振動とか，熱とか，塵埃とかが挙げられる．この熱の問題に関しては，第9章と第11章を参照されたい．
　これらのノイズに対する対策は，まずそのようなノイズを発生させないことが第一であるが，それも不可能な場合がある．ノイズ発生を抑止できない場合にどうするかというと，ノイズ侵入点にできるだけ近いところで，そのノイズにより発生する誤差をフィルタ効果をもつ要素で吸収・除去してしまうことである．ノイズを吸収・除去するところが，この侵入・発生点より離れれば離れるほど扱いはむずかしくなってくる．
　そこで，本章で扱う設計原理はつぎのようになる．
　【設計原理9】　出力に誤差を発生させる原因としてのノイズは，その侵入点
　　　　　　　または発生点にできるだけ近いところで吸収・除去しなけれ
　　　　　　　ばならない．
　これを実現する良い手法はいろいろある．それらについて，以下に具体的に説明する．ここでもう一度注意しなければいけないことは，ノイズの存在を最初から容認してはいけないということである．たとえば，機械要素は最初から

高精度なものを加工することを前提にしなければならない．第1章で述べた高精度加工の特長を思い出してほしい．どうしてもそれが不可能な場合に，次善の策としてこのようなフィルタ効果の原理を利用すべきである．

12.2　フィルタ要素の例

12.2.1　液体フィルタの例

　案内面において，スライダと固定側案内の間にわずかな油膜しか存在せず，金属間接触も存在するようなすべり案内の場合には，テーブルと固定側案内の誤差が直接テーブルの運動に現われてくる．そこで，この設計原理に従えばこの誤差をもつ部品のところで誤差を吸収・除去してしまわなければならない．そこですべり案内の代わりに，たとえば静圧案内を採用すると両者の間に油が入ってきて，しかも金属間接触がなくなる．したがって，この油がフィルタ要素となり，固定側案内の誤差のほとんどが吸収されてスライダの運動は理想的な出力に非常に近くなり，高精度な運動が実現できる．これを「**アベレージング効果**」とか「**平均化効果**」と呼ぶこともある．これは，油が変形しやすい媒体であることが貢献している．

　以上の議論は，油の代わりに空気を用いても同じである．もし，油の代わりに，たとえばローラのような剛性の高い要素が入ってくると，すべり案内の場合と同じように固定側案内の誤差がテーブルの動きに出てきてしまう．この場合には，ローラの誤差も重畳されてしまうという問題もある．すなわち，誤差をもった運動基準（固定側案内）と移動体の間に入るフィルタは，変形しやすい剛性の低い要素が良いのである．力が入力で，変位が出力という系で出力を小さく抑えたいときには，コンプライアンスが小さいことが望ましいことはすでに述べたが，この場合のように誤差変位が入力で変位を生じさせる力が出力という系では，剛性で考えるほうが合理的である．なぜなら，変位（入力）×剛性→力（出力）という関係になるからである．

　シャープのレーザスキャナー用多面鏡超精密切削加工機に用いられている油圧静圧案内を図12.2に，油圧静圧ねじを図12.3に示す[1]．たとえば，この油圧静圧ねじを用いることにより，雄ねじ長さ500 mmにおける最大加工誤差

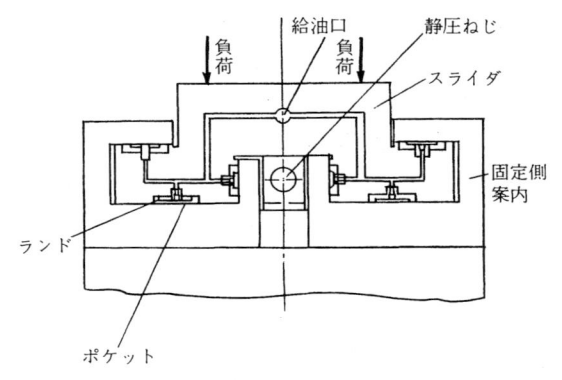

図12.2 油圧静圧案内のテーブル(シャープ, 南 悦治ら)[1]

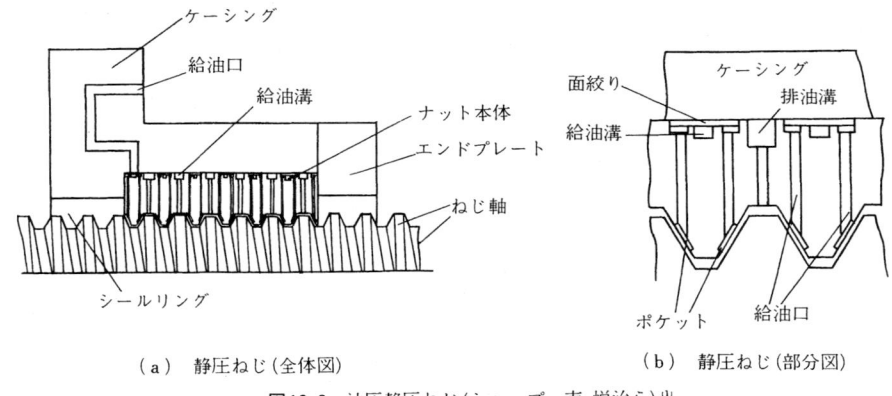

(a) 静圧ねじ(全体図)　　(b) 静圧ねじ(部分図)

図12.3 油圧静圧ねじ(シャープ, 南 悦治ら)[1]

が最大 8 μm あったものがフィルタ効果の原理によりその約1/3になったと報告されている.

【系1】 運動基準に誤差をもつ場合には, 移動体との間に流体を介在させることによりその誤差をかなり吸収・除去できる. (フィルタ効果)

12.2.2 固体弾性体フィルタの例

駆動装置に歯車装置を用いる場合などでは, この歯車装置から発生する振動がよく問題になる (**図12.4**(a)参照). したがって, 本原理によりこのような振

12.2 フィルタ要素の例　173

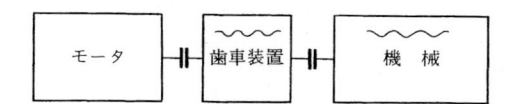

(a) モータ・歯車装置のノイズが機械に伝わってしまう

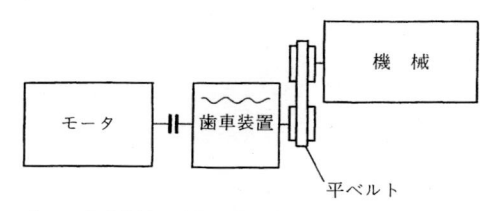

(b) 運動伝達要素の途中に剛性の低い要素(平ベルト)を入れてノイズを吸収・除去する

図12.4　剛性の低い要素によるノイズの吸収・除去例

動はその発生点のすぐ後で吸収・除去してしまわなければならない．このようなノイズとしての振動を除くのによく用いられるのが，機械と駆動装置の間にそのような振動を吸収するベルト（特に平ベルトやリブ付ベルト）を介在させる方法である（図(b)参照）．ベルトは弾性体であるので，高い周波数の成分としての振動が吸収されて下流の機械には伝わりにくいのである．しかし，平ベルトとを介在させても，ベルトからわずかではあるが，振動が発生することに注意しなければならない．最近はモータの性能が向上してきたから，もし可能であれば上述の一切の問題が発生しないビルトインモータを用いて，機械の内部にモータを組込み一体化し，歯車装置やベルトを用いない方式がよい．

　ベルトの剛性が大きく，機械側の慣性モーメントが小さ過ぎると，このような効果は薄れてしまうことに注意しなければならない．さらに，ベルトもどのようなものでもよいというわけではなく，たとえばVベルトなど使用すると，ベルトとベルト車の噛合いが振動を発生しやすい特徴をもっているので，かえって振動が発生してしまうということにもなる．

　つぎの例は，テーブルなどをねじで送る場合に使われている例である．これは原田らが開発した，無収差凹面回折格子用数値制御ルーリングエンジンに用

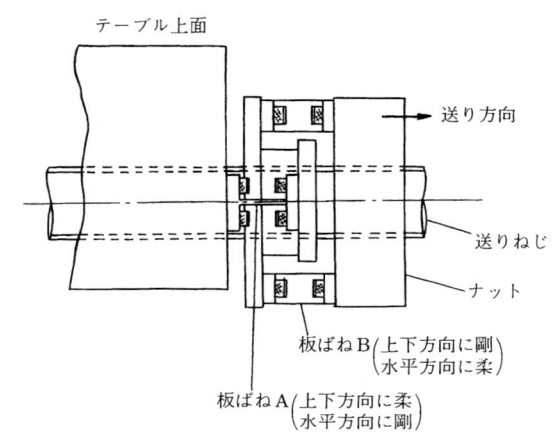

図12.5 テーブルとナット間に板ばねを挿入してねじのアライメント誤差を吸収(原田達男ら)[2]

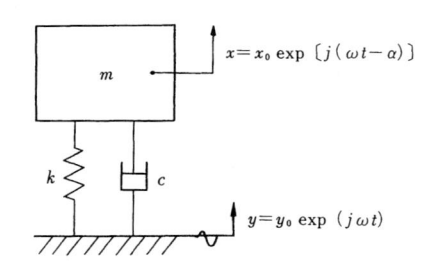

図12.6 外部から振動が入ってくる場合の振動絶縁問題

いられているもので，その構図を**図12.5**に示す[2]．ノイズが発生する点に，すなわちテーブルとナットの間に，固体弾性体フィルタとしての板ばねを挿入してねじとテーブル案内の平行度誤差を吸収させている．

すなわち，板ばねA（2組）は図の上下方向には柔で，水平方向には剛になっている．一方，板ばねB（2組）は，上下方向には剛で水平方向には柔となっている．したがって，これら4組の板ばねの組合せにより送り方向には剛となり，ボールねじの運動が正確に伝達でき，一方，送り方向に直角な方向には柔であるので，ボールねじとテーブル案内との間に平行度誤差があると吸収されて，高精度な送りが実現できるのである．

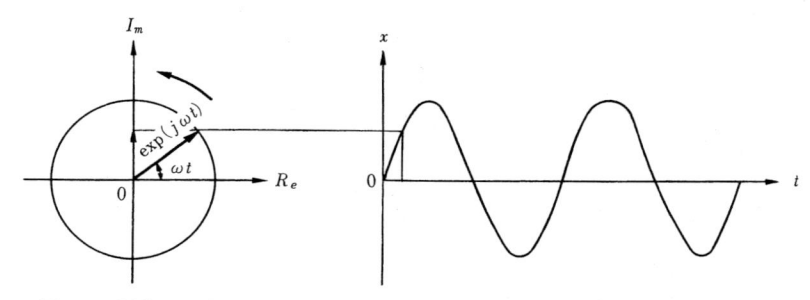

図12.7 振動は$\exp(j\omega t)$というベクトルの虚軸(I_m)また実軸(R_e)への写影で表わせる

【系2】 運動伝達要素が誤差を発生する場合には，その要素の直後に吸収・除去する方向に剛性の低いフィルタ的伝達要素を挿入して誤差を除去する．

このほかにも，固体弾性体としてばねを用いて，誤差の一種である振動を吸収する方法がある．その主なものとしては，振動絶縁と吸振器がある．振動絶縁とは，外部の振動源と高精度な機械の間に誤差吸収要素を挿入したことと同じになる．機械自身の内部に振動源をもつときには吸振器を用いることになるが，吸振器については現在までに振動学の優れた多くの成書に詳しく論じられているので，ここでは論じない．高精度な機械の内部に振動源をもつことは，本質的に設計を誤っているということもできる．そこでここでは，高精度な機械に関係の深い前者の**振動絶縁**について述べることにする．

いま，**図12.6**において質量mの高精度な機械が，ばね剛性kのばねと，減衰係数cのダンパーで支えられていると仮定する．その支持基盤がつぎのような強制変位yを受けたとする．

$$y = y_0 \exp(j\omega t) \quad \cdots\cdots\cdots\cdots\cdots\cdots\cdots\cdots\cdots\cdots\cdots\cdots (12.1)$$

この入力により，出力として機械の振動が生じるが，その静止した平衡点からの変位xをつぎのように仮定する．

$$x = x_0 \exp[j(\omega t - \alpha)] \quad \cdots\cdots\cdots\cdots\cdots\cdots\cdots\cdots\cdots (12.2)$$

αは入力に対してある位相をもって遅れると初めから仮定して挿入されている．ここで，$\exp(j\omega t)$というような関数を用いているのは，つぎの理由に

よる．**図12.7**に示すように$\exp(j\omega t)$という関数は複素平面（横軸が実数，縦軸が虚数）において，tを0から増やしていくと，長さ1のベクトルが反時計方向に回転するときのベクトルの先端の軌跡として表わせる．

そこで，たとえば虚軸にその軌跡を投影してみると，図のように時間軸に対しては正弦波状の波となっていることがわかる．すなわち，expの関数の実部か虚部の値に注目すれば，それは実際の振動を表現しているので，expも振動を表わす関数であると考えればよい．expは数学的な扱いがやさしいので，振動学や電気工学でよく用いられる．

そこで，図12.6において質量mに作用する力により，質量mに加速度$\ddot{x}$が発生するから，運動方程式は，

$$m\ddot{x} = -k(x-y) - c(\dot{x}-\dot{y}) \cdots\cdots\cdots (12.3)$$

となる．これから次式を得る．

$$m\ddot{x} + c\dot{x} + kx = c\dot{y} + ky \cdots\cdots\cdots (12.4)$$

この式に前に仮定したxとyの関数を代入すると，

$$\{-m\omega^2 \exp[j(\omega t - \alpha)] + j\omega c \exp[j(\omega t - \alpha)] + k\exp[j(\omega t - \alpha)]\}x_0$$
$$= \{j\omega c \exp(j\omega t) + k\exp(j\omega t)\}y_0 \cdots\cdots\cdots (12.5)$$

ここで，左右の$\exp(j\omega t)$は消去できる．さらに，オイラーの公式，

$$\exp(j\theta) = \cos\theta + j\sin\theta \cdots\cdots\cdots (12.6)$$

を代入して左辺と右辺の実部同士，虚部同士が等しいとおくと，つぎの2つの式を得る．

$$\left.\begin{array}{l}\text{実部}: (k-m\omega^2)x_0\cos\alpha + \omega c x_0 \sin\alpha = ky_0 \\ \text{虚部}: -(k-m\omega^2)x_0\sin\alpha + \omega c x_0 \cos\alpha = \omega c y_0\end{array}\right\} \cdots (12.7)$$

この2式をそれぞれ辺々2乗して，2式を加え合わせると，

$$(k-m\omega^2)^2 x_0^2 + (\omega c)^2 x_0^2 = \{k^2 + (\omega c)^2\}y_0^2 \cdots\cdots\cdots (12.8)$$

となる．これから次式を得る．

$$\frac{x_0}{y_0} = \left\{\frac{k^2 + (\omega c)^2}{(k-m\omega^2)^2 + (\omega c)^2}\right\}^{\frac{1}{2}}$$

$$= \left\{\frac{1 + (2\zeta u)^2}{(1-u^2)^2 + (2\zeta u)^2}\right\}^{\frac{1}{2}} \cdots\cdots\cdots (12.9)$$

ただし，

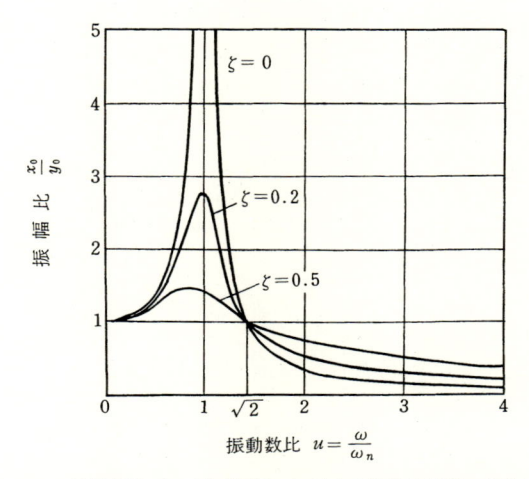

図12.8 振動数比 u とノイズ振幅 y_0 に対する機械の振幅 x_0 の比の関係

$$\omega_n = \sqrt{\frac{k}{m}}, \quad u = \frac{\omega}{\omega_n}, \quad \zeta = \frac{c}{2m\omega_n} \quad \cdots\cdots\cdots (12.10)$$

である. u に対する x_0/y_0 をグラフに示すと, **図12.8** のようになる. x_0/y_0（これをゲインということがある）とは, 入力の振幅 y_0 に対して出力の振幅は何倍になるかということである. $u=1$, すなわち外部の強制変位を起こす振動の振動数 ω がこの系の固有振動数 ω_n に一致すると, 共振現象を起こして機器は大きく振動する.

目的は, 機器ができるだけ振動しないで静止していることであるから, そのためには x_0/y_0 が小さな値になるよう支持条件を選ばなくてはならない. そのためには, u が大きい範囲の条件で設計するべきであるから, ω_n (固有振動数) を ω (外部振動数) より小さくしなければならない. そのためには, (12.10)式の ω_n の定義からも明らかな通り, m を大きく, k を小さくする必要がある. 減衰係数 c (ζ と同じ傾向) に関しては小さいほうが x_0/y_0 は小さくできるが, これが小さいと一度振動が起きたとき, たとえ振幅が小さくても, その振動がなかなかおさまらないということになるので, ある程度の減衰作用はもたせるように設計しなければならない.

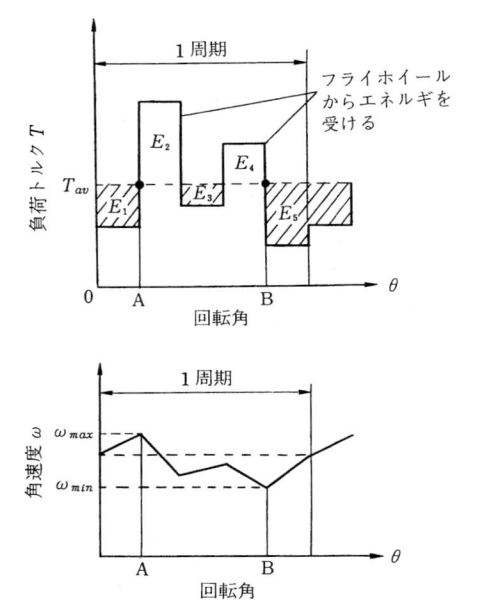

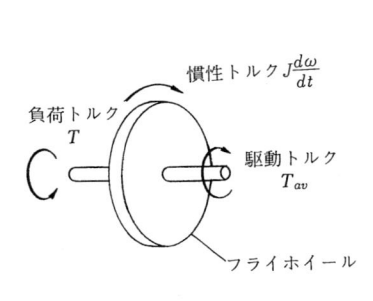

178　第12章　フィルタ効果の原理

図12.9　フライホイール計算モデル

(a) フライホイールモデル

(b) 1周期における負荷トルクと角速度の変動

【系3】　外部からの振動は，その機械を剛性の低いフィルタ要素で支持すればある程度吸収・除去できる．

12.2.3　慣性質量フィルタの例

　上述の機械側の慣性を積極的に大きくしてしまう役目を果たすのが，フライホイールという機械要素である．これはエネルギの貯蔵にも用いられるが，ここでは回転むらを吸収するためのフィルタ要素として用いるのである．すなわち，駆動系の途中に剛性の低いベルトのような要素を物理的に挿入できない場合に，非定常な回転成分を慣性力で吸収してしまおうという発想に基づいて用いられる．しかも，その回転むら（ノイズ）の発生点にできるだけ近いところで，それを吸収・除去してしまわなければならない．

　フライホイールの設計は，以下のように行なう．図**12.9**(a)において，軸に変動負荷トルク T がかかり，それを駆動トルク T_{av} で駆動する場合を考える．

この場合，サイクル中で負荷トルクが駆動トルクより大きくなると，不足する分がフライホイールより供給されて，しかも回転数は下がる．

一方，1サイクル中で負荷トルクより駆動トルクが大きい回転角範囲では，フライホイールの回転はまた上昇してくる．図の場合でトルクの釣合いを考えると，慣性モーメントをJ，角速度をωとして，

$$J\frac{d\omega}{dt} = T_{av} - T \quad \cdots\cdots\cdots\cdots\cdots\cdots\cdots\cdots\cdots\cdots\cdots\cdots\cdots\cdots (12.11)$$

となる．$\omega dt = d\theta$ であるから，上式はつぎのように書き変えられる．

$$J\omega d\omega = (T_{av} - T) d\theta \quad \cdots\cdots\cdots\cdots\cdots\cdots\cdots\cdots\cdots\cdots\cdots\cdots (12.12)$$

これを1サイクル中の任意の2点A, Bについて積分すると，

$$J\int_A^B \omega d\omega = \int_A^B (T_{av} - T) d\theta \quad \cdots\cdots\cdots\cdots\cdots\cdots\cdots\cdots\cdots (12.13)$$

となる．

右辺はフライホイールによって供給されるエネルギ（これをEとする）を表わす．2点A, BをEが最大になる点に選ぶと次式が得られる（図12.9(b)参照）．

$$\frac{1}{2}J(\omega^2_{max} - \omega^2_{min}) = E_{max} \quad \cdots\cdots\cdots\cdots\cdots\cdots\cdots\cdots\cdots\cdots (12.14)$$

すなわち，E_{max}はフライホイールからのエネルギ供給が最大となる1サイクル中の2点間において積分されたフライホイールからのエネルギである．いま，負荷トルクをモデル化した(b)においては，T_{av}より負荷トルクが大きくなったところのE_2, E_4がフライホイールより軸に供給されるエネルギを示し，E_1, E_3, E_5のエネルギは駆動源よりフライホイールに供給されるエネルギで，それらの作用により回転数は回復してくる．この例ではA, Bの2点間を考えると，ほかのどの2点間よりもエネルギ供給が大きな値となる区間となるので，この2点間から最大エネルギ供給量E_{max}は，

$$E_{max} = E_2 - E_3 + E_4 \quad \cdots\cdots\cdots\cdots\cdots\cdots\cdots\cdots\cdots\cdots\cdots\cdots (12.15)$$

となる．

ω_{max}, ω_{min}を仮定し，与えられた負荷トルク・駆動トルク曲線とから求められるE_{max}と（12.14）式とから，必要なフライホイールの慣性モーメントJが

求められる.

実際の計算では,

$$\delta = \frac{\omega_{max} - \omega_{min}}{\omega_m} \quad \quad (12.16)$$

を角速度変化係数,

$$\omega_m = \frac{\omega_{max} + \omega_{min}}{2} \quad \quad (12.17)$$

を平均角速度と定義して,

$$J = \frac{E_{max}}{\delta \omega_m^2} \quad \quad (12.18)$$

という式を用いることが多い.

このδは対象となる機械により異なるが,ダイレクトドライブのモータでは 0.002 以下に,一般の工作機械では 0.03 位になることがある[3]. しかし,もっと高精度な機械, たとえば, 光ディスク原盤記録装置などという機械の場合には, 積極的な制御を採用して高回転精度を実現しなければならない.

【系4】 回転誤差は,フライホイールをフィルタ要素として用いればかなり吸収・除去できる.

参 考 文 献

(1) 南　悦治, 他：シャープ技報, 通巻 21 号, 1981
(2) 原田達男氏からの個人的資料による
(3) M. F. Spotts：Design of Machine Elements, Prentice-Hall

第13章

縮 小 原 理

13.1 原 理

　高精度な機械では高精度な動きとか高精度な位置決めを行なう要求が多いが，それを実現する1つの手段として，縮小という考え方がある．基本的には，図13.1のように行なう．すなわち，機械のある部分を高精度にbだけ移動させたいとする．いま，レバーを支点に対して，

$$\mathrm{AC} : \mathrm{CB} = n : 1$$

になるように決めたとすると，A点の移動量をB点のn倍移動させると，B点は目標値だけ移動する．もし，A点の移動誤差が$\pm e$あるとすると，B点の誤差は，C点の遊びやレバーのたわみなどのほかの誤差がないものとすれば，$\pm e/n$となる．すなわち，目標値が操作量の$1/n$になるような縮小機構を用いれば，位置決め・移動誤差を操作部誤差の$1/n$に縮小できる．したがっ

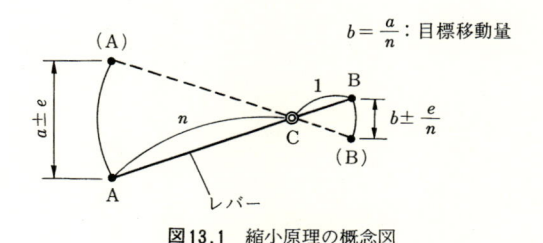

$b = \dfrac{a}{n}$ ：目標移動量

図13.1 縮小原理の概念図

て，精度は n 倍に向上する．これは機械的に行なう例であるが，もちろんほかの方式も考えられる．たとえば，光を用いることも可能であるし，電気的にも可能である．そこで，つぎの設計原理が出てくる．

【設計原理10】 ノイズの介在しない縮小機構を用いれば，高精度な運動・位置決めが可能となる．（縮小原理）

ここで重要なことは，途中にノイズが介在してはいけないということである．たとえば，上の例で，支点Cのところに遊びがあるとか，力を加えたときに発生するたわみであるとか，熱変形であるとかいうようなノイズが入ってくると，せっかく向上した精度が消えてしまう．

13.2 縮小機構の例

縮小機構の歴史上の代表的な例は，図 **13.2** に示すウィットワースが作った百万分の1インチを測ることができる測長機であろう．これは水平の測定端子を移動させる送りねじが，1インチ当り100山という非常に細かいねじであり，ここが1つの縮小機構になっている．もう1つは，図の右に見える目盛りの付いたハンドルに円筒ウォームが直結されており，それが送りねじに直結されたウォームギアと噛合っている．ウォームとウォームギアの間では，普通100対1位の回転数比がとれる．

図13.2　1インチ当り100山のねじを組込んだ百万分の1インチが測定可能な端面測長器．ウィットワース製作(ロンドン科学博物館蔵)

すなわち,ハンドル(ウォーム)を 100 回転回わすとウォームギアがやっと 1 回転回わるくらいに回転数が落とされるので,これが比率の高い縮小機構になっている.この 2 段階の縮小機構の効果により,高精度な微細な測長が可能となるのである.したがってハンドル上の目盛りを正確に,細かく付けておけば,その誤差は極端に小さなものとなってしまうのである.この例のように,歯車は縮小機構として有効である.ルーリングエンジンにはこのウィットワースの測長器と基本的に同じ送り機構(ウォーム歯車+送りねじ)がしばしば用いられてきた.

　図 13.3 も 1 つの縮小機構である.くさび型の部品 A を左右に移動させると,縮小された上下方向の動きが部品 B に現われる.くさび角 θ を小さくすれば,それだけ縮小率を大きくすることができる.どの縮小機構でも,コンプライアンスが小さくなるように配慮しなければならない.縮小率が大きくなって目標とする動きが小さくなればなるほど,力によるわずかの変形が大きな誤差を生む.したがって,伝達系のコンプライアンスが大きいと変形が大きくなって大きな誤差が発生してしまう.

　さらに誤差発生の原因となる変形が,摩擦抵抗により発生することがある.それを防ぐためには,案内は転がり案内などを用いて摩擦抵抗を小さくすることも大切である.

　縮小機構として最近よく用いられるもう 1 つの機構として,圧電素子(ピエゾ素子ともいう)や電歪素子を利用した電気的なシステムがある.圧電素子や

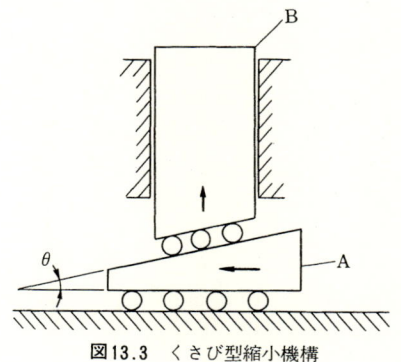

図 13.3　くさび型縮小機構

電歪素子の詳しいことは文献[1]を参照されたい．圧電素子は印加電界に比例するひずみが誘起され，電歪素子はひずみが印加電界の二乗に比例する特徴をもつ．

　圧電材料としてはジルコン酸チタン酸鉛（PZT），電歪材料としてはマグネシウムニオブ酸鉛（PMN）が代表的なものである．このような素子は加える電界（電圧）を電気的に精度良く縮小できるため，すなわち分解能を小さくコントロールできるため，素子のひずみを非常に小さく精度良くコントロールできる．たとえば，PZT の 1 つの素子の例では，$0.25\,\mu\mathrm{m/V}$ の特性が得られ，電気的に数 mV の分解能で制御することは容易であるから，$0.01\,\mu\mathrm{m}$（10 nm）の精度で位置決めできる[1]．

　実際に用いられる基本的な構造を超精密加工における微動工具位置決め機構の例で示すと，図 13.4 のようになる．

　圧電／電歪素子を用いた電気的なシステムは，軽負荷の高精度な機械の位置決めに多く用いられているが，使用上注意しなければならない点もあるので，それらを含めて特徴を以下にまとめてみる[1]．

(1)　数 $10\,\mu\mathrm{m}$ までの駆動範囲で $0.01\,\mu\mathrm{m}$ の精度で位置決めができる．
(2)　発生力が $400\,\mathrm{N/cm^2}$ と大きく，応答速度も $10\,\mu\mathrm{s}$ 程度と小さい．
(3)　ヒステリシスと時効効果が著しく大きいので取扱いに注意しなければな

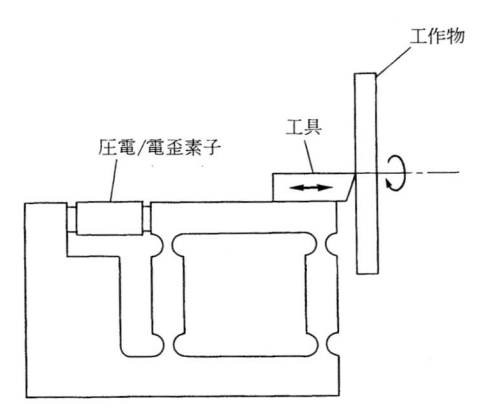

図 13.4　超精密加工機における工具微動位置決め機構の概念図

らない．ヒステリシスを除くためには，それをマイクロコンピュータに記憶させ，行きと戻りの誤差を補正する方法などがとられる[2]．

　光を用いた縮小法も有効であり，実際によく用いられている．この例は加工論にも含められるものであるが，その代表的なものはフォトファブリケーションの過程で用いられる写真工程やリソグラフィ技術のところである．大きな原図を自動製図機などで精度良く作図し，それを写真にとって数分の１から数百分の１に縮小して高精度で微細な製品を作るのである．すなわち，大きな画像を光学系で縮小して微細化と同時に高精度化を図ることも可能である．

　以上のことから，つぎの系を得る．

【系１】 歯車，てこ，圧電/電歪素子を用いた電気的システム，光などを用いて縮小機構を実現できる．

13.3　拡大原理

　計測においては，以上とは逆に拡大原理を用いることが多い．すなわち微細な個所を精度良く測りたいときに，前節で用いた機構を用いて，測定したい量を拡大して測るのである．測定器というのは基本的には，いかにノイズを少なく測定したい量を測定しやすい大きさに拡大するかという工夫をした機器とみることができる．

　マイクロインジケータの機構は，てこと歯車を用いて微小な測定長さを機械的に拡大している例である[3]．それを**図13.5**に示す．この例では，軸が微少量上下方向に移動すると，てこ１が回転中心１のまわりに回転し，このてこの長さ比によってまず移動量が拡大される．さらに，この動きがてこ２に伝わり，このてこ２と結合されている歯車（扇形ギア）１が回転中心２を中心に回わされ，ここで２段目の拡大作用を受ける．この回転運動は歯車１がピニオン２に噛合っているので，この半径比だけまた拡大されそれによって指針が回わされる．この指針がある程度長いので，ここでも拡大効果が出て目盛りの分解能が上がる．

　このように，測定量が４段階も拡大されているのである．この機構により，１目盛り１ μm の読取りが可能になっている．この機構を逆に用いれば（そ

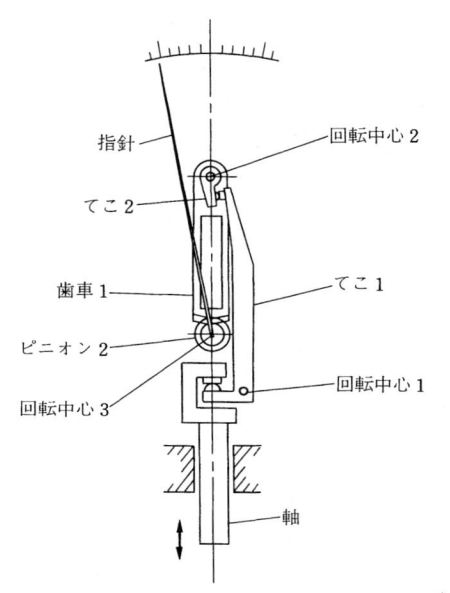

図13.5 てこ・歯車による拡大例(ツガミのマイクロインジケータ)[3]

の場合，負荷に対するコンプライアンスを小さくするため各部材の大きさを変えたり，常に接触点が離れないようなばねなどを挿入するという設計変更をしなければならないが)，1目盛り動かすことにより軸を1 μm 動かせるという縮小原理が実現できるのである．

【系2】 計測システムでは，拡大原理を用いて高精度な計測を行なうことができる．

参 考 文 献

(1) 内野研二：精密工学会誌，53巻，5号，1987
(2) 古川勇二：同上
(3) ツガミよりの資料による

第III部 加工論

第14章

加工精度の上界原理

14.1 原理

どんなに良い加工をしても，それを測定する手段がなければその良さが保証できない．保証できる加工精度は測定できる精度でしかない．実際にはどんなに高い精度でできていても，その高い精度が保証されなければ，その精度を基準に精密機械を構築することはできないのである．したがって，つぎの原理が存在することになる．

【加工原理1】 加工精度は測定能力によってその上界値が決められる．（加工精度の上界原理）

高精度な加工をするためには，その目標とする加工精度を十分な精度で測定できる測定手段をもたなければならない．これが加工精度の上界原理と呼ぶものである．したがって，測定技術は加工限界を左右する重要な要因であり，高精度な加工の限界は自分のところの測定技術によっても左右されてしまうのである．

ここで，とりあえず加工精度とは，つぎの4項目を意味するものとする．

(1) 寸法精度
(2) 形状精度
(3) 仕上面粗さ
(4) 加工変質層

(1), (2), (3)の測定法はJISに規定されているので，ここですべてについて述べることはしない．これらの3項目が実際にはどれくらいの分解能で測定できるかということについては，使用する測定機器の性能や測定環境などによって大きく左右されて一概にはいえないが，現在（1988年）の時点で条件が良ければnmのオーダーまで測れるといってよい．次節以降に，これらに関する特徴的な測定器やその概要と測定限界を述べてみたい．

測定限界を論じる際に「最小測定単位（分解能ともいう）」と，「測定精度」という概念が問題になる．最小測定単位とは測定のときに読取れる最小の値であり，最小目盛と考えてもよいものである．

一方，測定精度は第1章で詳しく説明してあるが，一般に精密度と正確度で表現できる測定の正しさというようなものである．測定限界という場合，保証できる精度をいうわけであるから測定精度のほうが問題となる．測定精度と最小測定単位とは，異なるのである．一般に，最小測定単位より測定精度のほうが小さな値になっていなければならないが，現実にはメーカによって考え方がまちまちである．そこで以下では，とくに断らないかぎり最小測定単位（分解能）をもって測定限界と考えることにする．第2章で述べた測定原理によると，測定器の精度は測定対象の5倍以上なければならないので，この測定限界の5倍が加工精度の上界値と考えられる．

上界値は時代とともに変わっていくが，以下に現時点（1990年）での上昇値を述べる．

14.2 寸法精度の上界値

工場現場で用いられている最も一般的で，しかも高精度な長さの測定基準はブロックゲージである．これと，電気マイクロメータを用いて加工物の長さ（たとえば，100 mm）の測定を行なうと，最も単純な測定限界（寸法誤差）は電気マイクロメータの分解能$0.01\,\mu m$[1]，00級のブロックゲージの寸法の許容差が$\pm 0.14\,\mu m$である．許容差が分解能よりずっと大きいから，電気マイクロメータはこのブロックゲージに対して十分な測定能力をもっていることがわかる．

この場合，電気マイクロメータの接触子の接触圧によるブロックゲージと工作物の変形差や温度，マイクロスタンドの変形などの誤差要因はまったくないと仮定すると，測定限界はブロックゲージの許容差のほうが大きいから±0.14 μm となるであろう．

横河・日本ヒューレット・パッカード㈱のレーザ測定システム 5528A（1988年）を用いると，最大測定範囲 40 m までで分解能は 0.01 μm が得られるが，確度（精度）は±0.1 ppm である．これからすると，100 mm の長さを測定する場合の精度は，

$$\pm 0.1 \times 10^{-6} \times 100 = \pm 1 \times 10^{-5} \text{mm} = \pm 0.01\ \mu\text{m}$$

となる．したがって，これを測定限界と考えると測定長さが 100 mm の場合の寸法精度に対する加工精度の上界値は，この5倍の±0.05 μm となる．

14.3　形状精度の上界値

形状精度としては非常に多くの項目があるので，すべてをここで論じることはできないが，そのうちの真円度と段差形状の上界値についてのみ論じる．

14.3.1　真円度

真円度測定機を製作するメーカーは世界に何社もあり，もちろんわが国でも作られており，各社の性能はかなり接近していると考えられる．その中の代表的な1つは，イギリスのランクテイラーホブソン社（Rank Taylor Hobson）のもので，タリロンド（Talyrond）の名称で売られているものであろう．その性能を1つの代表値としてみてみると，これは 20,000 倍まで真円度誤差が拡大測定できるので，チャート1目盛1 mm は読めると仮定すると，

$$1/20{,}000 = 0.5 \times 10^{-4}\text{mm} = 0.05\ \mu\text{m}$$

の真円度誤差が読取れる．最小目盛（チャート上で1 mm）単位で測定値を読取るとすると，真円に加工する場合の，加工精度の上界値はその5倍と考えて 0.25 μm となる．

14.3.2　段差精度

ここでも，ランクテイラーホブソン社のタリステップ（Talystep）を例にとって調べてみると，前記と同様にチャート上での読取り最小単位を 1 mm

とすると，すべてが理想的な条件を満たしていると考えて，この装置は，2,000,000倍段差を拡大できるから，最小測定可能段差は前と同様に，

$$1/2,000,000 = 0.5 \times 10^{-6} \text{mm} = 0.5 \text{nm}$$

となる．したがって，この5倍の2.5 nmが段差に関する加工精度の上界値と考えられる．ただし，この場合仕上面粗さは，この段差の値以下になっていないと段差の測定値は意味をなさない．

14.4 仕上面粗さの上界値

仕上面粗さを測定する機器も多く市販されているが，そのうちの2つについて加工の上界値を求めてみよう．

1つは，やはりランクテイラーホブソン社のタリサーフ（Talysurf）で，2×10^6倍まで拡大してグラフに表示できる能力をもつ．前と同様にグラフ上の読取り分解能が1 mmであるので，

$$1/2 \times 10^{-6} = 0.5 \times 10^{-6} \text{mm} = 0.5 \text{nm}$$

となり，これを測定限界と考えてR_{max}で2.5 nmまでが仕上面粗さに関する加工精度の上界値ということになる．

もう1つの測定システムは，アメリカWYKO社のTOPOという測定機である．これはタングステン・ハロゲンランプの光源を用い，Mirau干渉計を使用した表面粗さ計測システムで0.3 nmの粗さが測定できるとされている．

したがって，これを分解能とみればこのシステムを用いる場合には仕上面粗さに関する加工の上界値は1.5 nmということになる．

14.5 加工変質層の上界値

前にも述べた通り，加工変質層の存在は後処理工程でも，その部品を使用する段階においても有害なものである．したがって，加工変質層はゼロかもしくはできるだけ浅いほうが望ましい．

加工変質層もどれくらい浅くできるかということは，どれくらいの分解能で，どれくらいの精度でその深さを測定できるかにかかっている．

実用的な腐食法を用いた場合の測定の上界値を検討してみると，つぎのようになると考えられる．

　分解能は $0.1\,\mu$m 位あるが，測定誤差は $\pm 0.2\,\mu$m 位はありそうである．したがって，現状（1989年）では加工変質層に関した加工精度の上界としては，せいぜい $\pm 1.0\,\mu$m 程度と考えられる．

参　考　文　献

(1)　桜井好正：精密測定機器の選び方・使い方

第15章

要素技術の原理

15.1 原　理

　高精度な機械部品を加工する場合に部品に作り込まなければならない特性は，「形状」と「寸法」（仕上面粗さはこれに含めて考える）である．部品の形状および寸法が仕様通りにできていれば，その部品は所期の目的を果たすことができる．逆に形状はよいが寸法が正しくなかったり，各部の寸法は正しいが形状精度が出ていなかったりするとその部品は正しく機能しないことになる．

　ここでいう部品の正しい機能の1つは，高精度な機械に内蔵される運動基準のことである．高精度な機械の運動は，この内蔵された運動基準に添って実施される．一般には，これは案内を構成する部品である場合がある．またある場合には，これを制御の基準（入力）として正しい運動を実現する場合もある．

　もう1つの例は，機械内部には多く用いられている対偶が挙げられる．この対偶は遊びゼロで相対運動ができるのが理想である．しかし，この対偶が正しく作られていないと，どうしても遊びを設ける必要が生じ，正しい運動ができない．そのため，形状・寸法が正しく部品に与えられる加工技術が重要となる．

　この形状と寸法を正確に実現させるための加工要素技術は5つある．この5つの要素技術を確実に自分または企業のものとすれば，高精度な機械を作る技術をもつことになる．この5つの要素技術とは高精度な平面，長さ，円筒，円周分割[1]それに球（球面）を実現させる加工技術のことである．実際には，最

後の球を作る技術は,球の一部である球面は別にして専門メーカーに依存する場合がほとんどである.以上のことから,つぎの原理が出てくる.

【加工原理2】　高精度加工の基礎は高精度な平面,長さ,円筒,円周分割,球(球面)を創る技術である.(要素技術の原理)

加工を問題とする場合,加工した完全な物を測定する技術も当然必要であるが,ここでは測定技術は論じない.加工原理1からの当然の帰結であるが,必要な精度で測定できる技術と設備をもっていることを前提として話を進める.以下に,この高精度加工のための5つの要素技術について詳細に論じる.ただし,具体的な加工技術およびそれらに関係する共通の原理は,以下の章に体系的にまとめられているので,ここではその必要性とそれに関する話題のみを述べることとする.

15.2　高精度な平面を実現する技術

高精度な平面を創る技術の歴史は,Joseph Whitworth(1803～1887)の考

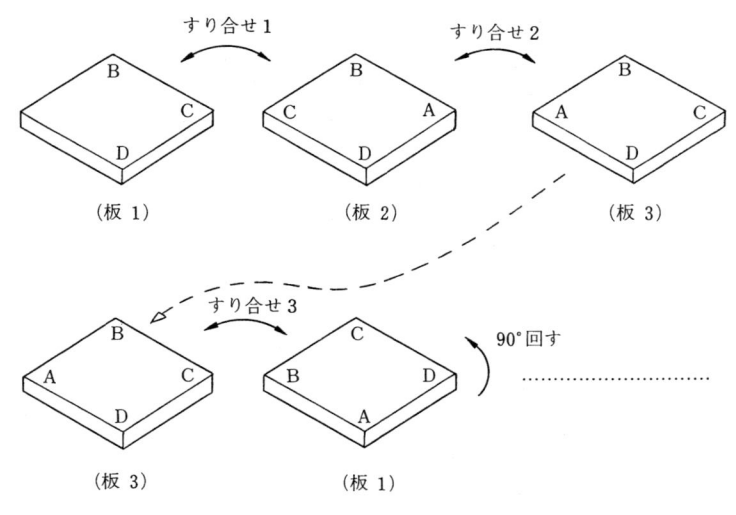

図15.1　3面すり合わせ法の手順

15.2 高精度な平面を実現する技術

え出した**3面すり合わせ法**にさかのぼる．これは**図15.1**に示すように3枚の板（一般には鋳鉄製のもの）を用意し，2枚ずつ組合せを変え，しかも対応する角も90°ずつ回転してすり合わせを行なう．

ここでいうすり合わせとは，一方の板の表面に光明丹を薄く塗付し，2枚の板をこすり合わせると，凸部のみの光明丹は高い圧力を受けて色が変わるのでそこだけをわずかずつ「きさげ」という作業で取り除くのである．この作業を順繰りに行なっていくと，最後には3枚とも高精度な平面が実現できるという方法である．この3枚のうち1枚を基準定盤とし，ほかの2枚を作業定盤として機械部品を作るのに使用するのである．

Maudslay は，1800年頃この方法を利用して高精度な案内面をもった当時としては，飛躍的に高精度な旋盤を作って機械加工技術の分野で革命的な技術の進歩をもたらした．2個の定盤に薄く油などの液体を塗り，ていねいに重ねて押付け中間の空気を押出してしまうと，両者がくっついてしまうリンギング（wringing）という作用のあることも発見された．これがヨハンソンのブロックゲージの発明に影響を与えたといわれている．

これらの定盤を用いれば高精度な平面の部品ができるだけでなく，これから基準直定規とか直角定規というものも製作できる．

たとえば，直角定規を兼ねた直定規はつぎのようにして作ることができる[1]．**図15.2**(a)のような直定規を作るとすると，まずNo.1の平面を作る．この作り方は，上述の定盤を用いて高精度な面を作る要領で行なえなばよい．

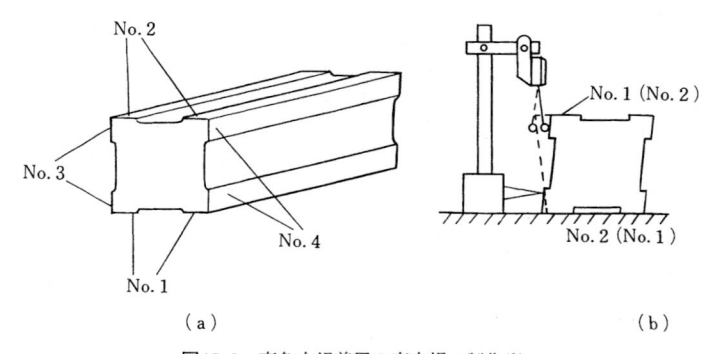

図15.2　直角定規兼用の直定規の製作[1]

つぎに，No.2 の面を No.1 の面に平行に作る．この場合は基準定盤上で各個所の高さを読取って，平面を維持しながら各所の高さが同じになるようにきさげする（実際はかなり熟練を要する）．それができたら，つぎに No.3 の面を No.1 または 2 に直角になるようにきさげする．直角の調べ方は同図(b)に示す通りで，No.1 の面を上にした場合と，No.2 のほうを上にした場合の目盛の差の半分が直角面からのずれになる．

高精度な平面は，高精度な機械のあらゆる場所で用いられている．これが実現できないと，組立たときの精度が出なかったり，またこれが運動基準となるときには機械を動かしたときのその移動体の運動精度が出なかったりするという問題が生じる．また，高精度な平面は治工具の性能をも左右するので，これを実現する技術は要素技術の中でもまた特に重要な技術ということができるであろう．

単純に考えると，工作機械で平面を加工すればそれで十分であろうと思われるかもしれないが，実は後に述べる諸原理からも明らかな通り，強制加工（たとえば切削とか研削加工）による方法では，これは容易ではないのである．できるだけ精度の高い平面を得るためには，きさげとかラッピングという選択的圧力加工法によらなければならない．

【系1】 高精度な平面は，3面すり合わせ法により実現できる．

15.3 高精度な長さを実現する技術

一般に長さというと，単なる棒の長さだけをいうのではない．高さ，幅，厚さなどというものから穴中心間距離までも含まれる．しかしここでいう重要な要素技術の1つとしての高精度な長さを実現する技術とは，機械の高精度な位置決めを可能にする技術と同時に，加工により所定の寸法を実現する技術が必要になる．そのためには，前章の上界原理から明らかな通り，まず長さの絶対値が高精度に測れなければならない．

長さの計測は，一般にある基準（それが固体であれ光であれ）と比較することによって行なわれる．歴史的には 1800 年に，上述の Maudslay の旋盤で精度の良いねじの製作が可能になったことが起因となり，高精度な長さが実現で

きるようになった．すなわち，Whitworth がこの旋盤で1インチ当り 100 山のねじを作り，第 13 章の図 13.2 に示したような端面測定用測長機を作った．

当時，長さの誤差に起因する工業上の問題がしばしば裁判ざたになっていたが，この測長機は最小読取り単位（精度ではない）が，0.025 μm という高性能だったために裁判官の代わりとなって問題を解決し，Load Chancellor（大法官）の異名をとった．当時は内外パスを使って目視により物指と比較して測っていたが，目視によるよりは端面を接触して測るほうがずっと正確であることをこれが証明した．

1890 年に Carl Edvard Johansson がブロックゲージを発明してから，高精度な長さを現場で実現する技術が飛躍的に向上した．ブロックゲージは，たとえば，長さの異なる1組 102 個のブロックゲージを用いて約 20,000 の異なった組合せの長さの測定ができる．このブロックゲージは，平行な高精度な2平面で構成されていることからわかる通り，これも前述の高精度な平面を実現する技術によっていることが理解される．このブロックゲージの導入により，現場でも traceability（原器とほぼ同じ精度が実現できること）が可能になり，アメリカはこれを第一次世界大戦中にいち早く生産に取り入れ，世界最大の工業国に躍進したのである．

長さが正しく測れることと，目標とする正しい長さを実現できることは別の問題である．目標通りの正しい長さの部品が創れる技術は，高精度加工における重要な要素技術であり，この技術をもつことができて初めて高精度な機械部品の加工ができるといえるのである．長さもリニアな1つの長さだけならよいが，各場所によって寸法が連続的に変わる曲面の加工になるとさらに一段と困難さが伴なう．いずれにしても，機械部品が正しい寸法に加工できる技術をもつことは，高精度な機械を作る上で必須条件である．

高精度な長さを加工するためには，要求される精度によって，きさげ，ラップ，機械加工など加工法が決められる．したがって，与えられた工作機械で工具や加工条件を最適に選び，最適な環境を実現し，いかにして高精度な寸法を実現するかということが重要となる．すなわち，高精度な長さを実現するということは総合的な技術を必要とする．そのためには，本書で述べる加工の諸原理も重要な役割を果たす．

【系2】 高精度な長さを加工するには，機械内部においてもしくは外部において高精度に長さを計測できること．

15.4 高精度な円筒を実現する技術

高精度な円筒（ここでは，穴も含む）も，高精度な機械部品の構成要素として重要なものである．特に，高精度な回転運動を実現するためには大切な技術である．高精度な円筒を実現させるためには，多くの加工条件を満足させなければならないが，そのうちで基本的な必要条件は，

(1) 工具または工作物の高精度な回転運動
(2) 工具または工作物の高精度な直線運動

である．いずれも，工作機械の精度に支配されてしまう．

この精度を問題とするとき，第2章でも述べた通り測定法に注意しなければならない．真円度，円筒度を測定する現在一番良い方法は，高精度スピンドルによる方法である．この測定が高精度であるためには，スピンドルが高精度に回転しなければならない．しかし，そのためにはスピンドルが高精度な円，円筒，球でできているかどうかが正確に測れなければならないという自家撞着があるように思える．これは設計上の工夫，たとえばフィルタ効果の原理や，加工上では進化の原理などをうまく取り入れて克服してきた．もちろん，計測上のいろいろな工夫も必要となる．

高精度な円筒を実現することに関しても総合的な技術力が必要となるが，その中でも大切なことは，使用する工作機械が前述した必要条件に最も関係の深い高精度な回転軸受と直線案内をもっていることである．これが満たされていない工作機械を用いては，どんなに努力しても満足な結果は得られない．

【系3】 高精度な円筒を加工できる工作機械は，少なくとも高精度な回転軸受と直線案内をもっていなくてはならない．

工作機械の精度に頼っているかぎり工作機械の精度を超えられないが，これは後述の母性原理のためである．工作機械以上の精度を求めるには，後述の進化の原理による加工法，たとえばラッピング，ホーニング，超仕上げなどで仕上加工する必要がある．

15.5 高精度な円周分割(角度)を実現する技術

　正確な角度および円周分割を実現する技術は，やはり高精度な機械を作る上で必須の要素技術であり，また科学技術の基礎でもある．

　正確な角度を作るということは，加工面を所定の角度に設置するという技術と本質的に同じである．このことは，第2章で述べた角度の測定技術と同じことである．実際に角度を付けた加工をするためには，一般にロータリーテーブル（特にウォーム歯車式）か，カービックカップリング式などの円周分割器が用いられる．エンコーダが組込まれている機械などを利用する場合もある．角度の高精度な加工は，けっきょくこれらの器具に支配されてしまうので，これらの器具は高精度なものを求めなければならない．あとは，加工の測定結果をフィードバックしながら修正していく技術が必要である．

　一般に，ロータリーテーブルと円周分割器を比較した場合，後者のほうが精度が高く，しかもコンプライアンスが小さい．したがって，高精度な円周分割を実現するにはロータリーテーブルよりも，円周分割器を用いるほうが有利と考えられる．

　上述の諸方法とは異なる方法による場合もあるが，直角度を出す技術，平行度を出す技術もここに含まれる．たとえば図15.3に示す一例のように，NC工作機械などのボールねじのセンターラインCと，ナットフランジの取付面Fは高精度で直角度が出ていないといけない．これが完全に直角であれば，有

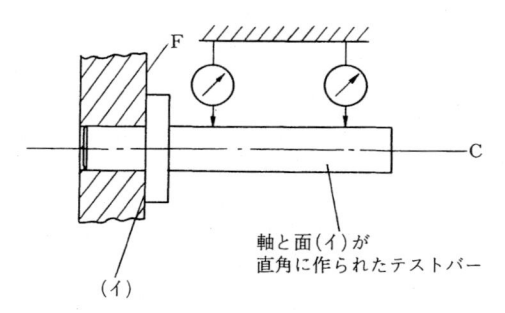

図15.3　ナットフランジ面の直角度を調べるテストバー

効に接触するボールの数が増え，送り系のコンプライアンスを小さくでき，0.1μmの送りでも確実に送れるようになる．この場合は，図のようなテストバーで直角度の誤差を拡大して測り，きさげ面Fの直角度を出すのが1つの方法として有効である．

【系4】 高精度な円周分割（角度）を実現する1つの方法は，高精度な割出し台または割出し機能を内蔵する工作機械を用いることである．

15.6 高精度な球・球面を実現する技術

ここでは，高精度な球を作る技術と球面（球の一部）を作る技術に分けて説明する．機械部品としての球は，主に転がり軸受や転がり案内の構成要素および運動伝達点の接点部品として用いられる．稀れに回転精度を測る基準として，大きな球を用いることがある．完全な球を作る技術はノウハウの固まりみたいなもので，一部の専門メーカーに依存している．したがってその意味では，完全な球を必要とする場合には，ほとんどベアリングメーカーから購入してしまい，自分のところで作ることは稀れである．

一般的な球の製造方法を図15.4[2]に示す．製造方法を文献[2]から引用するとつぎの通りである．最終のラッピング加工では，図示のような対面する2枚の円盤に付けた同心円の溝の間に鋼球素材を入れて転動させる．円盤は一方が回転し，もう一方が固定されており，固定盤の入口から鋼球が流れ込み，回転盤との間でラッピングが行なわれる．回転盤の回転によって盤の中の鋼球は1周

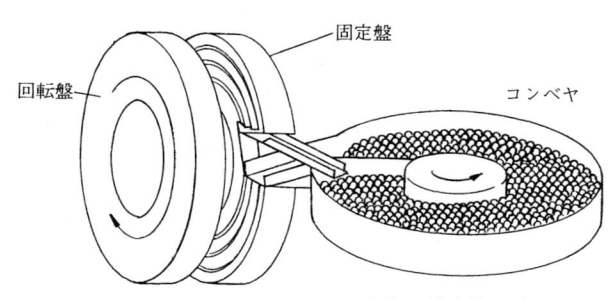

図15.4 球加工用ラッピング機構（日紫喜基久）[2]

15.6 高精度な球・球面を実現する技術

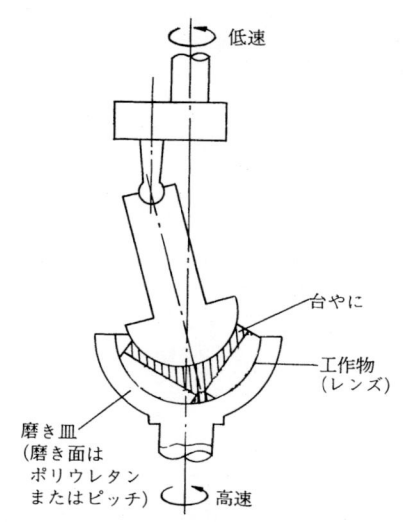

図15.5 球面加工(レンズ磨き加工)の原理図[3]

するとコンベヤ内に排出され，コンベヤの回転により鋼球はふたたびラップ盤の中に流れ込む．工具，加工条件，加工油剤のデリケートな差が高い形状精度を左右するようである．

一方，球面は光学系を作る上でよく利用される．たとえばレンズ表面の形状がそうであるし，凹面反射鏡としても用いられる．また場合によっては，軸受として用いられることもある．その意味では，高精度な球面を作る技術というものは大切である．

その一例としてレンズを加工する場合を**図15.5**[3]に示す．磨き加工は，原理的に図に示すような動きをする単純な構造の研磨機によって行なわれる．一見，簡単に完全な球面ができそうであるが，実際は大変むずかしい．磨き皿の研磨脂，圧力，回転数，揺動振幅，工作物をいくつ貼付けるか，研磨剤など加工形状・精度を左右するパラメータが多すぎて，かなりノウハウと熟練によるところが大きい．製品の精度は，ここに示した最終工程の「磨き」だけでなく，その前の「砂かけ」，さらにその前の「荒ずり」からの前歴の影響もあることに注意しなければならない．

参 考 文 献

(1) W. Moore：超精密機械の基礎，国際工機㈱
(2) 日紫喜基久：バウンダリー，5月号，1989
(3) 1989光学素子加工技術研修会テキスト，日本オプトメカトロニクス協会

第16章 加工単位の原理

16.1 原理

　加工精度に限界を与えるパラメータには種々のものがあるが，その1つが加工単位というパラメータである．
　【定義】　加工単位とは，制御可能な最小除去量または最小付加量をいう．
　加工単位は加工法によって測り方が異なる．たとえば，除去加工であれば除去量であり，付加加工であれば付加量となる．また，同じ除去加工でも旋削のような場合，切込み深さとか，1回転当りの送りのいずれか値の小さいほうで考える．
　イオンビーム加工のような場合には，制御可能な最小加工時間当りの除去量と考えてよい．このように，加工法によって加工単位の測り方は異なる．
　この定義でもう1つ重要なことは，「制御可能な」ということである．加工したらたまたまそうなったというのでは意味がない．ここでいう「制御可能」とは，目標値が再現できる量であるという意味である．加工単位が小さくなれば，それだけ微小寸法のコントロールが容易になり，しかも加工力が小さくなるので加工中の工作物や機械の変形もほとんど生じない，また，加工単位が小さくなるとその加工のメカニズムも加工単位が大きい場合と異なってきて，高精度加工に都合のよい現象が出てくることがある．このようなことから，つぎの原理が明らかとなる．

【加工原理3】 加工精度を高めるための必要条件は，加工単位を小さくすることである．(加工単位の原理)

ここで注意しなければならないのは，前章で述べた上界原理との関係である．保証する精度は，計測できる分解能（最小計測単位）以下にはできないということは正しい．しかし計測の分解能以下に加工単位を実現することは不可能ではないし，上界原理と矛盾するものでもない．ここでは計測できるできないに関係なしに，加工単位を小さくすると加工精度を高めることができるのである．

16.2 加工単位と加工精度

現在，理論的にはピエゾ素子（電歪素子）を用いた微動機構によれば，ピエゾ素子の変位量が単位印加電圧（mV）に対して数十nmあるから，電圧の分解能からすると0.1 nmの制御ができるといわれている[1]．しかし，実際には計測能力の点からその絶対量の保証はできない．加工精度を向上させる必要条件は加工単位が小さいことであるが，これは十分条件ではない．ほかの多くのパラメータも，所要の条件を満足しないと高精度な加工はできない．たとえば，工具と工作物の相対的・絶対的位置関係が正しく保たれながら，相対的にいずれかが移動しなければならない．

機械の位置決め精度とともに，機械の運動精度も最小加工単位を決めるのに重要なファクタとなる．直線運動にしても回転運動にしても，その軌跡が最小加工単位を超えて変動すると，加工が不安定になってしまう．しかし，ほかのパラメータが正しくコントロールされると仮定すれば，高精度な加工を行なうためには加工単位の小さいことが絶対に必要である．

では，加工単位が小さいと加工精度にどのような良い効果をもたらすかというと，加工寸法を微小に追い込めるので絶対的な精度が出しやすい．仕上寸法は加工単位以上で，段階的にしかコントロールできないのでこの量で加工精度が決まってしまう．

さらに古川の研究[2]によれば，切込みの小さいほうが結晶粒の影響を受けずに，工具の幾何形状がよく転写される．多結晶材料を加工する場合，粒界と粒内の弾性係数が異なるので，切削後の戻り量が異なって段差ができる．この戻

り量は，加工単位が大きいほど大きくなる．切込みが大きくなると，結晶粒界の影響のために切削抵抗の変動が大きくなり，機械・工具・工作物系のほうのたわみ量が切削する場所によって変わってしまい，その影響によっても仕上面に段差ができてしまう．また，切込みが大きくなると，結晶粒の方向によってすべり縞模様もはっきり出てくる．

微細な加工をすると，材料の破壊挙動も加工単位の大きな加工の場合に比べて変わってくる．材料の微視的変形や破壊特性を調べてみると，**表 16.1** のようになる[3]．圧子の先端の半径 r が大きいと，ぜい性材には直円錐台状のクラックが生ずる．また，r が小さくて（μm オーダー以下），圧力 p が小さければぜい性材でも延性材に似た塑性変形を生じクラックは発生しない．r が小さくても p が大きくなると（切込みが大きいことに対応），クラックが発生する．延性材は常に塑性ひずみが生じる．

この結果から，セラミックスのようなぜい性材でも，加工単位の非常に小さな加工をすると延性材を加工したような結果の得られることを，このデータは予測している．すなわち，ぜい性材を除去加工（たとえば，切削加工）すると，加工単位の大きな加工のときに発生する表面上のクラックやき裂形切りくずの生成に伴なう表面の凹凸は発生しない．あたかも，延性材を加工したようななめらかな仕上面が得られるのである．

つぎのセラミックの加工例が，これを証明している．岩田らの研究[4]ではジルコニアというセラミックスを切削したところ，加工量（送り量）を小さくすることにより（たとえば，切込み 2 μm，送り 5～50 μm/rev），送り量と刃先形状から求められる理論粗さの値に迫る仕上面粗さ（R_{max} で 0.05 μm）が得られたと報告されている．しかも，硬ぜい性材料であるにもかかわらず，金属切削に近い連続した切りくずが生成した．この場合，切削実験前に仕上面粗さが R_{max} で約 1 μm になるように，研削による前加工を行なっているが，このことは後述の第 23 章に述べる加工原理に関係して大切なことである．

16.3 小さな加工単位の加工法の例

加工単位の非常に小さな加工法の例を，つぎに 2，3 示す．その 1 つは，森

表16.1 材料の微視的変形と破壊特性（谷口紀男）[3]

r, p \ 材料	ガラス（脆性）	金属（延性）
r（圧子先端の曲率半径）：大	弾性ひずみ	塑性ひずみ／弾性ひずみ
p（圧力） p：小 r：小 p：大	塑性ひずみ	塑性ひずみ
	クラック／塑性的ひずみ	塑性ひずみ

らが発明した EEM（elastic emission machining）である[5]．これは，従来の除去加工が平均分布間隔が 1 μm 程度の転位の移動による塑性変形を利用するマクロな加工であるのに対し，微粒子を衝突させ，物質の原子間結合を弾性破壊させることによって，高精度で加工変質層のない表面を得ようとするものである．

加工の原理を図16.1に示す．加工法は微粉砥粒（0.1～0.01 μm）を懸濁さ

16.3 小さな加工単位の加工法の例

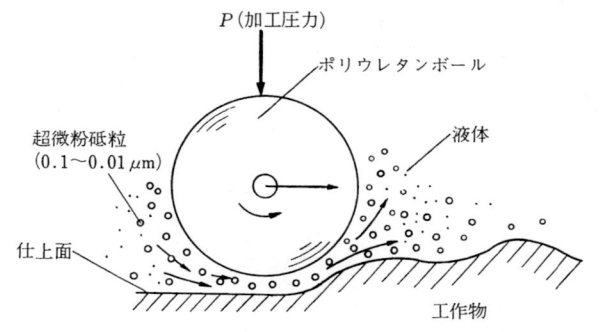

図16.1 EEM(elastic emission machining)の原理図(森 勇蔵ら)[5]

せた液中で，ポリウレタン球を回転させ，それを加工表面に近付けると直径1～2 mmの微小面積にその微粉が衝突して加工するものである．除去量は，加工時間でコントロールする．このような加工法を，別名原子単位材料加工という名前も付けられている．加工単位は，0.01 μm以下と考えられている．EEMは，機械的方法によっており，電子やイオンよりは大きいが，切削や研削やラッピングにおける切刃が作り出す応力場に比べれば，十分に小さな領域にエネルギを与えて，転位やクラックに依存しない原子単位の弾性的破壊に基づく加工法である．この加工法によれば5 Åの分解能で仕上面粗さを測っても凹凸が認められないほどの高精度な加工が実現している．

　一般に切削とか研削における加工のメカニズムは，材料の一部に砥粒や切刃で力を加えると，材料に塑性変形が生じ，すでに材料中に存在するクラックや，転位が集積して発生するクラックが原因となって材料が破断して除去が行なわれる．転位の分布間隔は0.1～1 μm，微小クラックは1～10 μmといわれているので，上記のような加工力が加わるとその応力場は転位や微小クラックを多く含み，その成り行きで破断が起きるので加工単位が大きくなって精度が出にくいのである．

　EEMと似たような加工法には，ほかにメカニカルケミカルポリシング[6]，動圧ポリシング[7]，ハイドロプレーンポリシング[8]などがある．

　もう1つの例は，イオンビーム加工である．これは，アルゴンガスなどのイオンを高速で（エネルギとしては10 keV位になる），加工物にぶつけて加工

物の表面から原子を弾性的にはじき飛ばす加工方法である．イオンが工具となるのである．

この加工法の特長は工具（イオン）が小さく，その速度が高いので微小な除去ができると同時に，断熱的な加工が行なわれ熱を発生せず，また機械的なひずみも表面に残さないということである．しかし，いくらかのイオンが表面（5 μm 以内）に残ることがあるというのが欠点といえば欠点になる．この加工法の加工単位は，0.01 μm 以下であると考えられる．この方法を用いて，ダイヤモンド工具の刃を鋭利にすることもできる．この加工法のもう1つの特徴は，一般の工作機械のような運動基準（案内面）が不要であるということである．究極の加工単位は原子や分子のサイズであるということができる．

16.4　強制加工と加工単位の原理

強制加工を加工単位の原理から検討してみると，つぎの4つの系が導かれる．

【系1】　切削加工では鋭い切刃で，切込み，送りを小さくして加工する．

切削加工で加工単位を小さくする方法は，鋭利な切刃（切刃稜の粗さも良いことが要求される）をもつ工具を用意することに尽きる．そのような工具を用いて除去する量を，できるだけ小さくするように切込みと送りを小さくすることである．このために，工具に鋭い刃を付ける技術，工作機械の微小位置決め能力，高い運動精度などが重要になる．

切刃稜の丸味は，高速度鋼や超硬合金では数 μm 以下に仕上げることはむずかしいが，単結晶ダイヤモンド工具ではその半径を 2～3 nm 以下に仕上げられるので，このような高精度加工には最適である[9]．

【系2】　研削，ラッピングでは，砥粒の粒度を細かくしてかつ揃える．

研削やラッピングでは砥粒の粒度を細かくして，しかも揃えることが必要である．粒度を細かくすれば，当然，加工単位が小さくなる．しかし，それと同時に重要なことは粒度を揃えるということである．せっかく細かい粒度にしても，たった1粒でも大きな砥粒があると，それが仕上面に深い傷を与えて加工をだいなしにしてしまう．これは，加工単位が大きいということにもなる．

【系3】　被削材との親和力の小さい工具材種を用いる．

表 16.2 ダイヤモンド工具で加工できる材料

金　属	重合体(樹脂)	結　晶
アルミニウム，銅，真鍮，青銅，錫，鉛，無電解ニッケル，亜鉛，白金，銀，金，マグネシウム	アクリル，ナイロン，ポリカーボネート，ポリスチレン，アセタール，ポリスルフォン，フッ素樹脂	ゲルマニウム，セレン化亜鉛，ヨウ化セシウム，リン酸二水素カリウム，シリコン

　加工中に被削材が工具に溶着してしまうと，加工単位は当然大きくなり仕上面は悪くなる．被削材と工具の間の親和力は，小さくなければならない．親和性に関しては，単結晶ダイヤモンドが優れている．すなわち，ダイヤモンドはかなり広い範囲の材料に対して親和性が低く，しかも鋭利な刃先を作りやすく，硬いので，最も性能の良い工具材種の1つである．ダイヤモンドで加工できる被削材を，**表 16.2** に示す[10]．

【系4】　耐摩耗性の高い工具材種を用いること．

　実用的な加工可能時間長さにおいて，工具がほとんど摩耗しないことが大切である．摩耗して，たとえば鋭利な刃先が丸まってしまうと加工単位は大きくなり，高精度加工ができない．耐摩耗性は，加工単位という概念と関連する重要な性能である．

参 考 文 献

(1) 井川直哉，島田尚一：精密学会誌，Vol. 52, No. 12, 1986
(2) 古川勇二，諸貫信行：RC 75 研究成果報告書・II，日本機械学会，1987
(3) 谷口紀男：材料と加工，共立出版，1974
(4) 岩田一明：(2)に同じ
(5) 森勇蔵：精密機械，Vol. 46, No. 6, 1980
(6) 安永暢男：セラミックス加工ハンドブック，セラミックス加工ハンドブック編集委員会，建設産業調査会，1987
(7) 渡辺純二：機械と工具，8月号，1984
(8) J. V. Gormley et al.：Rev. Sci. Instrum, 52 (8), Aug., 1981
(9) ODK ニュース '88/1, 大阪ダイヤモンド
(10) Manufacturing Engineering, May, 1984

第17章

母性原理

17.1 強制加工と母性原理

強制加工とは，工具の運動軌跡と干渉する工作物部分をすべて強制的に除去する加工法である．切削，研削などはこの強制加工である．この加工法では，工具の運動軌跡や工具形状に誤差があったり，加工プロセスに誤差が生じるとそれがそのまま工作物に転写されてしまう．「強制加工では工具・工作機械（親）の精度が加工される部品（子）に転写される」という「母性原理」により，部品の加工精度は決まる．つまり，一般に部品の加工精度は工具・工作機械の精度よりは良くならない．

そこでつぎの原理が成り立つ．

【加工原理4】 強制加工の精度は母性原理に支配される．

母性原理の重要性を最も顕著に示した歴史上の事例は，産業革命直前のジェームス・ワットの発明になる蒸気エンジンのシリンダの加工であろう．当時，大きなシリンダ（たとえばポンプ）などの中ぐり加工は，スミートンの中ぐり盤（機械というほどの機械ではないのだが）であった．これは，**図17.1**[1]に示すように，中ぐり軸の先端を支える台車が，これから加工する工作物の上を移動する．すなわち，これから加工しようとする精度が悪い工作物の一部が，工作機械の運動基準の一部になっているのである．当時の人々は母性原理を意識的に認識していなかったために，精度の良い加工をするため大変苦労した．

17.2 創成法と成形工具法 211

たとえば，このスミートンの中ぐり盤の例では，一度加工が終わると 90°回わしてまた加工する，ということを繰返していたようである．

ジェームス・ワットは実用機を狙った大型のシリンダの加工を，このスミートンの中ぐり盤を用いて行なったところ，見事に失敗した．なぜなら，精度が悪くて，シリンダとピストンの間のすき間から蒸気が洩れてしまい，蒸気エンジンを動かすことができなかったのである．

ジェームス・ワットはしばらくの間失意の底にあったが，5年後くらいにウィルキンソンがもっと性能の良い中ぐり盤を発明したというニュースを聞き，再度，エンジンの実用機開発に挑戦した．**図 17.2**[2]に示すようなウィルキンソンの中ぐり盤（1776年）で直径 710 mm，長さ 2,400 mm のシリンダを加工したところ，数分の 1 mm の精度で加工できたと記録されている．この中ぐり盤のおかげで，実用機サイズの蒸気エンジンが製作可能になり，これが文字通り原動力になって産業革命が始動したのである．ウイルキンソンの中ぐり盤は図から明らかな通り，現代の中ぐり盤と基本的に構造はまったく同じである．すなわち，回転工具は両端が完全に支持された軸（運動基準）上を移動する．工作物は基準となる地面に完全に固定されている．このような構造により，親の工作機械の精度が著しく向上して工作物の加工精度も向上したのである．

17.2　創成法と成形工具法

強制加工法は，創成法と成形工具法の 2 つの加工法に大別される．創成法とは，工具の運動軌跡の包絡線として工作物形状を定める方法である．長所とし

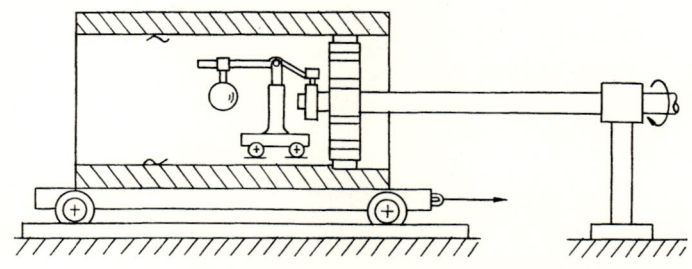

図17.1　スミートン（Smeaton）の作った中ぐり盤(1769)[1]

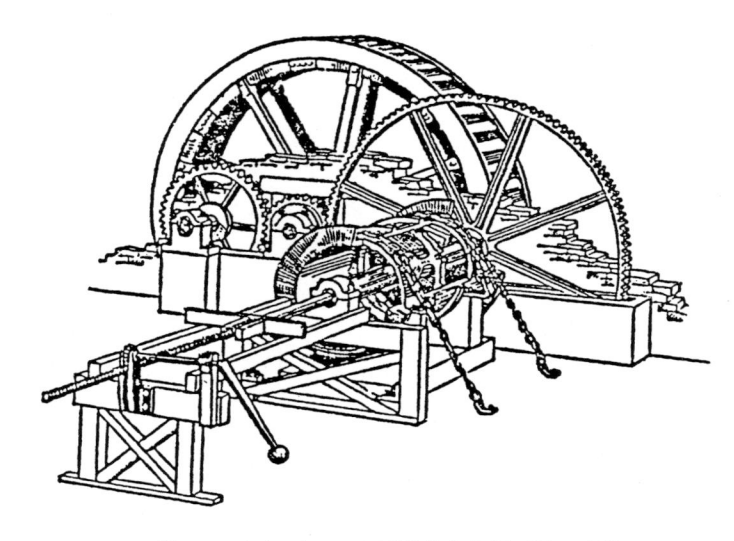

図17.2 ウイルキンソンの発明した中ぐり盤(1776)[2]

ては，工具形状が単純である（一般に直線刃）ため簡単に精度の高い工具が作れる．1つの工具で一般に任意の輪郭形状が創成できる．短所としては，工作機械の構造は成形工具法よりは複雑になる．しかし最終的な加工精度は一般に工作機械の精度が制御によって高くできるので，この創成法の工作機械によるほうが高くなる．

一方，成形工具法とは，工具の輪郭形状をそのまま工作物に転写して工作物の形状を定める加工法である．長所としては機械は簡単で精度は出しやすいが，短所は工具の製作が困難であるということである．また，工具は摩耗するものであるが工具の製作費が高いので，ランニングコストは上がるし，工具の形状寸法誤差は自動制御で補正しにくいので，創成法に比べると精度上も不利である．

17.3 強制加工法の高精度化

母性原理に従う強制加工法で高精度な加工を実現するには，工作機械が可能

性としてもっている，最高の精度を実現できるように運転しなければならない．そのためには，つぎの条件が満足されるように，配慮しなければならない．
(1) 工作機械に内蔵されている運動基準が変化しないこと．
(2) その運動基準に従って，工作機械が最高精度で運動すること．
(3) 運動が加工プロセスを通して正しく工作物に転写されること．

このうちで，(3)は加工単位の原理のところで述べたので，ここでは(1)と(2)について解説しよう．

工作機械の中に内蔵されている運動基準には，いろいろなものがある．その主なものとしては回転軸受，直線案内，移動量を測る位置計測システム，工具の位置決めの基準となる面などである．

上記の条件の実現を阻む要因としては，最初から運動基準や機械がもっている誤差とか，各種の熱源による熱変形，振動，ごみなどがある．強制加工の特徴からすると，工具と工作物の相対的な運動精度の乱されることが，工作機械の本来の精度を発揮できない一番大きな原因である．そこで，つぎの系が出てくる．

【系1】 高精度な強制加工を実現するには，工具と工作物の相対的な位置関係を乱す熱変形，振動，塵埃が存在しないこと．

工具と工作物の相対的な位置関係を乱す要因としての熱源，振動，塵埃はそれぞれ内部的なものと外部的なものがある．具体的な要因は**表17.1**の通りである．

表17.1 強制加工における工具と工作物との相対的位置関係を乱す要因

熱源	内部的要因	・加工点における加工エネルギ ・モータ，ボールねじ，軸受，案内，油圧系
	外部的要因	・対流（空調） ・輻射（照明，人間）
振動	内部的要因	・加工メカニズムに起因する振動 ・モータ，ボールねじ，継手，軸受，案内
	外部的要因	・他の機械，移動する車両，人間
塵埃	内部的要因	・工作物や工具から排出された物質
	外部的要因	・一般空気中，加工液中の塵埃

内部的要因，特に機械の可動部分に起因する要因は，あらかじめ設計の段階で対応策をとってあるのが普通である．したがって，使用時にはそれら外部的要因をできるだけ小さく抑えることが必要となるが，それ以上は設計の良否の問題と考えてよい．

内部的要因の特に加工メカニズムに関係する要因のほうはあらかじめ予測はできているのだが，工作機械を使用するからには避けることができない要因である．したがって，工作機械の使用方法，作業条件，加工条件などを慎重に考えて，その影響をできるだけ小さく抑えなければならない．

加工エネルギに関する熱源に関しては，正確に温度コントロールされた油を加工点または機械全体に十分にかけて，そこで発生する熱が機械内部に蓄積されないようにするのが1つの方法である．高精度な加工をする場合は一般に加工単位が小さいので，発生する熱量は小さいと考えられるが，その熱が工具などに時間とともに蓄積されるのはよくない．第9章で，すでに機械全体に一定温度の油をかけて高精度な加工を実現する例を示した（図9.1参照のこと）．

振動に関して使用上一番問題になるのは，機械の運転条件である．一般に運転速度が高速になるほど振動が発生しやすくなり，それに伴なって加工精度も悪くなってくる．したがって，高精度な加工をするときには振動のできるだけ少ない運転速度を見付けて行なう．運転速度を下げれば加工能率は低下するので，それを補うために送りを高めに設定する．送りを大きくとることは，微小加工の範囲内では振動の原因にならない．ただ加工単位が大きくなるので，その点の注意は必要となる．

塵埃のうちで一番問題になるのは，加工中に発生する切りくずや工具の摩耗粉が仕上面を傷付けてしまうことである．それを避けるには，1つには切りくずが仕上面を傷付けない方向を選んで加工することである．たとえば，ディスク旋盤などでは，中心から外周に向かって加工する．そおすると，切りくずは未加工面側（外周側）にくるので仕上面は傷付きにくい．それからもう1つは，出た切りくずを集塵ダクトで直ちに吸い取ってしまうという方法である．

第16章でも述べたが，強制加工では工具摩耗が加工誤差の原因となる．最低でも1つの部品の加工が終わるまで，経済性を考えれば，ある複数個以上の加工が終わるまで工具摩耗がある値以下に抑えられなければならない．そこで，

つぎの系が出てくる．

【系2】 強制加工法で高精度加工するには，工具摩耗を制御しなければならない．

表17.2 工作機械の問題点監視項目（岩田一明ら）[3]

	監視項目
工作機械本体	機械の精度不良 機械各部の変形（経時変形，静変形，熱変形） 機械各部の異常音，振動 位置決め不良，オーバーラン，衝突，暴走など 基礎，機械各部の水平 案内面の摩耗，損傷
工作機械の駆動機構	主軸の回転不良 モータの過負荷，損傷 主軸，案内面，歯車箱の潤滑 油圧ポンプ，配管系，油圧シリンダの異常，損傷 歯車，軸受の異常，損傷 歯車変速装置のインターロック サーボロック，クランプ機構の異常 Vベルトのゆるみ，切断 異常音，強制振動の発生
工具関係	工具の識別 工具の寿命，損傷 刃先位置の確認 工具取付けの確認，取付不良 ATC，工具マガジンの異常
工作物関係	工作物の識別 工作物の取付位置，振れ 工作物の取付け確認，取付不良 チャックのチャックミス，ゆるみ，把持力，心押し台の押え方
制御装置	制御装置本体の異常検出と自己診断 PTRなどの入力機器，周辺装置，インターフェイスの故障，異常誤動作
周辺機器	油空圧機器の漏れ，シール不良，圧力異常，油切れ，定量異常 油，空気のゴミ，汚染，油の劣化，フィルタの汚染 油の温度 機械の保護ガードの開閉確認
その他	切りくずのからみ，詰まり，チップコンベヤの異常

そのためには，下記のことに注意する必要がある．
(1) 被削材に合った工具材種
(2) 厳密な工具寿命管理・予測
(3) 加工点の温度を上げない

　強制加工法では加工精度は工作機械の精度に支配されるわけであるから，工作機械の機能不良や故障を直ちに発見できるように常に監視しなければならない．参考までに，工作機械の機能不良や故障を発見するために監視すべき項目を **表 17.2**[3]に示す．

参　考　文　献
(1) 米津　栄：改訂・工作機械，コロナ社の図を参照
(2) L. T. C. Rolt（磯田訳）：工作機械の歴史，平凡社
(3) 岩田一明，中沢弘：生産工学，コロナ社，1988

第18章

進化の原理

18.1 選択的圧力加工と進化の原理

選択的圧力加工法とは，工具と工作物をある広さの面で接触させ，圧力を加え，局所的に突出している個所を選択的に自動的に，その圧力に見合う量だけ除去する加工法である（**図18.1**参照）．この加工法に入るものとして，ラッピング，ホーニング，超仕上げ，きさげ，メカノケミカルポリシングなどがある．

この加工法は，つぎの2つの原理で工具・工作機械よりも高い加工精度が得られる．第1の原理は工具と工作物の突起部のみが選択的に圧力を受けて，機械的/化学的に除去されて（除去のやり方は加工法によって異なる），工具と工作物の両者とも同時に精度が向上していく．

第2の原理は工具および工作物はそれぞれ相手によって案内されるので（図の例では工作物が工具によって案内されているが，この逆もある），加工中に

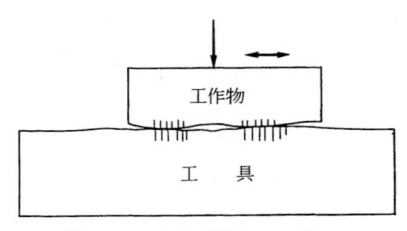

図18.1 選択的圧力加工の原理図

案内の役割をしているほうの精度が向上していくに従って，工作機械の運動基準の精度が向上することになり，したがって加工精度が向上する．これらの原理をまとめて"進化の原理"と呼ぶことにする．そこで，つぎの原理が提案される．

　【加工原理5】　選択的圧力加工法の精度は，進化の原理に支配される．

　したがって，この加工法によれば，非常に高精度な加工が行なえる可能性をもっている．

　選択的圧力加工法では，加工面のすべての部分が均一に加工されるように工具と工作物間に相対運動を与えなければならない．そのような運動を与えるために，特徴ある機械の構造がそれぞれに考えられている．

　母性原理に従う強制加工では，工作物の精度は工具を含む工作機械の精度に左右され，一般にそれらよりも低い精度しか達成できない．そのために，工作機械が加工中に，常にその最高の精度で運転されるように配慮しなければならないことは前に述べた通りである．さらに工具摩耗が制御できないと，その誤差のために加工精度が工具・工作物間の相対的な運動精度よりさらに下がってしまう．強制加工法における加工精度に関して，工具摩耗は重要な要因であった．

　ところが，選択的圧力加工法においてはこのような問題はないのである．すなわち，工具に多少の誤差があっても，加工中工具も摩耗することによってかえってその誤差が除かれ，工具の精度が同時に向上進化するからである．その意味では，進化の原理による加工法では，加工が長く続けられるほど，しかも目標値に近付くに従って加工単位も小さくするほど，工作機械の精度に無関係に工作物および工具の精度は高くなっていく．

　加工単位の重要性についてはすでに述べたが，選択的圧力加工法ではこの加工単位を非常に小さくできることが加工精度向上に役立っている．たとえば，普通の強制加工でダイヤモンド工具による超精密切削を除くと，たとえば，研削では最小 $0.1\,\mu m$ 位までの加工単位が限界であると考えられるが，選択的圧力加工法ではそれ以下の加工単位が実現できるからである．

　しかし，選択的圧力加工法で注意しなければいけないのは，偏摩耗による形状精度の劣下である．加工面全体にわたる均一な加工が実現されないと，ある

個所，ある方向のみが加工が進んで，形状精度が得られないことがある．工具と工作物の相対的な運動軌跡は，工作機械のメカニズムによって決められてしまうが，上述の問題を避けるためには，たとえば工作物のセッティングの位置や向きをときどき変える（たとえば，ラッピングでは一定時間毎に工作物の位置を変えたり加工面を上下逆にする）とか，運動方向を常に変えるとかして，均一な加工を実現することに配慮しなければならない．その意味から，つぎのような系が出てくる．

【系1】 選択的圧力加工では，被加工面全面にわたって均一な加工ができるように，加工運動の方向を常に変えなければならない．（加工運動のランダム性）

以上の説明では，暗黙のうちに工具は工作物と別のものという条件を仮定していたが，必ずしもいつもこの仮定が必要というわけではない．たとえば，遊離砥粒（自由砥粒）を用いて，工具側を工作物と組合わされるもう一方の相手部品に置換え，部品同士で選択的圧力加工を行なうこともできる．

実際にこのような加工法は現場で「共ずり」と呼ばれて行なわれている．前述したウィットワースの3面すり合わせも，共ずりの一種とみなせる．この場合は手加工することが多いが，手加工するときは，機械加工する以上に上述の系1の注意を守らなければならない．共ずりなどについては，第24章で詳しく論じる．

18.2 ラッピング

ラッピング（lapping）は砥粒加工の1つであるが，研削と異なり，互いに結合されていない遊離した砥粒（abrasives または lapping powder）を使用するところに特徴がある．この砥粒を，ラップ（工具側の働きをするもの，lap）と工作物の間に置いて両者を相対的にすべらせると，砥粒は転がり運動やすべり運動を行なって，工作物表面からわずかずつ削り取る．

工作物もラップも，最初は完全な形状ではない．しかし，図18.1に示したように不整突起部が自動的に選択され，圧力に見合った量が削り取られる．図中の工具がここでいうラップである．ラッピング法にはつぎの2種類がある．

220　第18章　進化の原理

(1) 湿式ラッピング（wet lapping）
(2) 乾式ラッピング（dry lapping）
以下，これについて説明する．

　湿式ラッピングは，ラップ剤（砥粒）と工作液（一般に油）を混合したものをラップと工作物の間に塗布したり流したりして，ラッピングする方法である．砥粒は，ラップと工作物間で転がりながら工作物の一部を削り取っていく．このラッピングでは，ラップ剤と工作液の混合率，ラップ圧力，粒度，ラップ時間，ラップ速度などが微妙にラッピング性能に影響を及ぼす．乾式より加工能率は良いが，仕上面粗さ，精度では若干劣る．

　乾式ラッピングでは，ほとんど工作液を用いない．作業を始める前に，工作液にラップ剤を混ぜたものをラップにすり込み（この場合，この混合したものを2枚のラップに挟んですり合わせることがある），その後これをふき取って使用する．そうすると，砥粒がラップに埋め込まれた状態になり，これを工作物と組合せてラッピングを行なう．したがって，この場合は砥粒がラップに埋め込まれているので，すべり運動，すなわち引っかきにより切削が行なわれる．乾式は湿式よりも良い仕上面が得られるが，ラップの方は削られないので進化の原理はあてはまらない．

　ラップ圧力 p は，加工能率 Q とともに仕上面粗さ R にも関係する．この関係を図 18.2 に示す．能率を最大にする圧力 p_2 と，仕上面粗さを最良にする圧力 p_1 が一致する場合には，その圧力でラッピングすればよいが，一般には $p_1 < p_2$ である．仕上面粗さが指定されているときは，それを満足する範囲内で，

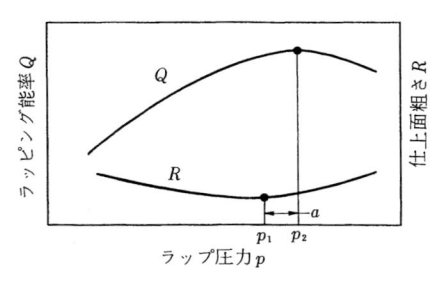

図18.2　ラッピング能率，仕上面粗さとラップ圧力の関係[1]

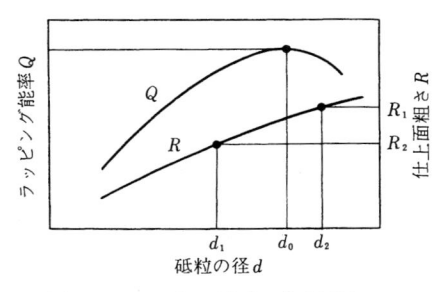

図18.3　ラッピング能率，仕上面粗さと粒の径の関係[1]

できるだけ高い能率を与えるラップ圧力を選ぶ．

砥粒の径 d は，能率 Q と仕上面粗さ R の両方に関係する．能率には最大値があるが，仕上面粗さは砥粒の径 d に比例して単調に悪くなる（**図18.3** 参照）．もし，指定の粗さが R_1 であれば d_0 の砥粒径を用いて能率，粗さとも向上させるべきであり，R_2 であれば当然 d_1 の砥粒径でラップする．

ラップ時間 t が長くなると，砥粒は次第に破壊されて砥粒径 d は徐々に小さくなる（**図18.4** 参照）．それに伴なって仕上面粗さも良くなるが，同時に砥粒の摩耗も加わって加工能率は悪くなってくる．図には能率 Q に関して2通りの曲線が示してあるが，(イ)のほうは圧力が最適値より低い場合で，時間 t とともに能率は単調に下がる．一方，(ロ)のほうは圧力が最適値より高い場合で，ラッピングを始めると圧力が高すぎるためにラップ剤が小さく破砕され，それによって1砥粒当りの圧力が最適値に近付き，加工能率は一時的に向上する．さらにラッピングを続けると，今度は(イ)の場合の経過がここで現われ，単調に

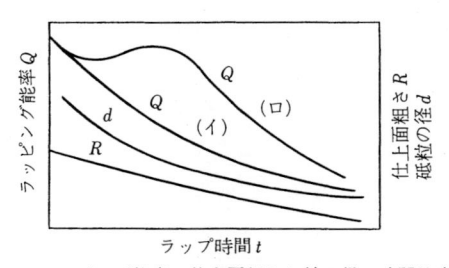

図18.4 ラッピング能率，仕上面粗さと粒の径の時間的変化[1]

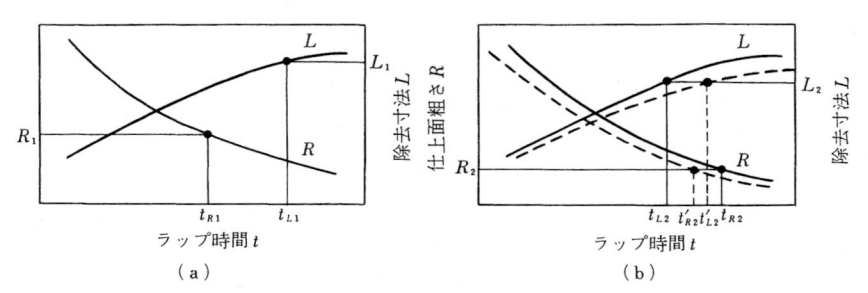

図18.5 仕上面粗さと除去寸法の時間的な変化[1]

能率は下がってくる．

　ラッピングでは，仕上面粗さだけでなく，寸法の精度を出さなければならないことが多い．この場合，ラッピングによる除去寸法 L とラッピング時間 t の関係が重要になる．図 18.5(a)で，R と L の指定が R_1 と L_1 のとき t_{L1} まで時間をかけてラッピングすればよいが，(b)のように R_2 と L_2 が指定されると，R_2 を得ようとすると工作物は削られすぎて寸法が小さくなってしまうので，この条件は変更しなければならない．(a)のような条件を探すべきである（つぎの関係を参照）．

　ラップ速度 V と仕上面粗さ R および除去寸法 L は，図 18.6 のような関係にある．ラップ速度を高くとると，除去寸法を大きくとれるが仕上面粗さは悪くなる．したがって，前述の図 18.5(b)のような場合には，たとえばラップ速度を V_1 で加工していたとするとラップ速度を V_2 に下げて単位時間当りの除去量を下げて，同時に仕上面粗さも良くなる条件に変えればよい．そうすることによって，R と L の関係は図 18.5(b)の中に破線で示したようになり，R と L の目標値に達する時間の長さが逆転するので t'_{L2} まで時間をかければ，両方の目標値が実現できる．

　さらに高精度な加工をするには，第 16 章の系 2 を思い出してほしい．すなわち，加工単位の原理からすると高精度なラッピング加工をするには，加工単位が小さくなる条件を選ばなければならない．乾式ラップは前述のとおり進化の原理ではなく加工単位の原理によるので，ラップは最初から高精度な加工ができる．

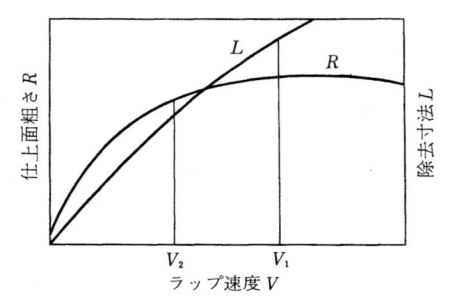

図18.6　仕上面粗さ，除去寸法とラップ速度の関係[1]

そこで，つぎの系が出てくる．

【系2】 高精度なラッピングを行なうには形状精度の高い工具（ラップ），粒度の細かい砥粒を用いて行なうのがよい．

　研削加工だけでは仕上面が図18.7(a)のように突起が多く，耐久性が悪かったり，運動性能たとえば位置決め精度が出なかったりする．そのような場合，ハンドラップを行なうと同図(b)のようになり，より高品質の仕上面が得られる．

18.3 ホーニングと超仕上げ

　ホーニングも超仕上げも固定砥粒加工であり，しかも選択的圧力加工法の1つである．したがって，進化の原理があてはまり，高精度な加工が実現できる方法である．図18.8はホーニング加工を示している．ホーンと呼ばれる砥石を，ばねや油圧などで（図はばねの場合を示している）工作物に押付けながら，回転と往復運動をさせることにより加工を行なう．そうすると，ホーニングによる仕上面は同図(b)に示すようなクロスハッチパターンとなる．ホーニングによれば形状精度，仕上面粗さともに優れた加工精度が得られる．

　一方，図18.9に超仕上げのやり方が示されている．やはり砥石を一定の圧力で工作物に押付け，全振幅で2〜4mmの振動をさせながら送りを与えて加工する．超仕上げによれば加工変質層の少ない，仕上面粗さの良い（R_{max}で0.5μm以下）仕上面が得られる．

　両者の加工軌跡は異なるが，砥石の動く速度は20〜40m/minであり，砥石

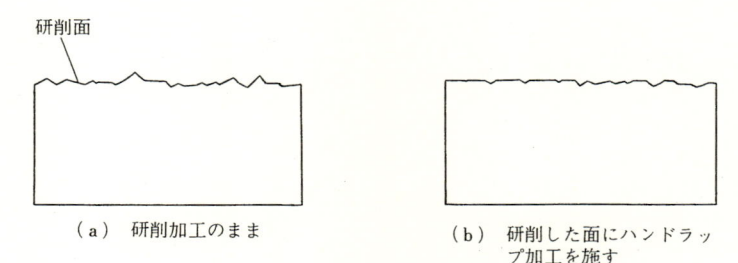

(a) 研削加工のまま　　　(b) 研削した面にハンドラップ加工を施す

図18.7　ハンドラップの効果

224　第18章　進化の原理

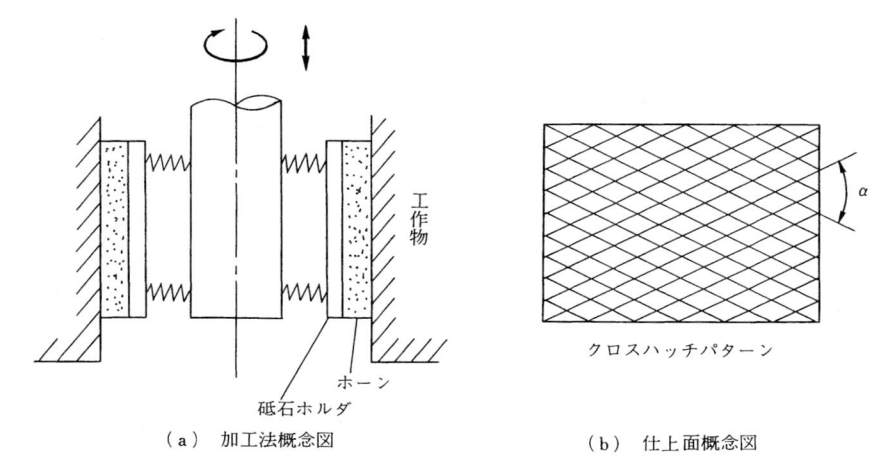

（a）加工法概念図　　　　　　　　（b）仕上面概念図

図18.8　ホーニング加工

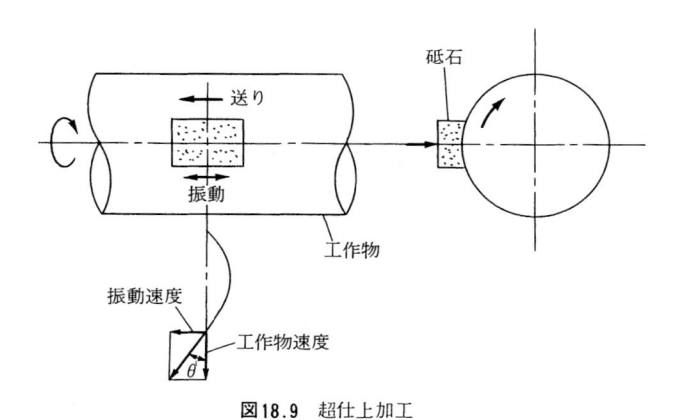

図18.9　超仕上加工

を用いているので，基本的には両者は同種の加工法とみることもできる．両者とも選択的圧力加工法であるので，前述の進化の原理があてはまり，高精度な加工が実現できる．

　これらの加工法においても高精度な加工を実現するには，前述の系2と同じような条件を考えなければならない．すなわち，最初の砥石形状はできるだけ正しく成形し，砥粒の大きさはできるだけ細かく，圧力を低めにして加工単位

を小さくするのがよい．ただし，結合度はそれぞれの加工法によって異なり，ホーニングは硬め，超仕上げは軟らかめのほうが仕上面粗さは良くなる．しかし，これらの条件は逆に生産性を悪くすることに注意しなければならない．加工精度と生産性のトレードオフを適当に考えて，条件を設定することが大切である．

また，これらの加工法に独特のものとして加工軌跡のパターンの問題がある．ホーニングでは交差角 α（図18.8(b)参照）の範囲は $30°～60°$ が良く，超仕上げでは切削方向 θ（図18.9参照）が $40°～60°$ の範囲が良いとされているが，これは前述の系1の加工運動のランダム性に関係していると考えられる．すなわち，あらゆる方向に加工が均一に行なわれるには，この角度範囲が良いということと符合するものと思われる．そこで，ホーニングと超仕上げには，つぎの系が考えられる．

【系3】 高精度なホーニングと超仕上げを行なうには形状精度の高い，砥粒の細かい工具（砥石）を用いて低めの圧力で加工するのがよい．

18.4 乾式メカノケミカルポリシング[2]

メカノケミカルポリシングは，一見，選択的圧力加工法でないようにみえるが，工具工作物の凸部同士の接触部だけに選択的に働く圧力は，化学的反応も活性化するエネルギとして働き，工具と工作物両者の精度が向上し進化の原理が働いているのである．

ラッピングのような遊離砥粒加工では，砥粒による押込みや引っかきによる切削が主体であるので，加工面に加工変質層が生成されてしまう．これを除去するためには化学研磨や電解研磨が用いられるが，これではこんど形状精度が悪くなってしまう．これらの問題を解決する加工法として，安永らによりメカノケミカルポリシングという加工法が実用化された．

この加工法は，加工物よりも物理的に軟質でかつ加工物と固相反応を生じるパウダを砥粒として用いたラッピングと考えることができる．この軟質粒子と加工物の接触点に生じるメカノケミカル現象（加えられた機械的エネルギにより誘起される化学反応）を利用して，加工単位の小さな表面研磨を行なう方

法である.

　従来,半導体産業で用いられている酸化液を混ぜてラップを行なう,機械的作用と化学的作用の併用方式のケミコメカニカルポリシングとは異なるものである.たとえば,サファイヤの研磨ではSiO_2,$\alpha\text{-}Fe_2O_3$,MgOなどの微粒子を,乾式か適当なポリシング液とともに供給すると,サファイヤと粒子の接触点局部で,摩擦エネルギにより高温・高圧が発生し,微小接触時間内に両者の固相反応が生じ,摩擦力によりその部分が除去されることにより研磨が進行する.このときの加工単位はÅオーダーといわれており,加工単位の原理からすると高精度加工に適した加工法ということができる.

　工具材種は進化の原理が実現できるように,使用するパウダで同時に工具側の誤差が除去できるのが良いわけであるが,石英が推奨されている.

　加工物より軟らかいパウダを用いるので,仕上面は粒径に関係なしにスクラッチのない平滑な面が得られる.サファイヤをSiO_2で加工した場合,R_{max}で$0.01\,\mu m$以下が得られており,しかもスクラッチがない.

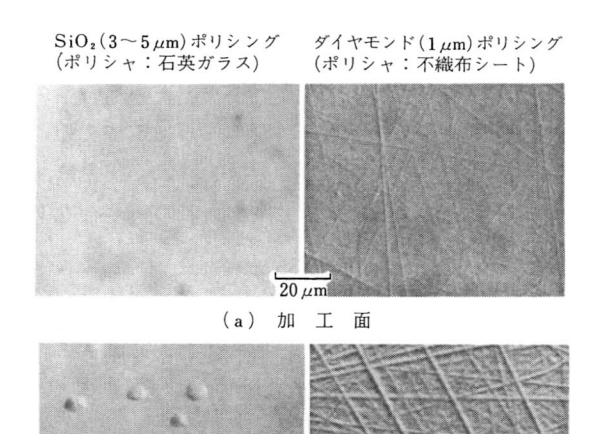

$SiO_2(3\sim5\,\mu m)$ポリシング
(ポリシャ:石英ガラス)

ダイヤモンド$(1\,\mu m)$ポリシング
(ポリシャ:不織布シート)

$\overline{20\,\mu m}$

(a) 加　工　面

$\overline{20\,\mu m}$

(b) エッチング面(H_3PO_4:300℃)

写真18.1　サファイヤ(0001)面の加工表面とエッチングした面の写真(安永暢男ら)[2]

加工変質層もエッチングした表面（**写真 18.1** 参照）に示す通り，ダイヤモンドポリシング面と異なってほとんどスクラッチが存在しないことがわかる．写真中メカノケミカルポリシングのほうの点在する凸部は，もとから加工物に存在するバルクの転位欠陥である．

被加工物が水晶の場合には，パウダとして Fe_3O_4，MgO，MnO_2 を用いる．また，Si 単結晶には，$BaCO_3$，$CaCO_3$，Fe_3O_4 などを用いるのがよい．さらに窒化珪素焼結体に対しては，Fe_2O_3，Fe_3O_4 のパウダがよいとされている．

以上からも明らかな通り，この加工法は加工変質層のほとんどない，高精度・高品質な面が得られるが，加工単位が小さいだけ加工能率は良くない．

参 考 文 献

(1) J. Kaczmarek : Principles of Machining by Cutting, Abrasion and Erosion, Peter Peregringus Ltd, 1976
(2) セラミックス加工ハンドブック編集委員会：安永暢男，セラミックス加工ハンドブック，(1987)

第19章

異方性原理

19.1 エネルギ加工と異方性原理

エネルギ加工とは,いろいろな形態のエネルギを利用した加工法であり(機械的エネルギは除く),その中には近年開発され急速に発展したものまである.
これらを加工エネルギの種類で分類すると,つぎのようになる.

エネルギ加工
- 物理的エネルギ加工
- 物理化学的エネルギ加工
- 化学的エネルギ加工
- 電気化学的エネルギ加工
- 熱的エネルギ加工

すべてのエネルギ加工を厳密に分類することはむずかしい.たとえば,イオン加工は,その方式により物理的エネルギ加工,物理化学的エネルギ加工,化学エネルギ加工のいずれにも入りうる.したがってイオン加工などはその関係の深い加工の種類に分けて説明する.切削とか研削とかいう加工法はかなり一般的でほかに多くの成書があるが,これらのエネルギ加工は最近急速に発達したものが多く馴染みが薄い.そこで次節以降では高精度加工に関係が深い,比較的に新しい加工法を中心に説明することにする.

エネルギ加工の特徴を表わす概念は,等方性と異方性である.たとえば図 **19.1**(a)に示すようにエネルギ作用面,すなわち仕上面が等方に拡がっていく

性質が等方性であり，逆に(b)のようにある一方向だけにしか仕上面が進まない場合が異方性である．

エネルギ加工では，この両者の性質のどちらが強いかで加工精度が決まってくる．すなわち，上記の異方性の強いエネルギ加工ほど高精度な加工が実現できる．逆に，いかにより完全な異方性を実現していくかが，高精度加工をする上でのポイントとなる．このことから，エネルギ加工の加工精度に関してつぎの原理が成り立つ．

【加工原理6】 エネルギ加工の加工精度は異方性原理に支配される．

それでは，まず各エネルギ加工を説明した上で，エネルギ加工の加工精度を向上させる手段を考えてみよう．

19.2 物理的エネルギ加工

19.2.1 EEM（Elastic Emmision Machining）

EEMは，前にも説明した通り，森勇蔵らにより発明された極微小量弾性破壊を利用した高精度な加工法である[1]．すなわち，EEMは，物理的方法によって，電子やイオンよりは大きいが，切削や研削やラッピングにおける切刃が作り出す応力場に比べれば，十分に小さな領域に異方性高くエネルギを与えて不要な部分を除去する，転位やクラックに依存しない原子単位の弾性的破壊に基づく加工法である．この加工法によれば，加工変質層のほとんどない面が加

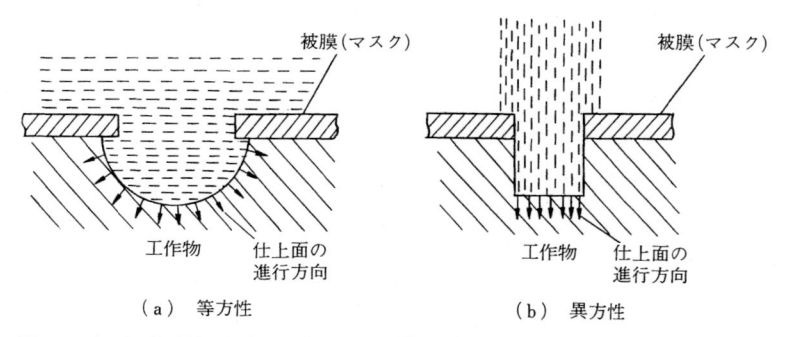

図19.1 加工の等方性と異方性（被膜の有無は等方性・異方性の説明には本質的な意味をもたないが，後の説明に使用するため付加した）

工できるとされている．Si単結晶を加工した例では，表面粗さが5Åまで得られている．これはまさに，前述した"加工単位の原理"に合っていること，同時に異方性の高いことが原因となっていると考えられる．

前出の図16.1（207頁）に示すように，微細粉末粒子を水に懸濁した中でポリウレタン球を回転させ，しかもそれを工作物のほうに向かって加圧すると，その微細粉末が加工表面に水平方向に近い角度で衝突する．すなわち，高度な異方性が実現できる．このようにすると，微細粉末と工作物が原子間の相互作用力によって止められようとするのを，流体潤滑状態の流れが微細粉末粒子を加速しその表面に転がすことによって，表面の微小な部分を破壊して持ち去ることにより加工するのである．

実際の加工機械は**図19.2**のようになっている．加工は，まず前加工面の寸法，形状を恒温室で精密測定し，それを計算機に入力する．これと，所要の形状・寸法との差を各座標点での加工代として，それに相当する加工時間の計算を行ない（多く除去するときはゆっくり送る），送りの速度を変えて所要量の

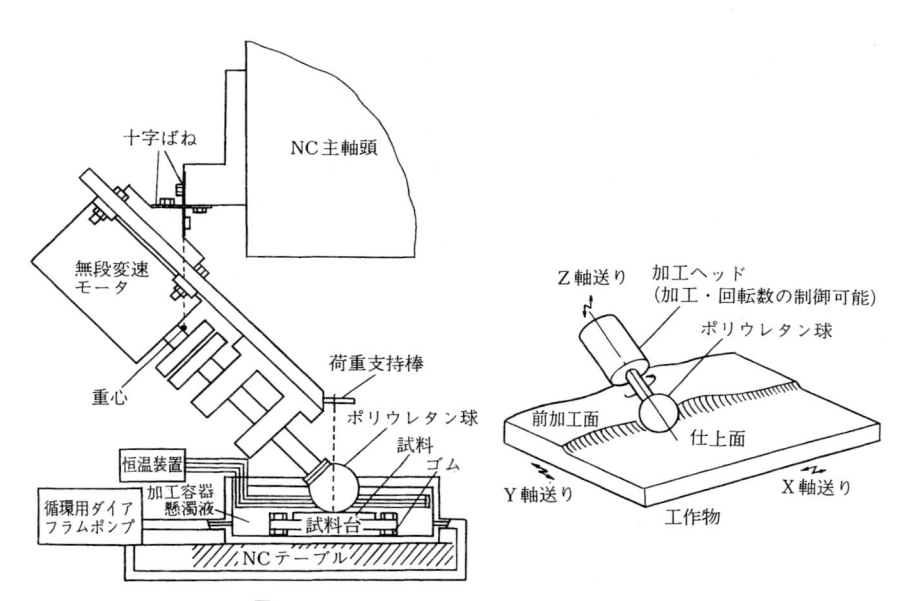

図19.2 EEMのためのNC加工機械（森 勇蔵）[1]

除去を行なう．

この加工法の加工精度を決めている要因は，微細粒子の衝突角であり，それは0°に近い値である．これは，加工の異方性（一方向のみに加工すること）が非常に高いことを示している．すなわち，粒子が水平方向に運動するときに，その邪魔になる（目標とする）部分だけが極微小量除去されるということである．ここでは，異方性と加工単位の2つの原理が作用しているのである．

19.2.2 動圧ポリシング

動圧ポリシング（hydrodynamic polishing）は渡辺純二らにより開発されたエネルギ加工法であり[2]，EEMに似た加工法である．本加工法は，液体中に懸濁した微粒子を加工物表面にできるだけ水平に（すなわち，高い異方性を狙って）衝突させ，しかも工具と工作物が接触しないで加工できるように動圧力を利用して工作物を浮かしている．この動圧力を利用するのは両者を接触させないだけでなく，この間隔が加工量にも関係するので加工能率を一定にするための効果を期待している．

原理を図19.3に，装置の概略を図19.4に示す[2]．すなわち非接触ではあるが，ラップ盤のラップに相当する工具に，円周方向にのこ歯状の傾斜したテーパ部と工作物表面に平行なフラット部が形成されている．テーパ部は工作物を浮上させるためであるが，フラット部は水平方向に微粒子と加工表面の接触頻度を高めるための目的もある．このようにして，加工表面が加工される原理はEEMとまったく同じと考えられる．

単結晶Siを加工した場合，加工面の平面度は$0.3\,\mu m/\phi 75\,mm$が得られており，加工変質層もなく結晶構造的な乱れもみられない．また，仕上面粗さR_{max}で10Å前後となっている．工具の材質としてはウレタンゴムが高精度・高品質な加工面が得られると報告されている．

豊田工機の超精密ポリシングマシンも，工具の形状は上記と異なる同様の原理を利用していると考えられる．

この加工法で重要なことは，微粒子が水平に近い角度で加工面に衝突することであろう．しかも，水平な方向で凸部を選択的に除去加工することである．すなわち，水平方向に高い加工の異方性が実現されているのである．

19.2.3 イオンビーム加工

イオン加工のうちで，物理エネルギの加工グループに入るものはスパッタエッチングとイオンビームミーリングの2つである．イオン加工には，ほかにも物理化学的エネルギ（後述）を用いた方式もあるが，それらを除いて上記2つだけを総称してイオンビーム加工と呼ぶこともある．

イオンビーム加工とは Ar, Kr, Xe などの不活性ガスのイオンを工具として利用する除去加工である．このイオンに，数十 eV から数百 keV を（電子ボルト eV とは電気素量 e の電荷をもつ粒子が，真空中で電位差1Vの2点間

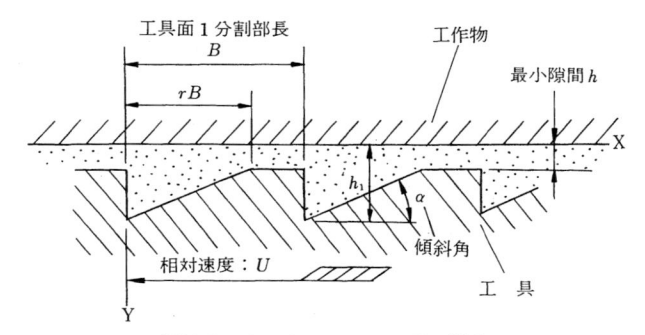

図19.3 テーパ・フラット工具の断面

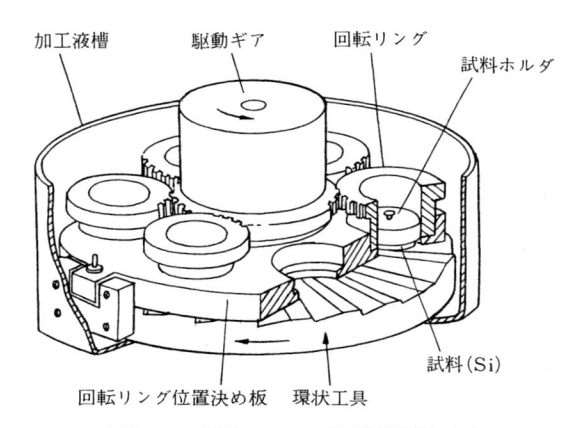

図19.4 動圧ポリシング装置（渡辺純二）[2]

で加速されるときに得るエネルギ単位）のエネルギを与え，被加工物表面に衝突させてその構成原子をはじき出す（これをスパッタリングと呼ぶ）加工法である．原子単位の除去（もちろん，ランダムに行なわれるのである）が行なわれるので，加工単位の原理にあっており，しかも熱を発生せずに非常に微細高精度な加工が行なわれる．その代わり，加工速度は非常に遅い．

　スパッタエッチング（高周波プラズマ型）とイオンビームミーリング（イオンシャワー型）の２方式があり，この違いは，放電方式の違いである．スパッタエッチングは高周波（13.56 MHz）放電によりイオンを発生させ（図19.5参照），イオンビームミーリングでは直流放電（図19.6参照）で発生させる．

　エネルギ加工で，精度上問題になる異方性を検討してみる．図19.1(b)に示したように，ICの生産をする場合マスクと同じ形状に下部が除去加工されることが望ましい．しかし，実際は方式によってイオンの運動が等方性となって同図(a)のようにマスクよりも内側に削られてしまう（これをアンダーカットまたはサイドエッチングという）．この削られ方は材料の均一性にも影響されるが，加工精度はこの等方性を抑え，どの程度異方性を実現できるかにかかっている．

　このようなICの加工でもう１つ重要なことは，後述の前歴誤差伝達の原理

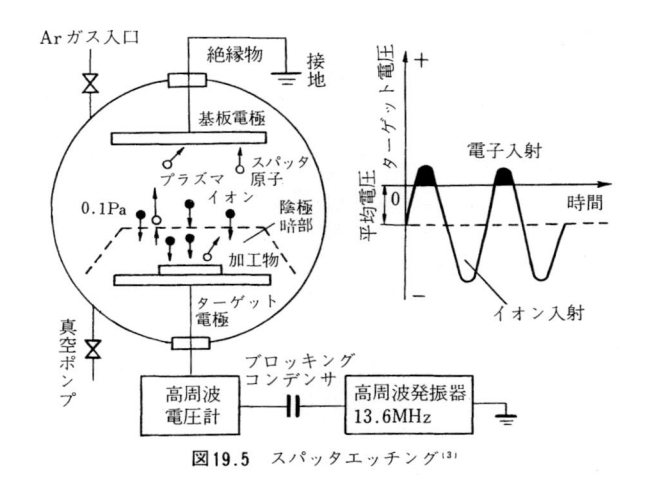

図19.5　スパッタエッチング[3]

図19.6 イオンビームミーリング[3]

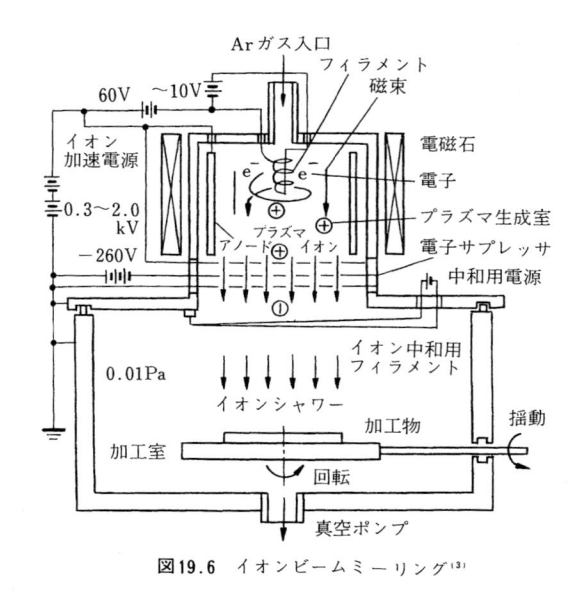

である．つまり，高精度な加工をするためには，前加工のマスクの精度が高くなければならない．

19.3 物理化学的エネルギ加工

19.3.1 リアクティブイオンエッチング

　リアクティブイオンエッチング (reactive ion etching, RIE) は，スパッタエッチングと同じ装置を用いるが，イオンのスパッタによる物理的エネルギとフッ素や塩素によって常温状態で揮発性化合物を作って除去するという化学反応（このようにガスを用いた化学的エッチングをドライエッチングともいう）の両方を用いた加工法である．フッ素や塩素は一般に CF_4，CCl_2F_2，CCl_4，BCl_3 系ガスが用いられる．前2つは Si の加工，後2つは Al の加工に用いられる．この常温で揮発する化合物を作る物質を，活性ラジカルという．
　RIE は物理的なスパッタリング作用による微細加工性（異方性が高い）と，活性ラジカルによる化学作用（等方性が強い）による生産性を狙った加工法と

いうことができる．

スパッタリング作用のほうは異方性が高いが，化学作用のほうは等方性の高い加工になるので，アンダーカットが多くなり，異方性が相対的に少なくなる分だけ加工精度は落ちてくる．

さらに，この加工法は腐食性で毒性の高いガス（CO，COF_2，$COCl_2$，F_2，Cl_2など）が放電で生じるので，安全性に問題が出てくることも指摘されなければならない．

19.3.2 リアクティブイオンビームエッチング

リアクティブイオンビームエッチング(reactive ion beam etching, RIBE)は，イオンビームミーリングと同じ装置を用いるが，不活性ガスを用いる代わりにRIEで用いたと同種のガスを用いる．これもイオンの物理的なスパッタリング作用と，活性イオンと加工物の化学反応，さらに反応性ガスそのものと加工物の化学反応により加工されると考えられる．これは非常に高い異方性が得られると，報告されている．ただマスクまでもかなり削られる（これを選択比が悪いという）ということが欠点である．

19.4 電気化学的エネルギ加工

電気化学的エネルギ加工には電解加工，電解研削，電解研磨，電解エッチングなどの加工法があるが，これらは一般的な加工法なのでここでは特に説明しない．一般的には，これらの加工は仕上面粗さや形状・寸法精度はそれほど良くないが，ガラスなどの支持体上に金属の薄膜（500〜2,000Å）を形成して，マスキングしてから電解エッチングするとかなり高精度加工ができることが報告されている[3]．

19.5 化学的エネルギ加工

19.5.1 フォトファブリケーション[3]

フォトファブリケーション（photofabrication）とはいくつかの加工法の総称であるが，前加工として写真製版技術（photomechanical technique）が用

いられているということが共通している．その分類は，つぎに示す通りである．

フォトファブリケーション $\begin{cases} \text{フォトエッチング法} \begin{cases} \text{化学エッチングを利用する場合} \\ \text{電解エッチングを利用する場合} \end{cases} \\ \text{フォトエレクトロフォーミング法} \end{cases}$

フォトエッチング法は除去加工の1つであるが，フォトエレクトロフォーミング法は付加加工の分類に入る．これらについては，以下に説明する．詳しくは文献[3]を参照されたい．

(1) フォトエッチング法

フォトエッチング法（photoetching process）はまず自動製図機で原図を作成し，写真で縮小してフォトエッチング用原版を作成する．一方，前処理した加工素材にフォトレジストもしくはスクリーン印刷用のレジストインキを被覆する．つぎに，先ほどの原版を用いて露光し，現像すると必要な個所を選択的に被覆保護されたパターンが完成する．これをエッチング液に接触させれば，被覆されていないところが化学的に除去される．この化学的な除去工程を電解エッチングに置換えた方法もあるが，このほうはあまり量産向きでないとされている．

フォトエッチング法で加工精度を左右するのは，やはり加工の異方性（フォトファブリケーションではサイドエッチの量という言葉を用いているが，本質的に同じことである）の問題である．化学的エッチングにしろ，電解エッチングにしろ，物理的加工法に比べるとどうしても異方性が落ちてくる．これを改善するために，エッチング液を接触させる方法として，スプレイ式を採用したり，アンダーカットされる部分を見越して"エッチングしろ"をあらかじめレジスト膜画のサイズに含めておくなどの方法をとる．寸法精度は最も高い場合で$\pm 5 \sim 10\,\mu m$，通常の量産品では$\pm$（板厚）$\times 0.1 \sim 0.5$といわれている．半導体用フォトマスク（半導体デバイス回路を作るための露光用原版でハードマスクとも呼ばれている）の製造では，ガラスなどの支持体上に金属薄膜（$500 \sim 2,000$ Å）を形成したエッチングで，最小線幅$0.5\,\mu m$で$\pm 0.15\,\mu m$のものが得られている．

(2) フォトエレクトロフォーミング法

フォトエレクトロフォーミング法は，いわゆる電鋳技術と写真製版技術を合

わせたもので，電気化学的エネルギ加工に含めてもよいが，フォトファブリケーション法の1つとしてここに含める．前のフォトエッチング法と異なり，レジスト膜はネガ画像の被覆処理を施した母型を用いる．これを金属塩浴に入れて金属（一般には銅かニッケル）をレジスト膜のないところに電析させる．一般には電析金属塩層の厚さが 10 μm 位になったところで機械的に剝し，もっと厚い製品が必要なときはこれをまた金属塩浴に入れて電析させる．

この方法も等方性が高いので，厚いものを作るときには"めっきしろ"分だけあらかじめレジスト膜パターンを補正しておかなければならない．

フォトエレクトロフォーミング法で得られる製品寸法の精度は，前のフォトエッチング法より高い（ハードマスクの場合を除いて），±2 μm となるといわれている．

19.5.2 ケミカルミーリング

ケミカルミーリング（chemical milling）は，酸やアルカリのエッチング溶液（これをエッチャントともいう）に浸漬して除去加工するものである．

これは，マスキングをする場合としない場合がある．しない場合は，たとえば全体の寸法を一様に減少させて重量を軽くする全面エッチングや直線テーパを付けるため部品をエッチング液から徐々に引き揚げるテーパエッチングなどの場合（いずれも等方性を積極的に利用）である．

マスキングをする場合は，マスカント（被覆材）としてはエラストマーやプラスチックスが用いられる．フォトファブリケーションと異なるところの1つは，このマスカントが非感光性であるということである．マスカントの剝離は，必要な場所をけがいた上で手で剝離するので，精度はそれほど良くない．

全面エッチングやテーパエッチングでは等方性が高い加工なので，精度は被加工材料の材質の均一性によってほとんど決まってしまう．

19.5.3 異方性エッチング

近年，半導体集積回路の高集積化の進歩が著しいが，これはリソグラフィ（lithography）技術（集積回路の回路パターンを写真技術を用いてシリコンなどの半導体上に焼付ける技術）とエッチングなどの微細加工技術などが組合わされて発展してきたものである．化学的なエッチング技術は従来は一般に前項に述べたケミカルミーリングなどの等方性エッチングが主体であったが，1960

年代の終わり頃から被加工材の特性とエッチャントの特別な組合せにより異方性を主体とした異方性エッチングが微細部品の加工に利用され始めた．

現在，異方性エッチングと呼ばれる加工は，被加工材に単結晶 Si，エッチャントに KOH（水酸化カリウム，苛性カリともいう），またこれに IPA（イソプロピルアルコール）を添加したものが用いられる．単結晶 Si はダイヤモンドのような結晶構造をしている．佐藤ら[4]は，図 19.7 のような単結晶 Si の試験片の半球面以外の表面をすべて酸化膜でマスクして 40％ KOH 水溶液中でエッチングを行なったところ，図 19.8 に示すようなステレオグラフ表示された結果を得ている．図は {111} 面を基準として，どれくらいエッチングされているかを示してある．この結果によると，{110} が一番多くエッチングされており，{111} が一番エッチングされにくい面になっている．{111} のエッチレートは {110} の約 180～200 分の 1 になっている．

異方性エッチングは，この性質を利用して結晶面をうまく組合せると異方性の高い加工ができることを意味ている．つまり，{111} 面をサイドにして，

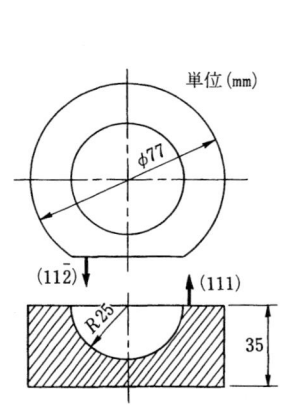

図19.7 単結晶 Si の試験片形状（佐藤一雄ら）[4]

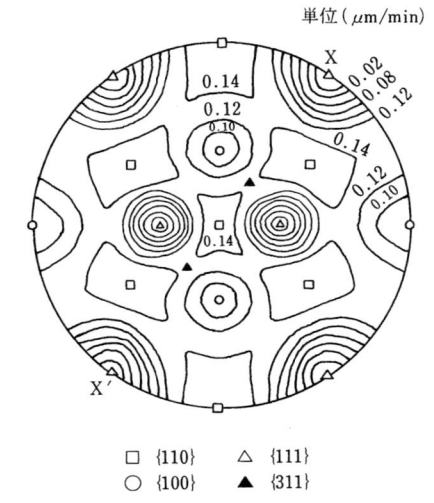

図19.8 単結晶 Si の全方位エッチレート分布（ステレオグラフ表示してある）（佐藤一雄ら）[4]

{110} 面を底面にするように部品を設定すると高精度な加工ができる．その他の結晶面，たとえば {100}，{221}，{211}，{310}，{331}、{311}，{210} などはこの順にエッチレートが高くなって前述の 2 面の間の値をとる．したがって，部品がこれらのいずれかの面で構成されていると，それだけ異方性が低下して形状，寸法精度が悪くなる．

たとえば，**写真 19.1** に示すように (110) ウェハ表面に ⟨1$\bar{1}$2⟩ あるいは ⟨111⟩ 方向に細長いマスク開口を設けてエッチングすると，{111} を側壁とするサイドエッチの少ない，異方性の高い深溝加工ができる．

また，**写真 19.2** はやはり佐藤ら[4]が，この加工法で作った細胞融合用マイクロチャンバである．1 つのセルを構成する 4 つの斜面は {111} に対応している．底面が {100} である．

異方性エッチングは新しい加工法であるために，加工のメカニズムや最適なエッチング条件などはまだ確立していない．古川ら[5]は，エッチング条件と加工プロセスおよび仕上り形状との関係を実験的に体系化を行なった．そこで得られている重要な結果をいくつか紹介する．

まず，IPA を KOH 水溶液に含めないとエッチング側面が劣悪な状態になることを発見している．KOH だけだと異方性が強すぎて表面が荒れるが，

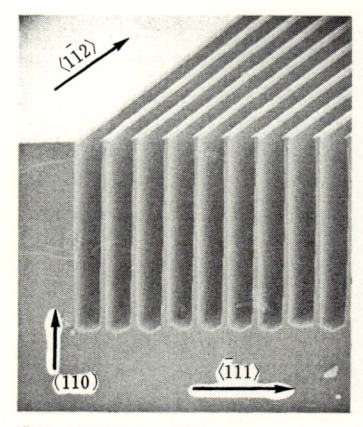

溝ピッチ 15 μm，溝深さ 90 μm

写真 19.1 単結晶 Si(110) ウェハ上の深溝加工 (佐藤ら)[4]
溝ピッチ　15 μm
溝深さ　　90 μm

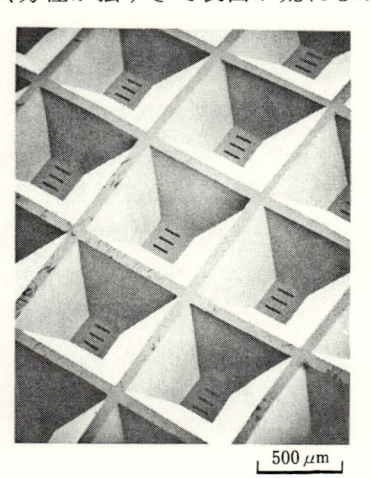

写真 19.2 単結晶 Si で作った細胞融合用マイクロチャンバ (佐藤ら)[4]

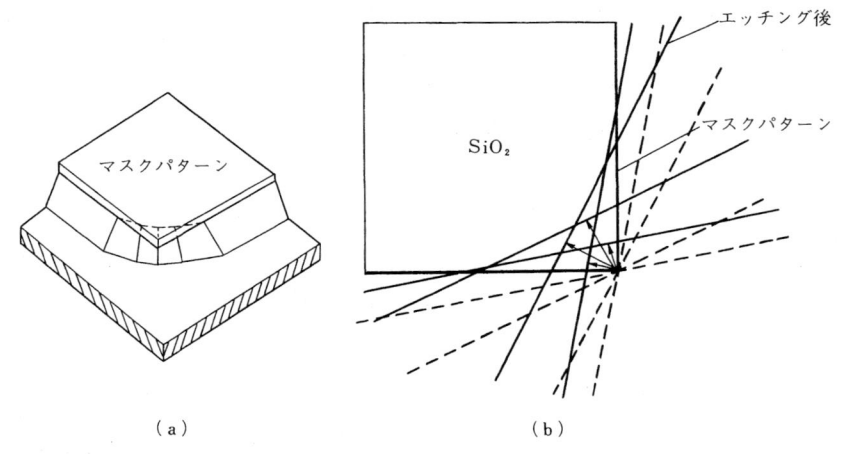

図19.9 マスクパターンの凸型角部のエッチング形状(古川ら)[5]

IPA飽和KOH水溶液にすると異方性が緩和されてエッチング側面が平滑になるとしている．

　古川らはもう1つ，マスクパターンの凸型角部に関して重要なつぎの結論を得ている．マスクパターンの凸型角部（たとえば，**図19.9**(a)）には，マスクされていない多数の結晶面が存在しており，そのそれぞれの結晶面の速度（量と方向を意味する）が相互に関係し合っているために，相対的に速い結晶面群によってエッチングは進行する．したがって，凸部では必ずしも1組の結晶面でエッチングが進むのではなく，図19.9(b)に示すように，多結晶面でしかも各結晶面特有のエッチング速度でエッチングが進んで形状が決まる場合もあるとしている．これは異方性エッチングの最終加工形状，精度を予測する上で重要な知見であると考えられる．

19.5.4　ハイドロケミカルポリシング

　これは，MITのGarmleyらの開発した化学エネルギを用いた加工法である．これは，ポリシングホイール上方に約125 μm の高さに離して自由に回転する水晶フラット下面に，ポリシングホイールに対向して加工物を接着で支持す

る(6)．そこでポリシングホイールを回転させながら，その中心部にエッチ液を注ぐと加工物側が動圧で浮上し，かつ水晶フラットとともに回転し，非接触状態で化学研磨が行なわれる．GaAs, InP の研磨用のエッチング液としてはメタノール，エチレングリコールと Br_2 の混合液である．

この加工法によると，平面度は直径 2.5 cm の基板の約 80 ％に対して 0.3 μm 以内と高精度であり，加工欠陥に相当する表面の損傷もみられないとしている．ただ単に，エッチング液につけるだけでなく，回転するポリシングホイールを用いて加工面に直角方向に均一にエッチングを進める異方性を実現していると思われる．

19.6 熱的エネルギ加工

19.6.1 放電加工

放電という名前からすると電気的な加工のような印象を受けるが，加工のメカニズムは放電による熱で放電の発生した部分が溶け，あるいは蒸発して小さなへこみができることの集積で形状が形成されていく熱的加工なのである．熱で溶かして除去するというメカニズムからすると完全に等方性の加工であるが，工具を用いている関係で異方性が高められている．この溶ける深さをできるだけ小さくして，工具形状に近い形に除去しようとして加工精度の向上を狙っている．すなわち，異方性を高めようとしているのである．

放電加工は確かに非接触のエネルギ加工であるが，工具や工具の動きの包絡面形状を工作物に転写する加工であるから，工具形状の精度，工具の摩耗，送り機構の運動精度も加工精度に重要な影響を及ぼす．その意味では強制加工に近いが，それに加えて上述の熱的エネルギ加工が複合してくるのである．したがって，母性原理だけによる以上に精度が出しにくいということである．

19.6.2 レーザ加工

レーザ加工は可干渉性，単色性，指向性で優れたレーザ光のエネルギを用いて短時間に材料を沸点に到達させて蒸発させて除去加工する．10^8 W/cm² 程度の非常に高いパワー密度が容易に得られ，したがって，加工時の熱影響が比較的小さく，材料の変質やひずみが少ないとされている．工具に相当するレーザ

は摩耗や破損は起きず，しかも $100\,\mu m$ 位までスポット径を絞れる（理論的には $1\,\mu m$ 位）．したがって，穴明け切断のかなり微細な加工もできる．しかし，熱で除去するというメカニズムであるので，どうしても異方性が完全でなくその分精度は劣る．

19.6.3 電子ビーム加工

電子ビーム加工は，高速に加速された電子のエネルギで加工する方法である．この電子が加工物に衝突すると，その運動エネルギが熱エネルギに変わり加工物を溶かす．もう少し詳しく説明すると運動エネルギをもった電子は，加工物表面下数十 μm 位まで侵入する．この侵入する過程で，運動エネルギは熱エネルギに変わって速度が低下して止まる．その熱は周囲に伝導していく．高パワー密度の電子ビームを受けると瞬間的に表面およびその直下が加熱され，気孔が発生，その爆発に伴なって周囲の溶融体を飛散させ除去加工が行なわれる．穴が深くなると，飛散した溶融体が周囲の壁に付着してまた塞いでしまう．この意味で，やはり異方性は不十分となる．

19.7 加工精度

以上のように，異方性がエネルギ加工の加工精度を大きく左右する．等方性の強い加工法では，一定方向の加工寸法精度のコントロールができず高精度は期待できない．この意味からすると，エネルギ加工の中では物理的エネルギ加工が高精度加工に適しており，逆に化学的エネルギ加工や熱的エネルギ加工では等方性が強いので十分な精度が出しにくいことがわかる．等方性が高い加工法ほど，不必要に除去されてしまう分を補正するための工夫を考えておかなければならない．そこで，つぎの系が導かれる．

【系1】 等方性の高いエネルギ加工ほど，補正のための取り代やマスクのサイズが工夫されなければならない．

等方性の高いエネルギ加工の精度は，別の見方をすると，異方性の程度と厚さ（深さ）の関係で決まる．異方性が低い場合は，加工厚さ（深さ）をできるだけ薄く（浅く）しなければ精度が出ない．それは完全等方性の加工法でない限り目標とする除去方向の加工速度は，それに直角方向の加工速度よりは速い

からである．したがって，完全異方性が実現している加工法も含めて，つぎの系が導かれる．

【系2】 エネルギ加工においては加工深さが浅いほど加工精度は高くなる．

ケミカルミーリングの全面エッチングのような等方性の強い加工法がむしろ望まれる場合もある．その場合，被加工物の材質がすべての部分で均一であれば，完全な精度が実現できる．しかし，現実のほとんどの材料は多結晶体であり，結晶内部と結晶粒界は物理化学的性質が異なり，また不純物が分布し，欠陥が存在するので加工速度は場所によって変わってしまう．そして，結果として精度や表面粗さが出ないのである．したがって，この点に関してもう1つ系が導かれる．

【系3】 等方性を利用するエネルギ加工の寸法形状精度は，被加工物の材質の均一性に左右される．

これは，後に述べる第21章の「被削材の原理」にも関係する．

参考文献

(1) 森勇蔵：精密機械，Vol. 46, No. 6, 1980
(2) 渡辺純二：機械と工具，8, 1984
(3) マイクロ加工技術編集委員会編：マイクロ加工技術［第2版］，日刊工業新聞社，1988．
(4) 佐藤一雄，田中伸司，河村喜雄，寺沢恒男：昭和61年度精密工学会秋季大会学術講演会論文集，751
(5) 古川勇二：平成元年度科学研究費補助金研究成果報告書「異方性エッチングにおける加工過程の解明と仕上がり精度の事前予測」，1990
(6) J. V. Garmley et al : Rev. Sci. Instrum. Vol. 52, 8, 1256 (1981)

第 20 章

アッベの原理

20.1 原理

　アッベの原理は，高精度な機械を設計するときに守らなければならない重要な原理であるが，これは高精度な加工をするときにも守らなければならない．すなわち，アッベの原理を加工原理として表現すると，つぎのようになる．

　【加工原理7】　加工点は，加工機械の位置測定用スケールの延長線上になければならない．（アッベの原理の加工への適用）

20.2 実際例

　加工する場合に，工具や工作物を所定の位置に位置決めするという操作が必ず必要になる．その場合，位置を検出するスケールが工作機械の中に必ず組込まれているが，加工点がこの位置検出スケール線から直角方向に離れるほど誤差を拡大する危険性が高くなる．たとえば，図 20.1 の例で h_x, h_y が高すぎると x 軸，y 軸両方のスケールから加工点が離れて，テーブル各軸のローリング，ヨーイング，ピッチングなどの運動，不均一な熱分布などによる熱変形が影響して正しい位置に加工できない．

　機械を補正する場合も同じである．図 20.2 に超精密スライサの例を示す[1]．超精密スライサとは，0.1～0.3 mm の薄いディスク状のダイヤモンド砥石で

高精度な溝入れ，切断，研削を行なうための機械である．

　この機械ではスケールを図の位置にしか取付けられなかったので，加工点（ミラー(2)の位置に相当）がスケールから離れてしまいアッベの原理に十分合っているとはいえない．そこで東芝機械では，この機械のy軸方向のピッチ誤差補正をレーザ測長器を用いて行なった．その際のレーザ反射ミラーの取付

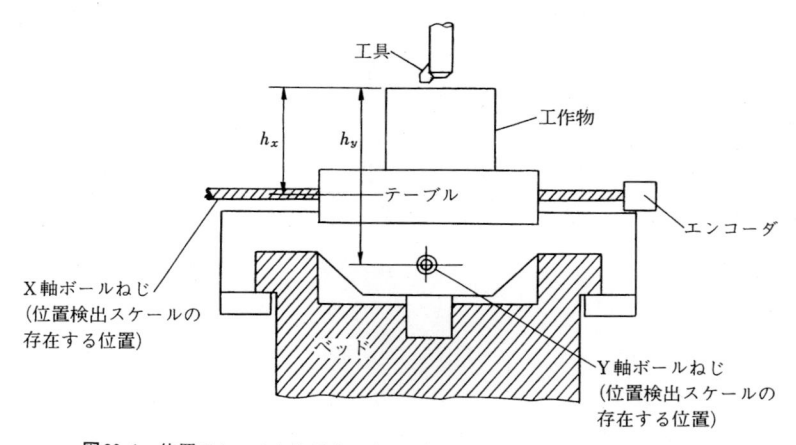

図20.1　位置スケールと加工点の高さ関係（アッベの原理からはずれる場合）

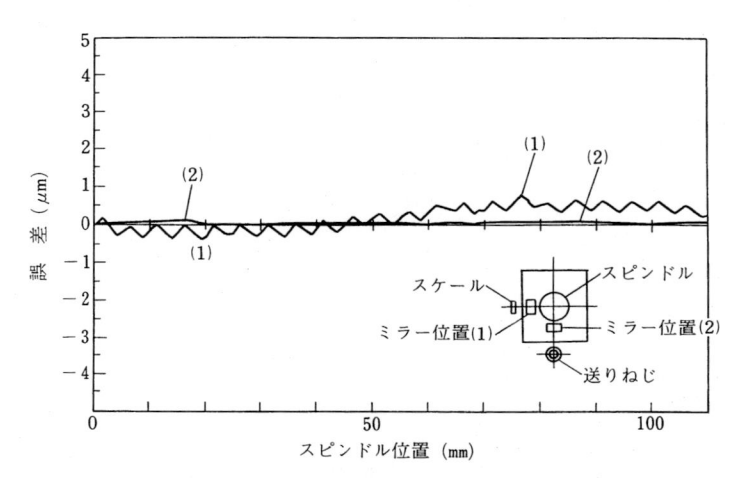

図20.2　超精密スライサ(東芝機械)のY軸ピッチ誤差補正(田中克敏)[1]

位置がたいへん重要な影響を及ぼす．レーザ反射用のミラーの取付位置が，アッベの原理に合っているかどうかで機械の精度は大きく変わってしまう．

つまり，図20.2の(1)の位置にミラーを取付けてピッチ誤差補正を行なうと，図の測定誤差曲線が示すように，大きいところで1 μm もの誤差を生じてしまう．アッベの原理からすると，スケールに近い(1)の位置が良いように考えられそうであるが，精度を出したい位置は加工点（ここではミラー(2)の位置）であることに注意しなければならない．

いま補正を行なっている測定系はこの機械内部のスケールではなく，機械外部に設置しているレーザ測長器であるから，この測定系が正しく加工点上にきていなければならない．すなわち，加工点から離れたところを間接的に測るのではなく，加工点の動きを直接測って補正しなければならない．そこで，ミラーを(2)の位置に設置して計測し補正したところ，図の(2)のような結果が得られ，精度は格段に向上し，誤差は前の場合の1/10以下に抑えることが可能になった．機械を使用調整する場合にも，アッベの原理を守らなければならないことがこの例からも明らかである．その場合，機械内部にあるスケールの位置にまどわされてはいけない．

アッベの原理からすると，工作機械などのベッドにあらかじめ案内の板を取

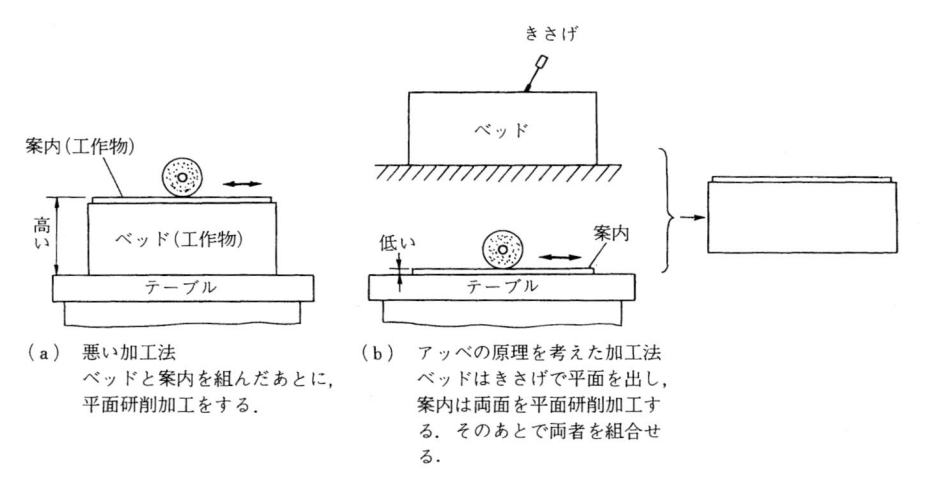

（a）悪い加工法
　　ベッドと案内を組んだあとに，平面研削加工をする．

（b）アッベの原理を考えた加工法
　　ベッドはきさげで平面を出し，案内は両面を平面研削加工する．そのあとで両者を組合せる．

図20.3 工作機械などの案内面の加工

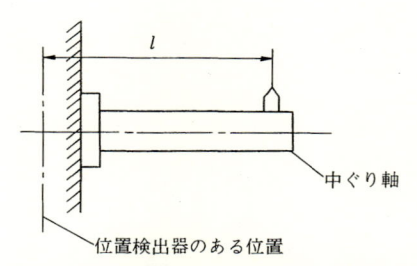

図20.4 位置検出器から工具先端までの距離の問題

付けておいて，それを研削盤の上に乗せて案内面を研削するという加工法（このようなことは，実際にはあまり行なわれていないと思われるが）は悪い加工法であるということがいえる（**図20.3**(a)参照）．

このような場合には，まず案内取付面をきさげなどで平面を出す．その上に取付ける案内のほうは薄いので，研削盤に乗せて加工しても（図20.3(b)参照），高さ h は低いのでアッベの原理が十分守られており，高精度な加工ができる．この案内を前述のベッドに取付ければよい．

これが最良の加工法というわけではないが，図20.3(a)の方法に比べれば，このほうがずっと優れている．

この原理から，治具・取付具の設計の1つの基本方針を示す系が明らかとなる．

【系1】 治具・取付具は取付けられた工作物の位置が，工作機械の位置検出器の位置にできるだけ近付けて固定できるように設計すべきである．

一般には，できるだけ工作機械のテーブル上面の近くに工作物が取付けられるように，高さを低く設計するのがよい．

これは工具についてもいえる．たとえば**図20.4**の中ぐり軸の例でいえば，上下方向の位置決めを考える場合，位置検出器の位置から工具の先端までの距離 l は，アッベの原理からするとゼロでなければならない（実際は不可能であるが）．たとえそれが不可能であるとしても，少なくとも l はできる限り短かくしなければならない．

そうしないと z 軸方向に主軸頭が動くときに，ローリング，ピッチング，ヨーイングなどの動きを生じて工具位置で誤差が生じることはもちろんのこと，工具のたわみによる誤差も生ずるからである．この l が長くなると，誤差どこ

ろかびびり振動という好ましくない振動も発生する可能性が高くなる．

参 考 文 献
(1) 田中克敏氏（東芝機械）よりの資料による．

第21章

被削材原理

21.1 原理

　高精度加工を実現する上での必要条件の1つは，被削材の均質性と安定性である．すなわち，高精度を実現するためには加工されるほうの性質も見過ごすわけにはいかない．特に，除去加工の場合にはこれらの性質の影響は大きい．したがって，この章ではつぎの原理について考えてみる．

　【加工原理8】 加工精度は，被削材の均質性（homogeneity）と安定性（stability）に支配される．

21.2 被削材の均質性

　世の中に完全な材料というものは，ほとんど存在しないといってもいい．材料は一般に異方性や構造欠陥をもっているし，不純物が存在したり，結晶粒が大小不揃いであったり，粒界の存在などにより不均質，不等質である．
　均質性とは「ある物体のどこをとっても物理的および化学的に同等の性質をもつこと」をいうが，高精度な加工を実現するには材料が完全に均質でなければならない．すなわち，材料の均質性が高精度加工の前提条件となる．材料の物理的・化学的性質が場所によって異なると，ミクロ的な除去量または付加量が場所によって異なり，精度や仕上面粗さを悪くしてしまう．

このような場所による物理的・化学的性質の不均質性の影響をできるだけ小さく抑えるのに，第16章で述べた「加工単位の原理」が重要になる．すなわち，強制加工ではできるだけ「切れる」工具を用いるとか，加工単位をできるだけ小さくする工夫が必要になる．

しかし，いくらこの点の配慮をしても，それだけでは高精度な加工は不可能で，まず被削材の均質性が確保されていることが大前提となることは明らかである．なぜなら，場所による物理的特性（たとえば，コンプライアンス）が異なっていると，工具・工作機械系のコンプライアンスをいかに低くできても被削材のほうのコンプライアンスはコントロールできないので，被削材が除去されたあとに被削材の変形が戻る量は場所によって変わってしまう．また，工具を完全に鋭利にすることは不可能であるし，また，たとえそのような工具ができたとしても，その刃先強度は弱くなるので，加工開始すると同時に刃先がくずれてしまう可能性がある．

そこで，被削材の均質性に関してつぎの系が導かれる．

【系1】 被削材としては単結晶やアモルファスの被削材が適している．

材料の中で最も均質性が期待できるのは，単結晶やアモルファス材料である．たとえば，多結晶金属であるアルミニウム合金を切削すると，結晶粒界で段差やすべり縞模様が仕上面に現われるが，アクリル樹脂（アモルファス材料）を加工すると，このような欠陥の現われないことがわかっている[1]．

さらに，半導体産業でICの基盤としてシリコンの単結晶体を用いているのも，このようなことがその1つの理由となっている．VTR用フェライトヘッドも昔は多結晶材料が用いられていたが，現在は単結晶材料を用いて加工精度を上げている．ただし，特殊な場合であるが，ハードディスク用ヘッドには多結晶フェライトが使われていて，加工精度も高いという例もあることを付記しておく．その場合でも当然，完全な均質性に近付けるために結晶は細かく均一であることが望ましい．

このような単結晶材料やアモルファス材料を用いる場合でも，不純物の存在が問題となる．不純物の存在が少ないほど，高精度な仕上面が得られる．たとえば，ミラーの材料によく用いられる無酸素銅であるが，純度が99.9％（スリーナイン）では良い仕上面が得られなかったが，99.999％（ファイブナイ

ン）に純度を上げたら，満足のいく仕上面が得られたという例がある．また，アルミニウムも不純物のシリコンが多いと良い仕上面が得られないので，シリコンの少ないもの（たとえばA 1080：Si 0.15％以下，Al 99.80％以上）が良いといわれている．

　材料の均質性を高めるには，1つには上述のアモルファス材料や単結晶材料を採用することが大切であるが，もう一方，材料をできるだけ固溶体にすることも必要である．固溶体とは，「異なる物質が互いに均一に溶けあった固相」をいう．使用する材料を，できるだけ溶体化処理することを検討することも大切である．

　さらに，めっきや蒸着ということも考えてみる必要がある．たとえば，レーザミラーの鏡面切削用材料として開発された無電解Niめっきもその1つである．無電解めっきとは化学めっきとも呼ばれ，くぼんだところにも一様の厚さにめっきできる．

　無電解NiめっきはA. Brennerが考案した．これはニッケル塩溶液に還元剤としてホスフィン酸ナトリウムを加えた浴に材料を浸漬する方法である．このようにして得た材料は，均質性が得られて高精度加工が実現しやすい．

　実際にはこの被削材原理に反して，異なった材料を組合せたものを高精度平面に加工しなければならないことがよくある．たとえば，最近のビデオヘッドの摺動面の加工は，異なる材質を組合せたものを数10～100Åの段差に抑えた完全な平面に加工したいという要求がある．この場合は前にも述べた通り，不等質性の影響のできるだけ現われない加工法を考えなければならない．

　すなわち，加工単位をできるだけ小さくし，異なる材質間で加工量の差ができるだけ出ない加工法を考えなければならない．そのためには，「切れる」工具を用意することも必要である．切削工具では刃先稜の丸味を小さくすることが必要であり，砥石車ではダイヤモンドを用い，しかも粒度を厳しく揃えることが必要になる．このような場合に，メカニカルとケミカルの複合した加工法を用いることは良くない．なぜなら，第19章の異方性原理のところで述べた問題が生ずるからである．すなわち，ケミカルな加工法は等方性が強く，材質の違いや不均質性によって加工速度が変わってしまい，かえって段差ができてしまうからである．

【系2】 多結晶材料で高精度加工を実現するには結晶粒を微細化するか，マトリックスと結晶粒界の硬さと結晶粒の大きさを揃える．

　組織の均質性は，0.01 μm（10 nm）のオーダーで実現されていないといけないという提案もある[2]．

　ポリゴンミラー用の材料としては，高速回転に耐える比強度（比重が小さく，強度が高い性質）をもち，単結晶ダイヤモンドによる切削加工で鏡面を得ることができる材料として，当初，耐蝕アルミニウム合金（A 5056）が用いられてきたが，同じ材料であっても材料メーカー，製造ロットが異なれば鏡面の得られないものもあったようである[3]．この意味では高精度加工する上で，材料メーカーや製造ロットもその性能に大きな影響を与えることに注意しなければならない．

　高精度加工を実現するためには，従来からある規格品では不十分な場合がある．ポリゴンミラーの場合，上述のようにA 5056では不十分なところがあり，高精度加工に適した新しい材料が開発されている．すなわち，市販の材料では介在物の大きさと量がコントロール不十分のため，切削中にスクラッチが生じるということがあるからである．そこで開発されたのが，高純度のアルミニウム地金を用いた鏡面用耐蝕アルミニウム合金である．この材料は介在物，結晶粒について改善されているが，**写真 21.1**に示すように結晶粒界の段差が切削の条痕より明確に現れており，結晶粒界段差（0.02 μm前後といわれている）の点で $0.01 \sim 0.02 \, \mu m R_{max}$ という仕上面粗さがこのアルミニウム合金を

写真21.1 超精密切削加工における結晶粒界段差（東芝機械）（田中克敏）[3]

使用する上での限界であると思われる[3]．このように，多結晶材料の場合には，粒界と結晶内部の物理・化学的不均質性が加工限界を決めてしまうようである．

21.3 被削材の安定性

被削材の安定性とは，"年数が経っても材質や寸法に変化が生じない性質"をいう．つまり，安定性とは経年変化が生じない性質ということができる．被削材の経年変化は，高精度機械を作る上で重要な問題である．この経年変化ができるだけ出ない材料，およびその加工法が高精度加工では必要になる．

【系3】 適切な熱処理を施して，加工中の変化や経年変化の起きない組織を実現する．

精密機械用構造部材は，細かい結晶粒のミーハナイト鋳鉄が良いといわれている．組織の安定性は鋳造後，鋳型の中で均一な徐冷を実施することによって得られる．このようなミーハナイト鋳鉄で作られたジグ研削盤が，自動車会社で火災に見舞われた際，その塗料はタールとすすの塊になっていたが，この研削盤を再検査したら精度は元のままであったという例がある[4]．

鋼系の経年変化の原因は，主に以下の2つがある．

(1) 組織の変化

残留オーステナイトが分解して，マルテンサイトになると体積は膨張して精度が劣下する．一方，焼入マルテンサイトが焼戻マルテンサイトに変化すると，体積は収縮してやはり精度が劣下してしまう．このことから，熱処理で残留オーステナイトや焼入マルテンサイトを残してはいけないことがわかる．

(2) 残留応力の変化

また，残留応力が残っていることは特に好ましくない．前加工段階で残留応力が残っていると，後加工の段階で応力のバランスがくずれてひずみが出てくるからである．

21.4 ブロックゲージの加工例

ブロックゲージにはSK1, SK2, SK3, SUJ2, SKS3, SKS31などが一

表 21.1 ブロックゲージ用材料 DC 8 の成分表（ツガミ）[5]　　　　　　　　（％）

C	Si	Mn	P	S	Ni	Cu	Cr	W
2.00〜2.20	≦0.40	≦0.50	≦0.025	≦0.020	≦0.10	≦0.25	12.00〜13.00	0.60〜1.00

般に使われてきたが，最近はセラミックも使われている．また，企業によって特別の仕様のものを使っている場合もある．一例として，ツガミのDC 8 という材料の成分表を表 21.1[5]に示す．

ブロックゲージは高精度が要求される製品であるが，この加工法では安定性に関してどのような注意が払われているかみてみよう．以下のような加工法を採用すれば，経年変化は2年後で$-0.02\,\mu$m位であると報告されている[6]．

(1) 焼なまし．
(2) 機械加工．
(3) 変態点（650℃）直下で3〜4時間加熱し徐冷することにより，ひずみ取り焼なましを行なう．
(4) 予熱を行なう．焼入れに先立って700℃程度に均一に加熱する．急激な加熱を避け，焼入れひずみを軽減するため．
(5) 焼入れを行なう．770〜850℃から10 min 油冷．
(6) 焼入れ時10〜20％の残留オーステナイトが出るので，これを分解するためにサブゼロ処理を行なう．これにより人工時効の時間も短縮できる．サブゼロ処理とは焼入れ処理のあと常温になったら，直ちに-78℃（ドライアイスなど）〜-183℃（液体酸素），または-196℃（液体窒素）に浸漬して冷却する処理である．
(7) 焼戻しを行なう．マルテンサイトの安定化のためで，硬さはできるだけ落とさないようにする．150〜200℃ 2時間位．
(8) 研削を行なう．ラップによる取り代 0.02〜0.03 mm を残す．
(9) 人工時効を行なう．前加工による不安定組織や応力を除去するため，100〜150℃で数時間から数百時間保持する．
(10) ラッピング（湿式→乾式）を行なう．
(11) 低温加熱を行なう．ラッピングで生じた表面応力除去のため．

以上の説明から，長時間安定した精度を確保するためには，製作上いかに注意深い配慮が必要であるかがわかるであろう．

　軸受鋼（C 1 %，Cr 1 %，V 0.2 %）を焼入れ後焼戻すとき，焼戻し温度によって経年変化の様子がかなり異なる．120℃以下で焼戻しをすると，初めに膨張がみられ，それから収縮が起こる．これは最初，残留オーステナイトの分解により膨張するし，ついで準安定炭化物 ε 相が析出することにより，収縮が起こると考えられている．

　したがって，軸受鋼の場合，上述の熱処理例にもみられる通り，最初サブゼロ処理して残留オーステナイトをマルテンサイトに変態させ，つぎに ε 相の析出を抑え組織を安定化するために，たとえば 100～200℃で使用されることの多い部品では，使用温度より 50～100℃高い温度で代表寸法で 25 mm 当り 2 時間の焼戻しを数回繰返すことが良いとされている[7]．

　このように，金属材料は一般に経年変化を抑えるための熱処理が重要であることを忘れてはならない．

参 考 文 献

(1) 古川勇二，諸貫信行：RC 75 研究成果報告・II，日本機械学会，1987
(2) 谷口紀男：Annals of CIRP, Vol. 32, 2, 1983
(3) 田中克敏：超精密ポリゴンミラー加工機，東芝機械資料
(4) W. Moore：超精密機械の基礎，国際工機
(5) ツガミよりの資料による．
(6) 津上研蔵：ブロックゲージ，日刊工業新聞社，1962
(7) B. L. Averback, M. Cohen and S. G. Fletcher：Trans ASM., 40, 728（1948）

第22章

無歪支持の原理

22.1 原 理

　加工をする際，工作物は必ず加工力に対抗して保持されなければならない．この場合に重要な原理が，つぎに示す無歪支持の原理である．

　【加工原理9】　高精度な加工をするためには，加工力や保持力によって生ずるひずみができるだけ小さくなるように工作物を保持しなければならない．

　物は力を加えると，その力がどんなに小さくても必ず変形することを知らなければならない．たとえば，図 22.1(a)に示すように，細い輪をチャックしたとする．加工後に工作物をチャックからはずして測定すると，同図(b)のようなゆがんだ形状に加工されている．このようなゆがみは，この図のように目には見えることはないが，高精度な測定をしてみるとそれが明らかとなる．
　これは工作物を固定するとき，輪がチャックの当たる部分だけ内側に変形して保持される．その上，その状態で内面を旋削するとチャックの当たっている部分はコンプライアンスが低いので，工作物は切削力によって逃げることが少なく，そこの内側だけ多く削られるのである．チャックの当たっていないところは逆に，切削力を受けたとき外にたわみ削られる量が少ない．
　そこで，加工後チャックからはずすとひずみが開放されて，自然の状態に戻ったとき，同図(b)のような形にでき上がってしまうのである．この場合，チャ

ック力によるたわみと，部品の場所によるコンプライアンスの違いが誤差の原因である．

　これを改善するには，たとえば生爪（焼入れをしていない軟かい爪，これを工作物に合わせて削って使う）を用いて**図 22.2** のように保持することが考えられる．この場合には，前例のように輪の場所によって厚さが異なる（すなわち，形状・寸法精度が出ない）ということは少なく抑えることができる．全周

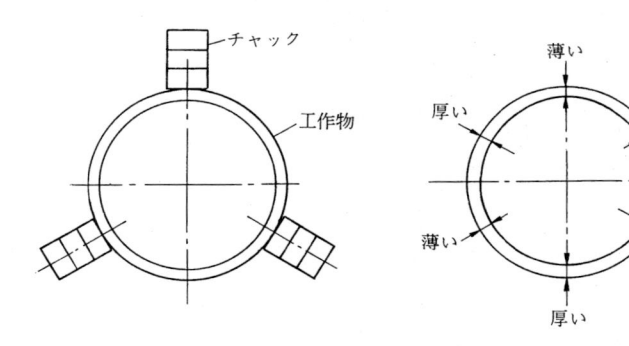

（a）加工前　　　（b）加工後チャックからはずしたあとで，測定するとこのようになる

図22.1　3爪チャックで細いリングをチャックして内径加工する場合

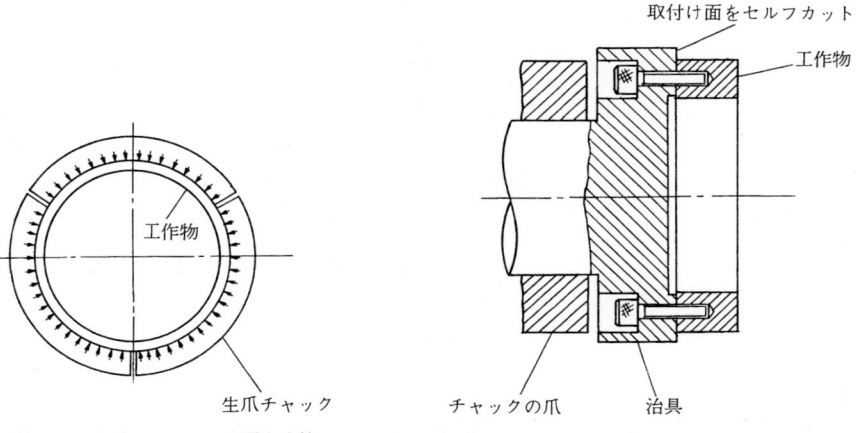

図22.2　生爪でリングの全周を支持　　　図22.3　ひずみの少ない支持方法（治具とボルトで支持）（田中克敏）[1]

同じ厚さに仕上げられるので，厚さに関する精度（形状精度）は出せる可能性がある．しかし，このように保持すると円全体が縮まって，その状態で内径が正しく加工されていることを確認しても，チャックからはずすとひずみが開放されて全体に直径が広がり，望んだ内径寸法より大きくなってしまう．したがって，高精度な加工をするとき工作物にひずみを発生させないように無歪で保持することが大切である．この場合でいえば，たとえば工作物を図22.3のように支持するのが理想である．もし，それが不可能であれば次節に示すように吸着するなどの方法を用いなければならない．

22.2 無歪支持例

磁気ディスク（材料としては高純度アルミニウム地金にマグネシウムを添加したAl-Mg合金が一般に用いられる）を，単結晶ダイヤモンド工具を用いて超精密正面旋盤で切削する場合，一般に加工物は図22.4に示すような真空チャック面板に吸着して加工が施される[1]．真空チャックを用いるということは，押付ける圧力が大気圧であるからそれほど大きな力でないこと，さらに狭い吸気溝をたくさん設けることにより，分布荷重にできることなどにより加工物に

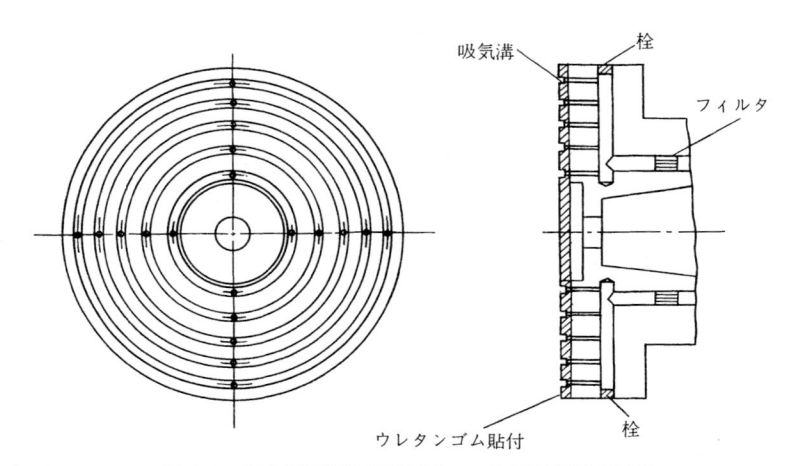

図22.4 超精密正面旋盤用真空チャック面板（東芝機械）[1]

生ずるひずみを極力小さく抑えることができる．面板はセルフカットしやすいアルミニウム合金か，ソフトチャックと呼ばれるチャック表面にウレタンゴムなどを接着，あるいは焼着けしたものがよく使用される．

ソフトチャックのほうが，切削油剤などで膨潤して精度劣化が早いために頻繁にセルフカットしなければならないが，金属より軟らかいので工作物になじみやすい長所がある．

ウレタンゴムのソフトチャックは，上述の通り切削油がかかると膨潤する欠点をもっているので，それに代わるものとしてまだメーカーによる使用例はないが，テフロン樹脂の多孔質体（焼結用の粒子から作る）が良いという研究報告もある[2]．チャック素材に対する機能的要求としては，つぎの項目が考えられる．

(1) 素材の多少の形状誤差を受容でき，できるだけ工作物にひずみを生じさせないために工作物より軟らかいこと．
(2) 傷ついたり変形した面をセルフカットできるために被削性の良いこと．
(3) 切削油により膨潤しないこと．
(4) 切削力に対して工作物をしっかり保持できるように摩擦係数が高いこと．

テフロン樹脂は膨潤しないし被削性も悪くなく，しかも静摩擦係数も0.3～0.4の間にあるので，上記のソフトチャックの機能的要求を満足している材料の1つである．この材料で作ったソフトチャックにより加工試験を行なったところ，ハードチャックに近い性能が得られたと報告されている[2]．

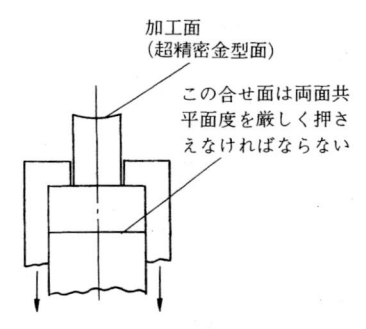

図22.5 超精密金型の加工（松下電器産業）

ハードチャックを使用する場合には，チャック面とそれに当たる工作物面の精度が大変重要になる．たとえば，図22.5に示すようにレンズの金型の加工をする場合，取付け面の仕上面粗さ，平面度などはそのレンズが扱う光の波長 λ の1/8以下にしないとクランプをはずしたときに変形が出てしまうということがいわれている（松下電器産業）．

　工作物は，できるだけあるがままの自然の状態で支持するのがよい．たとえば，工作機械のベッドのガイドウェー取付け面をきさげするなどという場合にも，自然の状態（無歪）でベッドを床の上に置いたままで，アンカボルトなどを締付けない状態で行なうのがよいとされている（安田工業）．アンカボルト部で支えてきさげ加工などをすると，最初から工作物にひずみが出てしまうからである．ただしその場合，ベッドのコンプライアンスは十分小さく設計すると同時に，アンカボルトのピッチはその間のベッドのたわみが，ある許容値以下になるように決めなければならない．

　コンプライアンスの大きい（弱い）工作物を加工する場合に，それ全体を支えるように工夫し，その支えと一緒に共削りするということも考えられる．たとえば，図22.6のような部品の場合，工作物全体にしっくり合うようなベークの型を作り共削りする（三菱電機生産技術研究所）．穴の位置を合わせれば，

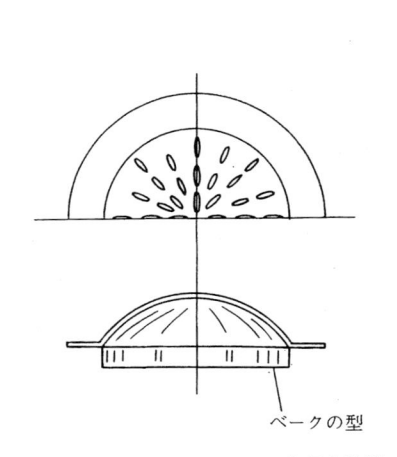

図22.6　薄板加工の場合の無歪支持例
（三菱電機生産技術研究所）

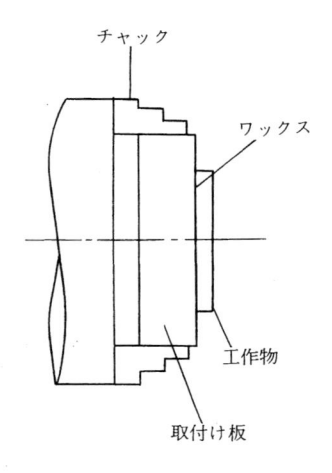

図22.7　ワックスによる無歪支持例
（三菱電機生産技術研究所）

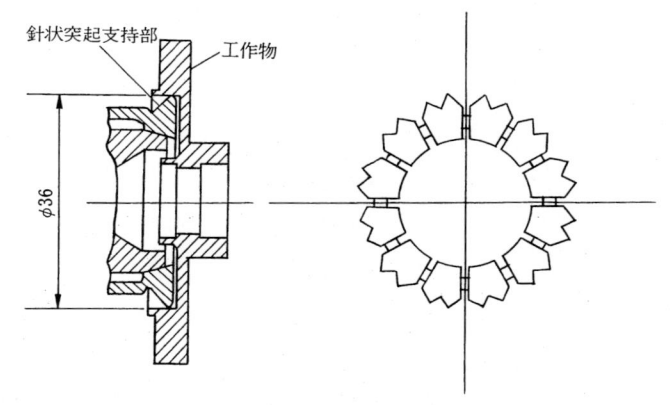

図22.8 多針状突起による無歪支持例(ツガミ)

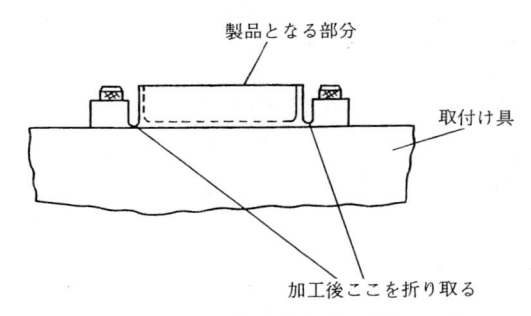

図22.9 支持部を加工後折り取る例(ツガミ)

何回でも下の型は使用できる．

　接着して工作物を無歪保持する方法もある．たとえば，ワックスを用いる方法がある（三菱電機生産技術研究所）．軟化温度が異なる各種のワックスが市販されているが，一般に 60～70℃で溶けるものが用いられる．まず，治具を電熱で加熱して，その上にこのワックスを乗せて溶かし，その上に工作物を乗せてから冷やして接着させる(**図22.7** 参照)．はずすときは，また加熱して溶かしてはずす．ワックスの代わりに，両面接着テープを用いる場合もある．

　コンプライアンスが大きく薄くてつかみにくい工作物を，無歪に近い状態で支えた**図22.8**のような例もある（ツガミ）．これは，24針状の突起で支えて

いる．この $\phi 36$ のチャックする部分は，厚さ 1 mm 程度と非常に狭い．ほかの例としては，図 **22.9** に示すように加工後製品と固定部との間を薄く削り，固定部を折って取外すという場合もある．

　以上，無歪支持もしくはそれに近い支持法の具体例をいくつか示したが，これから無歪支持を実現する基本的な考え方が明らかとなる．

【系1】　工作物を無歪支持するためには，工作物をあるがままの状態で，できるだけ広い面積で，できるだけ弱い力で支える必要がある．

【系2】　工作物の加工個所のコンプライアンスは，すべて同じ値になるように支持しなければならない．それが不可能なときは，加工力によるたわみが許容値以下になるように加工条件を抑えなければならない．

参 考 文 献

(1) 田中克敏：個人的に提供を受けた資料による，1990
(2) 池野順一：知能型機械要素を用いた超精密ダイヤモンド正面旋盤の試作，昭和 63 年度科研費報告書，1989

第23章

多段階加工の原理

23.1 原理

　切削抵抗や熱などによる変形や機械の運動誤差のため，狙った通りの寸法や形状に1回では加工できないことが多い．このような誤差は，一般に1回の加工単位が大きいほど大きくなる．

　ある工作物の加工過程を考えるとき，加工条件だけが異なっている加工過程と，加工法が異なる加工過程の両方が考えられる．「多段階加工」というときには，この両者を含むものとする．つまり多段階加工とは，最終加工（仕上加工）までに上述の広い意味で，何段階かの加工を行なう加工過程を意味している．

　加工の評価では，精度だけでなく実際には生産性やコストも問題になる．加工を荒加工と最終加工（仕上加工）に分けると，まず最終加工は目的の精度（加工変質層も含む）に加工できることが必要である．しかし，最終加工は一般に加工単位が小さいので加工に時間がかかり，生産性やコストが満足されない．そこで，最終加工のためにできるだけ少ない仕上げ代だけが残るようにうまく荒加工しなければならない．

　ここで，前加工で発生した誤差を「前歴誤差」と定義する．これには加工変質層は含まれるが，最終加工で除去する目的で残した仕上げ代はこれには含めないことにする．

　前歴誤差が，最終の仕上加工段階でも除去しきれないと問題である．つまり，

前歴誤差はできるだけ伝達されないように配慮しなければならない．そのためには加工段階毎に加工単位を小さくして，前歴誤差を除去しやすくする．つまり，高精度加工では，生産性やコストのことも配慮しながら，加工段階を何回か繰返して，しかも最終加工段階に近付くほど加工単位を小さくする必要がある．このような考えから，前歴誤差の伝達に関してつぎの原理が成り立つ．

【加工原理10】　前歴誤差を伝達させないためには，多段階加工をする．

　一般に荒加工と呼ばれる前加工は，できるだけ短時間にしかも所要精度以内に仕上げ代のところまで加工する段階である．最初から最終加工で使用する加工法を用いると大変な時間がかかるので，最終加工で必要な仕上げ代のところまでは能率の良い，別の加工法や加工条件で加工するのが一般的なやり方である．その場合に重要なことは，最終加工工程に与えられた仕上げ代の範囲で除去できないような大きさの前歴誤差が，伝達されてはいけない．そのためには前加工工程においても，だんだんと加工量を小さくしていく多段階加工が採用されることになる．

23.2　加工法の違いによる前歴誤差

　この前歴誤差には形状精度に関するもの，局所的な傷，加工変質層などがある．前加工で残る寸法誤差は，前述した通り仕上げ代とみなせるので前歴誤差には含めない．前加工で残る形状誤差が，最終精度にどのように影響を及ぼす

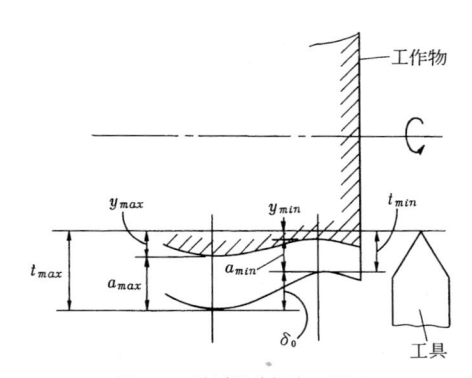

図23.1　前歴誤差伝達の解析

かということについて以下に検討してみよう[1].

まず前加工でできた形状誤差を δ_0, 設定切込み深さを t, 実際の切込み深さを a, 削り残し量を y とすると, **図23.1** より,

$$\delta_0 = t_{max} - t_{min} \quad\quad\quad (23.1)$$

$$y_{max} = cF_{max} = crfa_{max} = \mu a_{max} \quad\quad\quad (23.2)$$

ここで, F は背分力, c は機械-工作物系のコンプライアンス, r は単位面積当りの加工抵抗, f は送りであり, 係数 μ をつぎのように定義した. この係数の意味は後述する.

$$\mu \equiv crf \quad\quad\quad (23.3)$$

同様に,

$$y_{min} = \mu a_{min} \quad\quad\quad (23.4)$$

1回加工後の形状誤差を δ_1 とすると,

$$\delta_1 = y_{max} - y_{min} = \mu(a_{max} - a_{min}) \quad\quad\quad (23.5)$$

一方, 図より,

$$a_{max} + y_{max} = \delta_0 + a_{min} + y_{min}$$

$$(a_{max} - a_{min}) + (y_{max} - y_{min}) = \delta_0 \quad\quad\quad (23.6)$$

(23.5) 式を上式に代入すると,

$$\frac{\delta_1}{\mu} + \delta_1 = \delta_0$$

$$\therefore \delta_1 = \frac{\mu}{1+\mu}\delta_0 \quad\quad\quad (23.7)$$

$\mu \ll 1$ であるような加工法(たとえば切削加工)では, n 段階加工すると,

$$\delta_1 \fallingdotseq \mu\delta_0 \quad \rightarrow \quad \delta_n = \mu^n \delta_0 \quad \rightarrow 0$$

であるから, 少ない加工段階で前加工の形状誤差が消える. すなわち, μ が小さい加工法では伝達された形状誤差を除去しやすい.

一方, $\mu \gtrsim 1$ であるような加工法(たとえば研削加工)では, たとえば $\mu = 1$ とすると,

$$\delta_1 = \frac{\delta_0}{2} \quad \rightarrow \quad \delta_n = \frac{\delta_0}{2^n}$$

となり, かなりの加工段階数を経なければ伝達された形状誤差が消えないことに注意しなければならない. μ は別の見方をすると, $1/rf$ は切込み量に対す

る切削抵抗の逆数とみなせる量で加工コンプライアンスと考えられるので，

$$\mu = \frac{機械-工作物系コンプライアンス}{加工コンプライアンス} \quad \cdots\cdots\cdots\cdots\cdots\cdots\cdots\cdots (23.8)$$

ということになる．以上のことから，つぎの系が得られる．

【系1】 形状誤差の伝達を小さくするには，機械-工作物系コンプライアンスに対して加工コンプライアンスが十分に大きな加工法を採用するのが良い．

つまり，単位切込み深さに対して発生する加工抵抗が小さい加工法が，形状誤差の伝達を小さくする上で有利である．

23.3 砥粒加工と前歴誤差

単結晶ダイヤモンド工具を用いる切削加工は被削性の良い材料，たとえばアルミニウム合金や無酸素銅などを加工する場合に最適な最終加工法の1つとして用いられるが，他の被削材の場合には一般に最終加工法として研削加工やラッピング加工やエネルギ加工が最終加工法として採用される．

超高精度加工となると研削加工やラッピング加工は，仕上ポリシングなどの前加工として用いられることが多い．切削加工が前加工として用いられる場合には前歴誤差の問題は少ないが，研削加工やラッピング加工を前加工に採用する場合はいくつかの点で注意しなければならないことがある．

それは加工面に残る引っかき傷や，クラックの発生やチッピング（工作物の角などの欠けること）の問題などである．マイクロクラックやチッピングはシリコンウェハやフェライト光素子などに用いられている $LiNbO_3$ のような材料の加工のときに問題となる．さらに，最近は種々の材料の複合構成体が出現してきており，それを加工するときに生じる段差も問題となっている．

マイクロクラックや引っかき傷などの発生を前加工でできるだけ抑えるには，いろいろな方法がある．研削加工では，主軸の回転振れの非常に小さな工作機械を使用することはもちろん必要であるが，砥石車のツルーイング（型直し）にも十分注意しなければならない．すなわち，砥粒先端の包絡面が完全な所要の形状になっていなければならない．さらに重要なのは，ダイナミックバラン

スを十分とる（たとえば 0.01〜0.02 g 以下）[2] ということである.

　遊離砥粒加工のラッピング加工に関しては，微小で均一な砥粒を用いることは絶対条件であるが，さらにマイクロクラックを抑えるにはラッピング圧力を小さくしなければならない．渡辺[3]らは圧力を従来の 1/10 に下げ，能率の低下する分を高速回転で補う方式を開発して好結果を得ている．このような方法により仕上面粗さを従来の 1/10 以下に抑えることができる.

　以下に，ほかの加工法についても考察してみよう．ホーニング加工では研削速度が遅いから熱による加工変質層が薄く，表面粗さの小さい優れた面が得られ，また前加工で生じた真円度や真直度などの形状誤差を，ある程度修正することができる．しかし，穴の端面に対する直角度などは修正できない．ホーニング加工では，このような前歴誤差は除去できないので十分注意しなければならない．したがって，前加工はこの意味で形状精度の高い加工法を選定しなければならない.

　超仕上加工は，粒度の細かい比較的結合度の低い砥石を工作物に軽く押付けるとともに，砥石に微小振幅の比較的速い振動を与え，両者の間に相対的な送り運動をさせることにより，工作物の表面を仕上げる方法である．ホーニングが形状および寸法精度に重点がおかれているのに対し，超仕上げは表面粗さの向上に重点がおかれている．したがって，前加工では形状・寸法が仕上げ代を除いて完全にできていないといけない.

　超仕上げの加工機構は[4]，まず前加工で作られた粗い凹凸面が研削されるが，結合度が低いこと，加工面粗さの凹凸が鋭いので真実接触面圧が高いこと，および砥粒に働く力の方向が常に変化することなどの相互作用で常に鋭い切刃が現われる自生発刃作用が維持されて，急速に工作物表面の山の部分が削り取られていく.

　ある程度山が削られると，真実接触面圧が低くなり自生発刃作用が弱くなり，砥石の切味が下がって目詰まり状態になるので磨き作用に移り，鏡面仕上げが実現する．つぎに，また新しい部品がくると最初の超仕上げ過程で，また鋭い切刃が出て同じサイクルが繰返される.

　この場合，加工物の初期粗さによって加工量が異なり，研削作用が自動的に止まる加工深さが異なる．ある場合には，まだ前加工の凹凸が残っている状態

で，研削作用が停止してしまう．そうすると仕上面粗さも不十分であるとともに，凹凸が完全に除去される深さまで加工できないので仕上寸法にも誤差が出てしまう．これは，前歴誤差が除去しきれないことを意味している．

【系2】 伝達される誤差のうち，後の加工段階で除去できる誤差とできない誤差を識別し，除去できない加工誤差は前加工で残してはいけない．

　上述の問題を解決するには，前加工の凹凸をほぼ除去する研削作用と，そのあとの磨き作用の機能を独立させなければならない．そのために採用されているのが，2段工程超仕上法である[4]．まず第1工程では自生発刃作用が常に維持される高圧力で低速度の加工条件を選び，どんな初期粗さであってもある目標の仕上面粗さになるまで研削できるようにする．仕上面粗さをチェックしながら，この条件で $R_{max}=0.7\,\mu\mathrm{m}$ になるまで加工する．

　それから第2工程では，研削できないように早く目詰まりを生じさせる低圧力で高速度の加工条件を選ぶ．このことにより，常に $R_{max}=0.7\,\mu\mathrm{m}$ という初期条件から出発して，磨き作用が行なわれ，目標とする仕上面粗さが達成される．つまり，前歴誤差伝達の影響の少ない加工が可能となる．第2工程の加工量は，1μm程度といわれている．

　このようにして，機能の独立性の原理（第4章）の考えを応用して前加工の初期粗さに左右されない加工条件をまず選び，磨き作用を独立して完全に行なわせ，伝達された前歴誤差をうまく除去することが可能である．前歴誤差の伝達は，できるだけゼロにするのが望ましい．しかしそれができない場合はできるだけ小さく抑え，それをつぎの加工段階でうまく修正する工夫が必要となる．

　その意味では，重要な部品の加工を行なう場合には，あらかじめ実験で加工段階と前歴誤差の関係を調べておき，そのデータをもとに加工条件を決める必要がある．以上のことから，つぎの系を得る．

【系3】 機能の独立性の原理の考え方を応用して，前歴誤差の残らない加工条件を見出さなければならない．

23.4　加工変質層

　加工変質層も前歴誤差の1つである．加工変質層は，材料によってその発生

23.4 加工変質層

a = 押込半径(弾性球殻内径)
b = 球殻外径(弾性球殻)
c = 弾塑性境界半径
H = 押込圧力, MP(ビッカース硬度 H_V=10MPa) Y = 降伏応力, MPa
E = 弾性係数, MPa

$$\left(\frac{c}{a}\right)^3 = \frac{E}{3(1-\nu)Y}$$

$$H = \frac{2}{3}Y\left(1 + 3\ln\left(\frac{c}{a}\right)\right)$$

ν = ポアソン比

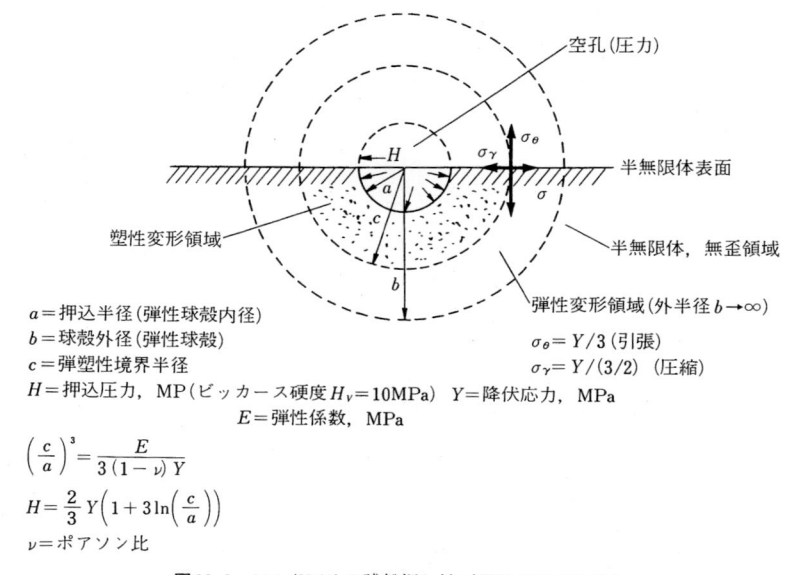

$\sigma_\theta = Y/3$ (引張)
$\sigma_\gamma = Y/(3/2)$ (圧縮)

図23.2 ヒル(Hill)の球殻押し拡げ理論(谷口紀男)[5]

深さに違いがある.谷口は**図23.2**のモデルで塑性変形域の広がりを求めた[5].クラックが存在しない場合,圧痕周りには塑性変形域が生じるが,圧痕半径 a に対する塑性変形域の広がり c の比 c/a は,無限体中のキャビティの広がりの問題として Hill の弾塑性論に基づいて解ける.その結果を**図23.3**に示す.ここには実験的に求めた結果も同時に示してあるが,これによると銅とかアルミニウムは c/a が 7〜9 倍になり塑性変形域が大きくなるが,Al_2O_3,Si,TiC といった,ぜい性材は c/a が小さな値となっているのがわかる.

このことから,ぜい性材は加工変質層の点からは延性材より有利であることがわかる.しかし,加工変質層を小さくするためには,やはり加工単位(ここでは a)を小さくすることも大切であることが明らかである.塑性変形を起こさせて加工を行なう加工法の場合,加工変質層の深さは加工単位の 2〜10 倍に達することを理解していなければならない.

【系4】 加工変質層の深さは,加工単位の 2〜10 倍になることに注意すること.

図23.3 材料による塑性変形領域(図23.2におけるc/aの違い)(谷口紀男)[5]

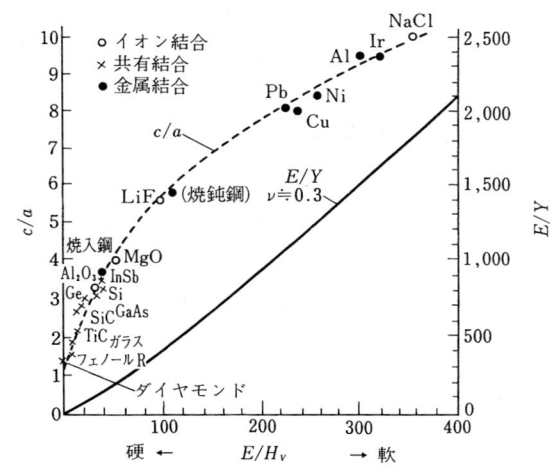

E＝縦弾性係数(10MPa, kgf/mm²)，Y＝降伏応力(10MPa, kgf/mm²)
ν＝ポアソン比，H_v＝ビッカース硬度(10MPa, kgf/mm²)
a＝圧痕半径(m)，c＝弾塑性境界半径(m)

通常のポリシングで仕上げた場合の加工変質層は，1μm前後といわれている．しかし，物性を変化させているのは極表面100〜500Åのアモルファスに近い組織の部分である．この部分の圧縮応力がそれ以下の内部の引張残留応力を発生させているので，この部分を除去すれば，表面の80〜90％の物性は回復するといわれている．

そこで，前加工の加工変質層を除く必要がある場合には，化学的加工と機械的加工を複合させるのも一方法である．たとえば，メカノケミカルポリシング(第18章)，メカニカルケミカルポリシングなどは有効な場合がある．

参 考 文 献

(1) E. Saljie : Elemente der spanenden Werkzeugmashinen, Carl Hanser Verlag Munchen, 1968
(2) 田中克敏氏(東芝機械)よりのデータ．
(3) 渡辺純二，上野嘉之，斉藤忠男：昭和60年精密工学会秋季大会学術講演論文集
(4) 中島利勝，鳴瀧則彦：機械加工学，コロナ社，1984
(5) 谷口紀男：ナノテクノロジの基礎と応用，工業調査会，1988

第24章

組込加工の原理

24.1 原理

　高精度な機械を作る正攻法は，個々の部品を高精度に作っておいてそれを組立てるやり方である．しかし，最終の目標とする精度を達成するために，個々の部品を必要な精度レベルに作ることが困難な場合がある．そのような場合にとられる手段は，二通りある．

　1つは最終組立精度を出すために調整機構（フィードバック制御機構も含む）を組込むことである．このやり方は設計手法としてよく採用されるが，調整機構が余分に必要となるために高価になるし，部品の数が多くなるということはそれだけ信頼性の低下につながり，故障の発生率も高くなってしまう．

　もう1つのやり方は，加工上で工夫する方法の1つで組込加工法といわれるものである．この加工法は大別すると2つの方法に分けられる．1つは機械を組んだ状態で，目的の精度が出るように工具を組込んで自分自身を加工する方法で「セルフカット」とか「セルフグラインディング」とも呼ばれる．もう1つの方法は組合せて使用する部品などの場合，それぞれを互いに工具とみなして，相手同士を加工して高精度な部品ペアを同時に得る方法で，「共ずり」とか「共ラップ」という加工法もここに含まれる．ここではこれを「部品ペア法」と呼ぶことにする．いつもこのような方法が可能になるとは限らないが，この方法は採用できれば，調整機構のような余分な部品は不要となるので，コ

ストや信頼性の点で高性能な機械を作ることができる．そこで，つぎの原理が得られる．

【加工原理11】 組込加工法を用いれば，個々の部品の精度を高くしなくても高精度な組立精度が達成できる．

このような組込加工は，個々の部品の誤差が累積した総合誤差が大幅に除去できるので，個々の部品の精度をそれほど高くしなくても高い組立精度が得られるという特長をもつ．ただし，部品の互換性がなくなる点は注意する必要がある．つまり，この場合は部品の交換はペアで行なう必要がある．

24.2 セルフカット

この組込加工法は，特に工作機械の製造によく利用される原理である．たとえば，チャックの工作物が当たる面とかテーブルの工作物に接する面などは，自分の工具で自分のチャックやテーブルを切削や研削してしまうやり方である．

たとえば，図24.1はムーア社の工作機械の加工に採用されている方法である[1]．送りねじ用軸受を取付けるフレームの内径を，送りねじの代わりに機械に組込んだ棒に工具を取付けて加工する方法である．具体的には，まずテストバーを位置調節可能な鋼製ブッシュAと同じく位置調整可能な超硬製ブッシュBにはめ込み，案内と完全に平行になるようにブッシュの位置を調節して固定する．つぎに，このテストバーを図示のボーリングバーに替えて軸端の軸受取付面を組込加工する．このようにすると，本来使用する親ねじを組込んだ

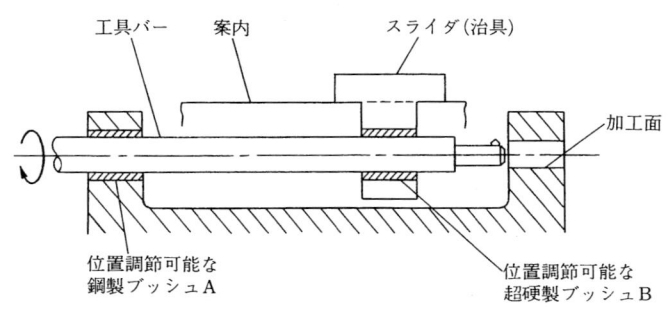

図24.1 組込加工法例(ムーア社)[1]

ときのアライメントが完全に出せるのである．

　また，つぎのような例もある．安田工業の横型治具中ぐりフライス盤の例では，図24.2のテーブルの溝を主軸と完全に直角に，しかもX軸方向には完全に平行に作るために，機械を組立てた最後に主軸にフライカッターを取付け，溝の幅が±4 μmの公差に入るようにセルフカットする．これによって，テーブルの溝の主軸に対する直角度，X軸方向の平行度が完全に実現できる．この場合，テーブルの割出し精度は高精度（1秒以下）にできていないといけない．組込加工を採用する場合にも，前加工段階での各部品の必要最低精度があることは知らなければならない．

【系1】　セルフカットする部品にも，所有していなければならない必要最低精度が存在する．

　安田工業の工作機械のパレットは，すべてカービックカップリング方式を採用している（写真24.1(a)参照）．この加工にも，組込加工の原理が取入れられている[2]．カービックカップリングの取付け面は旋盤で加工されているが，これだけでは精度が出ていないので，同図(b)のように定盤とのすり合わせを行ない，きさげを行なって完全な平面を作り，そこにカービックカップリングをひずますことなく取付けるのである．その際，きさげされた面に合わされたカービックカップリングは同時にマスターゲージのカービックカップリングと嚙合わされ，正しく位置決めされたあとそのままでパレットにボルトで締付けられる（図24.3参照）．カービックカップリングが正しい位置に精度良く取付けられると，今度はカービックカップリングの嚙合いピッチ面とパレットの上面

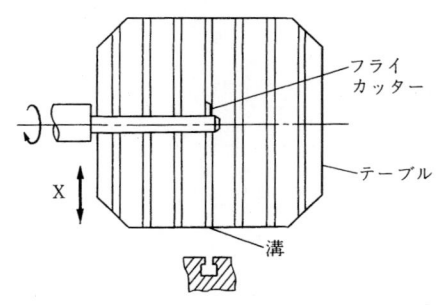

図24.2　横型治具中ぐりフライス盤のテーブル溝のセルフカット（安田工業）

274　第24章　組込み加工の原理

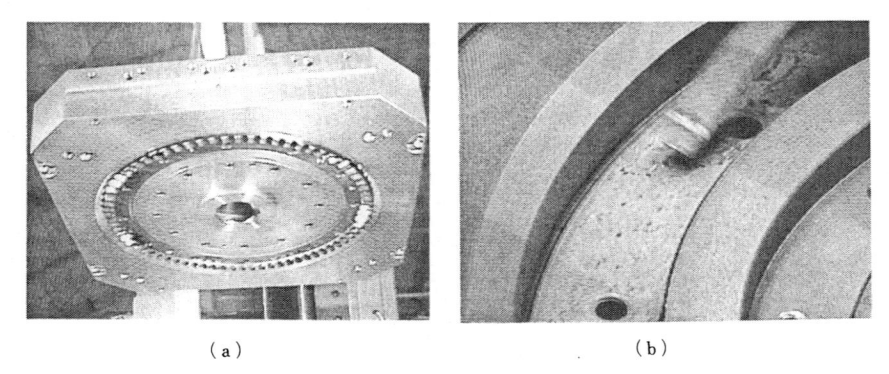

(a) 　　　　　　　　(b)

写真24.1　パレットのカービックカップリングと取付面のきさげ加工(安田工業)[2]

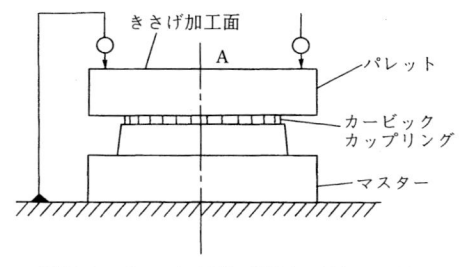

図24.3　パレット上面の組込加工(安田工業)[2]

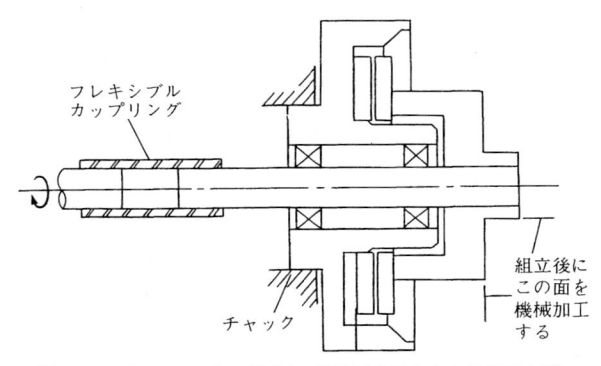

図24.4　ビデオヘッドの組込加工例(三菱電機生産技術研究所)

Aが平行に，しかも他のどのパレットと組合せても同じ厚さ（高さ）になるように仕上げなければならない．そこでマスターゲージの上に上記のパレットを嚙合せ図24.3の状態でパレットの上面Aの平行と厚さ（高さ）をきさげによって高精度に加工する．すなわち，パレットとカービックカップリングが組合わされた上で加工されるので，1つの組込加工法である．

三菱電機では，ビデオヘッドの加工で図24.4に示すような状態で組込加工して，ビデオヘッドが組立った状態で高精度な回転が得られるようにした例がある．

24.3 部品ペア法

部品同士を工具とみなす例としては，カービックカップリングのペアの間に砥粒などを挟んで均等な確率の嚙合せを何時間も続け，両者とも高精度に仕上げるという方法がある．このようなやり方は，ラッピング加工ではよく応用され前述した通り共ずりとか，共ラップとか呼ばれる方法である．たとえば，送りねじとナットの場合，きついはめ合いで加工された両者にラップ剤を塗ってナットを何回も往復運動させて共ラップを行ない，滑らかな運動ができるまでこの作業を繰返す．このようにして，高精度な送りねじとナットのペアを作るのである．

現場でよく行なわれる組込加工の1つに，共明け（共ぐりともいう）加工というものがある．たとえば，図24.5の例で，2つ割りにしなければならない部品があるとすると，この両者をリーマボルトでまず組んで両者の相対位置関

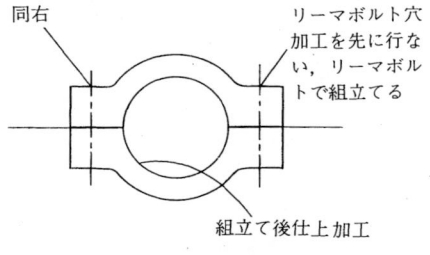

図24.5 共明け加工の例

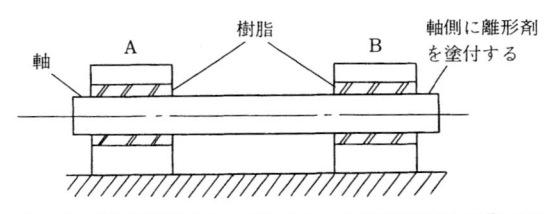

図24.6 組込加工法の1つであるモールド法の例(古川勇二)[3]

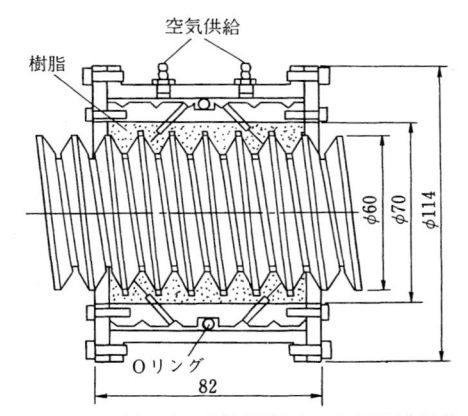

図24.7 モールド法による空気静圧ねじの加工例(古川勇二)[4]

係を固定しておいて，その後，穴の内面を仕上加工するのである．現場ではこのような場合，ノックピンを用いることもある．

古川[3]は，空気軸受を製作するときに組込加工法のうちのモールド法を採用して成功している．その方法を図24.6に示す．実際に組込まれる軸もしくはそれと同じ径の工具（治具とも考えられる）に離型剤を塗布し，軸受台とこの軸の間に樹脂を流し込んで固めてから棒を抜き取る．この場合，樹脂は若干収縮して棒との間にすき間ができ，これが軸受（この場合，空気静圧軸受）に必要なすき間となる．しかも，左右の軸受のアライメントも同時に出しやすい加工法である．A，Bの軸受を別々に高精度に作るよりも，ずっと容易に高精度なものが作れてしまう．古川らはこのモールド法を，空気静圧ねじの製作に応用して成功している[4]．これを図24.7に示す．このような複雑な形状を高精

度に仕上げるには，雄ねじのほうを高精度に加工しておき，上述のモールド法で雌ねじを加工すればミクロンオーダーの高精度なねじが加工できるのである．

組込加工法は，このように組立てた状態で母性原理による精度の限界をクリアできる加工法と考えることができる．高精度な機械を容易に実現できる強力な原理であることを知っていなければならない．

【系2】 組込加工法には，セルフカット（セルフグラインディング），共ずり（共ラップ），共明け，モールド法などがある．

参 考 文 献

(1) W. Moore：超精密機械の基礎，国際工機
(2) 徳毛滋明：第3回国際工作機械技術者会議，1988
(3) 古川勇二氏よりの個人的な資料による．
(4) 古川勇二，大石進：61年精密工学会春季大会講演論文集，1987

さくいん

[ア 行]

遊びゼロの原理・・・・・・・・・・・・・・・・・・88
圧電素子・・・・・・・・・・・・・・・・・・・・・・183
アッベの原理・・・・・・・・・・・・・・97, 244
アベレージング効果・・・・・・・・・・・・171
アモルファス・・・・・・・・・・・・・・・・・・250
アライメントの原理・・・・・・・・・・・・145
EEM・・・・・・・・・・・・・・・・・・・206, 229
イオンビーム加工・・・・・・・・・207, 231
イオンビームミーリング・・・・・・・・233
一巡伝達関数・・・・・・・・・・・・・・・・・163
異方性原理・・・・・・・・・・・・・・・・・・・228
異方性エッチング・・・・・・・・・・・・・237
うねり・・・・・・・・・・・・・・・・・・・・・・・・36
運動円滑化の原理・・・・・・・・・・・・・134
液体フィルタ・・・・・・・・・・・・・・・・・171
X 線回折法・・・・・・・・・・・・・・・・・・・41
エッチャント・・・・・・・・・・・・・・・・・237
エッチレート・・・・・・・・・・・・・・・・・238
NC 旋盤・・・・・・・・・・・・・・・・・・・・・・77
エネルギ加工・・・・・・・・・・・・・・・・・228

[カ 行]

概念化・・・・・・・・・・・・・・・・・・・46, 47
外乱・・・・・・・・・・・・・・・・・・・・・・・・162
改良設計・・・・・・・・・・・・・・・・・・・・・77
化学的エネルギ加工・・・・・・・・・・・235
角速度変化係数・・・・・・・・・・・・・・・179
拡大原理・・・・・・・・・・・・・・・・・・・・185

角度精度・・・・・・・・・・・・・・・・・・・・・31
下限満足度関数・・・・・・・・・・・・・・・・58
加工運動のランダム性・・・・・・・・・219
加工精度の上界原理・・・・・・・・・・・188
加工単位・・・・・・・・・・・・・・・・・・・・203
加工単位の原理・・・・・・・・・・・・・・204
加工変質層・・・・・・・・・・・・・・39, 268
活性ラジカル・・・・・・・・・・・・・・・・・234
カミング・・・・・・・・・・・・・・・・・・・・・35
ガラスセラミック・・・・・・・・・・・・・129
乾式メカノケミカルポリシング・・・225
乾式ラッピング・・・・・・・・・・・・・・220
干渉による拘束・・・・・・・・・・・・・・・93
慣性質量フィルタ・・・・・・・・・・・・・177
機械の寿命・・・・・・・・・・・・・・・・・・・18
機能的要求・・・・・・・・・・・・24, 46, 47
機能的要求項目・・・・・・・・・・・・12, 25
機能の独立性の原理・・・・・・・・・・・・64
基本的評価項目・・・・・・・・・・・・・・・24
境界潤滑・・・・・・・・・・・・・・・・・・・・136
狭義の精密・・・・・・・・・・・・・・・・・・・16
均質性・・・・・・・・・・・・・・・・・・・・・・249
くせ・・・・・・・・・・・・・・・・・・・・・・・・・28
組合せ設計・・・・・・・・・・・・・・・・・・・75
組込加工法・・・・・・・・・・・・・・・・・・271
繰返し誤差・・・・・・・・・・・・・・・・・・151
クロスハッチパターン・・・・・・・・・223
形状誤差・・・・・・・・・・・・・・・・・・・・264

形状精度	32	縮小原理	182
研削加工	266	上限満足度関数	58
ケミカルミーリング	237	消去法	53
顕微鏡組織法	41	情報積算法	53
高速送りテーブル制御	67	情報量	54
剛性	107	情報量の加法性	55
高精度	16	自励振動	146
高精度な機械	12	塵埃	213
公理	56	真円度	190
硬度法	42	進化の原理	32, 218
誤差平均化効果	93	振動	213
固体弾性体フィルタ	172	SCARA ロボット	80
固定絞り方式	117	ステレオグラフ表示	238
コモンレンジ	54	スパッタエッチング	233
固溶体	251	すべり案内	135
転がり案内	138	寸法精度	29
コンプライアンスの原理	107	静圧案内	114, 137

[サ 行]

		正確さ	14
最終値の定理	164	正確度	15, 29
最小測定単位	189	制御機能的要求	63
最小領域中心法	34	成形工具法	212
サインバー	31	静的モデル法	153
サンドエッチング	233	精度	16
ザグナック効果	130	精密工学	12, 16, 23
サブゼロ処理	254	精密さ	14
3面すり合せ法	195	精密スケール	29
CP 制御	81	精密度	15
磁気案内	139	セルフカット	271, 272
システム拘束条件	64	セルフグラインディング	271
システムの情報量	56	セルフロック限界点	143
システムパラメータ	53	セルフロック限界点の原理	144
システムレンジ	53	ゼロ膨張結晶化ガラス	129, 130
湿式ラッピング	219	ゼロ膨張材料	129
実体化	48	繊維層	40
10点平均粗さ	37	センター支持法	33
自動可変絞り弁	121	選択的圧力加工法	217
自動可変絞り方式	120	線膨張係数	25, 123

前歴誤差	263, 266	動圧ポリシング	231
走査型トンネル顕微鏡	65	動的モデル法	158
創成法	211	トータル設計の原理	75
速度ゲイン	165	共ずり	219
測定原理	25, 27, 28	ドライエッチング	234
測定精度	189	砥粒加工	266
塑性変形層	40	砥粒の径	220
ソフトチャック	259		

[ナ 行]

		内・外接中心法	34

[タ 行]

対偶	12	2段工程超仕上法	268
多段階加工の原理	263	ネオセラム N-O	132
単結晶	250	ねじりコンプライアンス	107
段差精度	190	熱源	125, 213
端度器	30	熱源分離	124
断面利用率	107	熱交換器	125
力測定システム	66	熱的エネルギ加工	240
中心線平均粗さ	37	熱伝導	27
超音波顕微鏡法	41	熱変形最小化の原理	123
超精密スライサ	244	熱放射	27
超仕上げ	223	ノイズ	12
超仕上加工	267		

[ハ 行]

調整機構による拘束	90	ハイドロケミカルポリシング	240
直感	50	母性原理	210
直径法	33	バランスウェート	145
抵抗力重心	144	非繰返し誤差	151
定常偏差	163	非削材原理	249
低膨張合金	129	被削材の安定性	253
定吐出量方式	115	微細	16
デザインレンジ	53	非制御機能的要求	63
テーパ面型絞り	118	PTP制御	81
DBB法	37	ヒートシンク	27
電気化学的エネルギ加工	235	評価	48
電子ビーム加工	241	評価項目	48
電歪素子	183	費用・便益分析	50
点数評価法	51	表面粗さ	36
動剛性	107	フィードバック制御法	160
動圧軸受	138	フィルタ効果	172

フィルタ効果の原理……………… 32
フォトファブリケーション ……… 235
フォトエッチング法 ……………… 236
フォトエレクトロフォーミング法 236
フォロワー ………………………… 32
付加設計 …………………………… 75
複合軸受 …………………………… 70
腐食法 ……………………………… 41
付着すべり ……………………… 146
物理化学的エネルギ加工 ……… 234
部品ペア法 ……………… 271, 275
ブロックゲージ …………………… 30
分解能 …………………………… 189
平均円法 …………………………… 35
平均化効果 ……………………… 171
平均角速度 ……………………… 179
平画回折子 ………………………… 20
ベイルビー層 ……………………… 40
放電加工 ………………………… 240
補正の原理 ………………………… 32
ホーニング ……………………… 223
ホーニング加工 ………………… 267

[マ 行]
満足度関数 ………………………… 57
満足度平面 ………………………… 57
無歪支持の原理 ………………… 256
毛細管絞り ……………………… 117
モールド法 ……………………… 276

[ヤ 行]
要素技術の原理 ………………… 194

[ラ 行]
ラッピング ……………………… 219
ラップ圧力 ……………………… 220
ラップ時間 ……………………… 221
ラップ速度 ……………………… 222
リアクティブイオンエッチング … 234
リソグラフィ技術 ……………… 237
理論計算法 ……………………… 152
リンギング ………………… 30, 195
ルーリングエンジン ……………… 20
レーザ加工 ……………………… 241
ロータリーテーブル ……………… 31
ロングスライダ ………………… 140
ロングスライダの原理 ………… 143

【著者略歴】

中沢　弘（なかざわ　ひろむ）

　1938年生まれ。早稲田大学名誉教授，工学博士。専門は設計論，精密工学，リーダーシップ論。
　1961年早稲田大学第一理工学部卒業。新三菱重工（現三菱重工）技師，早稲田大学理工学部助手，専任講師，助教授，マサチューセッツ工科大学客員研究員を経て早稲田大学理工学部教授。中沢メソッドの発明者。
　1999年に社会人エンジニアをリーダーに育てる少人数教育の「中沢塾」（現在有限会社）を創設。2001年に早稲田大学を早期退職して中沢塾に専念，現在に至る。精密工学会名誉会員，日本機械学会永年会員。

著　書　『生産工学』コロナ社（共著），『ものづくりの切り札　中沢メソッド』日科技連，『わくわくリーダーシップ』工業調査会，『Principles of Precision Engineering』Oxford University Press，ほか論文多数，特許多数。

受賞歴：精密工学会「蓮沼記念賞」，日本機械学会「設計工学・システム部門業績賞」

理工学講座　精密工学

2011年4月10日　第1版1刷発行　　ISBN 978-4-501-41870-0 C3053
2020年8月20日　第1版2刷発行

著　者　中沢　弘
　　　　Ⓒ Nakazawa Hiromu 2011

発行所　学校法人　東京電機大学　〒120-8551 東京都足立区千住旭町5番
　　　　東京電機大学出版局　Tel. 03-5284-5386（営業）03-5284-5385（編集）
　　　　　　　　　　　　　　Fax. 03-5284-5387　振替口座 00160-5-71715
　　　　　　　　　　　　　　https://www.tdupress.jp/

JCOPY ＜(社)出版者著作権管理機構　委託出版物＞
本書の全部または一部を無断で複写複製（コピーおよび電子化を含む）することは，著作権法上での例外を除いて禁じられています。本書からの複製を希望される場合は，そのつど事前に，(社)出版者著作権管理機構の許諾を得てください。
また，本書を代行業者等の第三者に依頼してスキャンやデジタル化をすることはたとえ個人や家庭内での利用であっても，いっさい認められておりません。
［連絡先］Tel. 03-5244-5088, Fax. 03-5244-5089, E-mail：info@jcopy.or.jp

印刷・製本：新灯印刷㈱　　装丁：鎌田正志
落丁・乱丁本はお取り替えいたします。　　　　　　　　　　　　Printed in Japan

本書は，㈱工業調査会から刊行されていた第1版12刷をもとに，著者との新たな出版契約により東京電機大学出版局から刊行されたものである。

理工学講座

基礎 **電気・電子工学** 第2版
宮入・磯部・前田 監修　A5判　306頁

改訂 **交流回路**
宇野辛一・磯部直吉 共著　A5判　318頁

電磁気学
東京電機大学 編　A5判　266頁

高周波電磁気学
三輪進 著　A5判　228頁

電気電子材料
松葉博則 著　A5判　218頁

パワーエレクトロニクスの基礎
岸敬二 著　A5判　290頁

照明工学講義
関重広 著　A5判　210頁

電子計測
小滝國雄・島田和信 共著　A5判　160頁

改訂 **制御工学** 上
深海登世司・藤巻忠雄 監修　A5判　246頁

制御工学 下
深海登世司・藤巻忠雄 監修　A5判　156頁

気体放電の基礎
武田進 著　A5判　202頁

電子物性工学
今村舜仁 著　A5判　286頁

半導体工学
深海登世司 監修　A5判　354頁

電子回路通論 上／下
中村欽雄 著　A5判　226／272頁

画像通信工学
村上伸一 著　A5判　210頁

画像処理工学
村上伸一 著　A5判　178頁

電気通信概論 第3版
荒谷孝夫 著　A5判　226頁

通信ネットワーク
荒谷孝夫 著　A5判　234頁

アンテナおよび電波伝搬
三輪進・加来信之 共著　A5判　176頁

伝送回路
菊池憲太郎 著　A5判　234頁

光ファイバ通信概論
榛葉實 著　A5判　130頁

無線機器システム
小滝國雄・萩野芳造 共著　A5判　362頁

電波の基礎と応用
三輪進 著　A5判　178頁

生体システム工学入門
橋本成広 著　A5判　140頁

機械製作法要論
臼井英治・松村隆 共著　A5判　274頁

加工の力学入門
臼井英治・白樫高洋 共著　A5判　266頁

材料力学
山本善之 編著　A5判　200頁

改訂 **物理学**
青野朋義 監修　A5判　348頁

改訂 **量子物理学入門**
青野・尾林・木下 共著　A5判　318頁

量子力学概論
篠原正三 著　A5判　144頁

量子力学演習
桂重俊・井上真 共著　A5判　278頁

統計力学演習
桂重俊・井上真 共著　A5判　302頁

＊ 定価，図書目録のお問い合わせ・ご要望は出版局までお願いいたします。
URL　http://www.tdupress.jp/

SR-100